制造业先进技术系列

铸铁水平连铸技术

张云鹏　著

U0178740

机 械 工 业 出 版 社

本书全面介绍了与铸铁型材紧密相关的铸铁的基础知识、铸铁水平连铸的发展、铸铁水平连铸设备、铸铁水平连铸工艺、铸铁型材的质量及控制、铸铁型材的应用、铸铁型材凝固过程的数值模拟和铸铁水平连铸技术的近期研究进展等内容。

本书可供从事与铸铁型材相关的科研、技术、生产人员使用。

图书在版编目（CIP）数据

铸铁水平连铸技术/张云鹏著. —北京：机械工业出版社，2020.10
(制造业先进技术系列)
ISBN 978-7-111-66659-2

Ⅰ.①铸… Ⅱ.①张… Ⅲ.①铸铁-水平连铸 Ⅳ.①TG143

中国版本图书馆 CIP 数据核字（2020）第 184086 号

机械工业出版社（北京市百万庄大街 22 号 邮政编码 100037）
策划编辑：吕德齐 责任编辑：吕德齐 安桂芳
责任校对：张晓蓉 封面设计：马精明
责任印制：李 昂
北京铭成印刷有限公司印刷
2021 年 1 月第 1 版第 1 次印刷
169mm×239mm · 17 印张 · 327 千字
0001—1500 册
标准书号：ISBN 978-7-111-66659-2
定价：89.00 元

电话服务
客服电话：010-88361066
010-88379833
010-68326294

网络服务
机 工 官 网：www.cmpbook.com
机 工 官 博：weibo.com/cmp1952
金 书 网：www.golden-book.com
机工教育服务网：www.cmpedu.com

封底无防伪标均为盗版

前　言

由铸铁水平连铸技术生产的铸铁型材类似于钢型材、铝型材、铜型材等，是制造业的基础材料。铸铁型材出现得很晚，20世纪90年代才在国内逐步推广应用，它可代替部分铸铁材料制造一些高品质的铁质零件。目前，虽然国内铸铁型材的生产、应用已初具规模，但仍处于从无到有，再到逐步满足市场需求的快速发展期。在此期间，铸铁型材的生产与应用已成为工业现实，且呈现出蓬勃发展之势，但却没有一部与之相应的专著为其提供技术、理论支持。这也是铸铁水平连铸技术发展至今的一个缺憾。

本书全面介绍了与铸铁型材紧密相关的铸铁的基础知识、铸铁水平连铸的发展、铸铁水平连铸设备、铸铁水平连铸工艺、铸铁型材的质量及控制、铸铁型材的应用、铸铁型材凝固过程的数值模拟和铸铁水平连铸技术的近期研究进展等内容。凡是需要学习、了解、查阅与上述内容相关的知识、技术、工艺、规范等，均可通过本书得到直接、有效的帮助。

本书除第1章概要介绍了与铸铁型材紧密相关的铸铁的基础知识之外，其他章节的内容皆是作者（包括原西安理工大学铸铁研究所的同事）在长期从事铸铁型材水平连铸的试验研究、技术推广、生产实践中得到的创造性成果。之所以在第1章用一定的篇幅介绍了与铸铁型材紧密相关的铸铁的基础知识，是考虑到目前生产铸铁型材的从业人员迫切需要学习和了解相关内容，而且只有了解和掌握了相关内容，才能更好地胜任自身的工作。

本书在编写形式上特别注重以下几个方面的问题：① 既概要介绍了与铸铁型材紧密相关的铸铁的基础知识，又全面讲解了铸铁水平连铸的专门技术。将铸铁的基础知识放在铸铁水平连铸的专门知识之前介绍，有助于读者理解后面的内容。② 在兼顾全面、系统、深入、易懂方面，重点考虑了全面性与易懂性。这样，利于生产铸铁型材的从业人员学习掌握，也便于其在日常工作中随时查看、翻阅。③一些重要内容，图文并茂，既有实物图也有原理图，两类图相互对应，具体、形象，有利于读者学习、理解和掌握。

铸铁水平连铸技术是作者所在单位（西安理工大学铸铁研究所）的研究成果，该成果填补了我国该领域的技术空白，曾获国家科技进步二等奖，本单位是国内该项技术的发源地。这里需要特别指出的是，以王贻青教授为首的一大批专家、学者（包括甘雨教授、陆文华教授、吴德海教授、张家泓副教授、朱锦侠高级工程师、武东福副教授等）为我国铸铁水平连铸技术的发展做出了开创性的贡献，他们虽然已经纷纷退休，甚至有人已经故去，但他们对于我国铸铁水平连铸技术的巨大贡献不可磨灭。本书中的许多内容是作者追随他们长期从事铸铁水平连铸技术试验研究、成果推广、生产实践的技术和理论的总结。在本书出版之际，作者谨向他们致以崇高的敬意。还需要指出的是，铸铁水平连铸作为一项重要的工业生产新技术，一经出现，便如雨后春笋般地蓬勃发展，限于篇幅，本书仅以国产 ZSL-02 型单双流互换式铸铁水平连铸生产线为例，介绍了铸铁水平连铸设备、铸铁水平连铸工艺等内容。万变不离其宗，书中所介绍的内容，对于其他铸铁水平连铸生产线均有重要参考价值。

本书对于从事铸铁型材生产以及应用铸铁型材的各类人员，包括科研、技术、生产操作人员，既是一本生产实践的指导书，也是一本理论研究的参考书。

限于作者水平，书中难免会有不当及疏漏之处，敬请读者指正。

张云鹏

目　录

第1章 铸铁的基础知识

铸铁是指碳含量大于2.11%（本书中合金元素的含量均指质量分数）或者具有共晶组织的铁碳合金。铁碳合金是以铁和碳为基本组元的合金，通常包括钢和铸铁。工业上所用的铸铁，实际上都不是简单的铁-碳二元合金，而是以铁、碳、硅为主要元素的多元合金。铸铁的成分范围大致为：C=2.4%~4.0%，Si=0.6%~3.0%，Mn=0.2%~1.2%，P=0.04%~1.2%，S=0.04%~0.20%。有时还可加入其他合金元素，以便获得具有各种性能的合金铸铁。

铸铁是近代工业生产中应用最为广泛的一种铸造金属材料。在一般机械制造、冶金矿山、石油化工、交通运输和国防工业等各部门中，铸铁件占整个机器质量的45%~90%。

我国是世界冶铸技术的发源地。在世界冶铸技术史上，我国劳动人民曾经写下了光辉的篇章，做出了卓越的贡献。早在公元前513年，晋国就已铸成了有刑书的大铁鼎，称为铸刑鼎，这是关于我国铸铁技术的最早记载。河南洛阳出土的铸铁锛，与铸刑鼎的时间仅差数十年，并且还发现了可锻铸铁铲。而在欧洲，直至公元13世纪末到14世纪初才出现生铁，这比我国要晚1900多年。

从春秋战国之交的铁锛、铁铲，至河北省兴隆燕国冶铁遗址出土的大批铁范，相隔约300年的时间，铸铁技术得到了显著的发展。兴隆铁范（金属型）的构造，基本上符合均匀散热、抵抗变形以及结构强度等要求，这标志着战国后期我国铸铁技术已达到了高超的水平。出土文物表明，早在战国初期，我国就已创造了白口铸铁的柔化处理技术，从而显著提高了铸铁的强度和韧性。洛阳出土的战国早期的铁铲，是迄今发现的世界上最早的可锻铸铁件。

隋唐以后，钢铁产量有了大幅度的上升，锻、拔、大型铸件的铸造等各种加工工艺都有了进一步的提高和发展。明朝宋应星在广泛实践的基础上，对我国古代的科学技术，其中包括冶铸技术进行了系统的总结，写出了著名的著作《天工开物》，对我国铸造技术的发展起了很好的促进作用。

我国目前各种铸铁件的年总产量位居世界第一，品种有各种牌号的灰铸铁、球墨铸铁、蠕墨铸铁、可锻铸铁、白口铸铁以及具有各种特殊性能的特殊铸铁等，在熔炼技术、炉前处理技术等方面都有了很大的发展，为提高铸铁件的质量创造了良好的基础。

表1-1所列为常用铸铁的分类及用途。

表 1-1 常用铸铁的分类及用途

类别		组织特征	断口特征	成分特征	性能特征	用途
工程结构件用铸铁	1. 灰铸铁(普通灰铸铁、高强度铸铁)	基体+片状石墨	灰口	仅含C、Si、Mn、P、S五元素或外加少量合金元素	$R_m=150 \sim 400MPa$,基本上无塑性	大量地应用于各种机器零件,如机床、内燃机、汽车、农用机械等
	2. 球墨铸铁	基体+球状石墨	灰口(银白色断口)	1)普通五元素或外加少量合金元素 2)$Mg_{残} \geqslant 0.03\%$、$RE_{残} \geqslant 0.02\%$	$R_m=400 \sim 900MPa$ $A=2\% \sim 20\%$ $a_K=15 \sim 120J/cm^2$	应用于受力复杂,强度、韧性、耐磨性要求较高的零件,如曲轴、齿轮、连杆等
	3. 蠕墨铸铁	基体+蠕虫状石墨(往往伴有少量球状石墨)	灰口(斑点状断口)	与球墨铸铁相同,但$Mg_{残}$及$RE_{残}$量可稍低	R_m、A比球墨铸铁低,但高于灰铸铁	高强度零件,如机床零件等;耐热零件,如气缸盖、小型钢锭模、发动机排气管等
	4. 可锻铸铁(黑心)	生坯:珠光体+莱氏体 退火后:基体+团絮状石墨	生坯:白口 退火后:灰口(黑色绒状断口)	低碳、低硅、铬<0.06%	$R_m=300 \sim 700MPa$ $A=2\% \sim 12\%$	用于受冲击、振动的零件,如汽车后桥外壳、弹簧、钢板支座、机床把手等,也可用于阀门、管件、农机零件、线路金具等
特殊用途铸铁	5. 抗磨铸铁	基体+不同类型的渗碳体	白口(中锰铸铁及冷硬铸铁例外)	除五元素外,可加入低、中、高量合金元素	主要有高的抗磨性能,但韧度低	农机磨损件、球磨机磨球、衬板、抛丸机、叶片、电厂灰渣泵零件、磨煤机易损部件、冷硬铸件等
	6. 耐热铸铁	基体+片状或球状石墨	灰口	有Si、Al、Cr系(中硅、高铝、中硅铝、高铬等铸铁)	有高的耐热性及抗氧化性能,但强度较低、较脆	锅炉配件,石油化工、冶金设备、加热炉中的耐热零件
	7. 耐腐蚀铸铁	基体+片状或球状石墨	灰口	主要合金元素Si、Ni含量高	主要有高的耐腐蚀性能	化工工业中的各种抗酸、碱、氯、海水、盐等零件

注:表中含量的百分数均为质量分数。

1.1 铸铁的结晶及组织的形成

1.1.1 铁碳相图

铁碳相图反映了铁碳合金的成分、温度与组织（相）之间的关系，是了解铁碳合金的基础。同时，铁碳相图在铁碳合金的选用、生产工艺的制订以及组织与性能的分析等方面都是十分重要的理论工具，具有重要的应用价值。

1.1.1.1 $Fe\text{-}Fe_3C$ 相图

在铁碳合金中，Fe 与 C 可以形成一系列化合物：Fe_3C、Fe_2C、FeC。依此，Fe-C 相图可以划分成 $Fe\text{-}Fe_3C$、$Fe_3C\text{-}Fe_2C$、$Fe_2C\text{-}FeC$ 和 FeC-C 四个部分，如图 1-1 所示。化合物是硬脆相，后面三部分相图（所对应的铁碳合金脆性很大、性能很差）实际上没有应用价值，因此通常所说的铁碳相图是 $Fe\text{-}Fe_3C$ 部分（图 1-1 中带斜线区域）的相图。

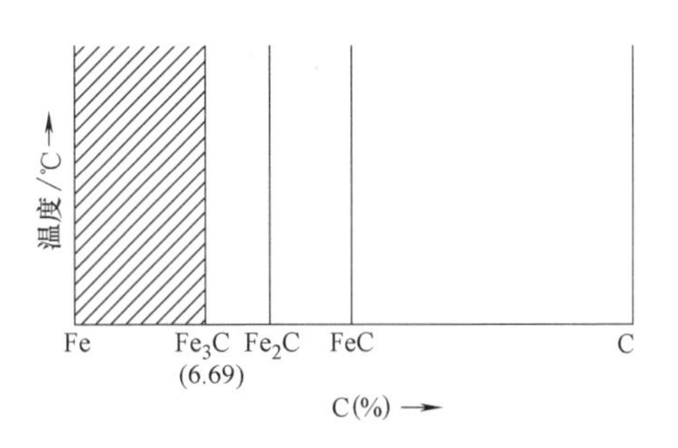

图 1-1 Fe-C 合金的各种化合物

1. $Fe\text{-}Fe_3C$ 相图的组元与基本相

（1）$Fe\text{-}Fe_3C$ 相图的两个组元　用 $Fe\text{-}Fe_3C$ 相图来代表铁碳相图，去除了没有实用价值的部分，使有用的部分在图示中得到放大、更加清晰而便于研究分析。此时，在相图上，Fe 是一个组元，Fe_3C 被看作是另一个组元。

Fe 是过渡族元素，1 大气压下的熔点为 1538℃，20℃时的密度为 $7.87\times10^3 kg/m^3$。纯铁在不同的温度区间有不同的晶体结构（同素异构转变），即

$$\delta\text{-Fe（体心）} \xrightleftharpoons{1394℃} \gamma\text{-Fe（面心）} \xrightleftharpoons{912℃} \alpha\text{-Fe（体心）}$$

工业纯铁（C≤0.0218%）的力学性能大致如下：抗拉强度 R_m = 180～230MPa，规定塑性延伸强度 $R_{p0.2}$ = 100～170MPa，断后伸长率 A = 30%～50%，硬度为 50～80HBW。由此可见，纯铁的强度低、硬度低、塑性好，很少做结构材料，但由于其具有高的磁导率，主要作为电工材料用于各种铁心。

Fe_3C 是铁和碳形成的间隙化合物，晶体结构十分复杂，通常称为渗碳体，可用符号 C_m 表示。Fe_3C 具有很高的硬度但很脆，硬度为 950～1050HV，抗拉强度 R_m = 30MPa，断后伸长率 A = 0。

（2）$Fe\text{-}Fe_3C$ 相图的 5 个基本相　$Fe\text{-}Fe_3C$ 相图中除了高温时存在的液相 L 和化合物相 Fe_3C 外，还有碳溶于铁形成的三种间隙固溶体相：

1）高温铁素体：碳溶于δ-Fe的间隙固溶体，体心立方晶格，用符号δ表示。

2）铁素体：碳溶于α-Fe的间隙固溶体，体心立方晶格，用符号α或F表示。F中碳的固溶度极小，室温时约为0.0008%，600℃时约为0.0057%，在727℃时碳的溶解度最大，约为0.0218%，力学性能与工业纯铁相当。

3）奥氏体：碳溶于γ-Fe的间隙固溶体，面心立方晶格，用符号γ或A表示。奥氏体中碳的固溶度较大，在1148℃时最大达2.11%。奥氏体强度较低，硬度不高，易于塑性变形。

2. $Fe-Fe_3C$ 相图中各点的温度、碳含量及含义

$Fe-Fe_3C$ 相图如图1-2所示，相图中各点的温度、碳含量及含义见表1-2。

图1-2及表1-2中的符号属于通用，一般不随意改变。

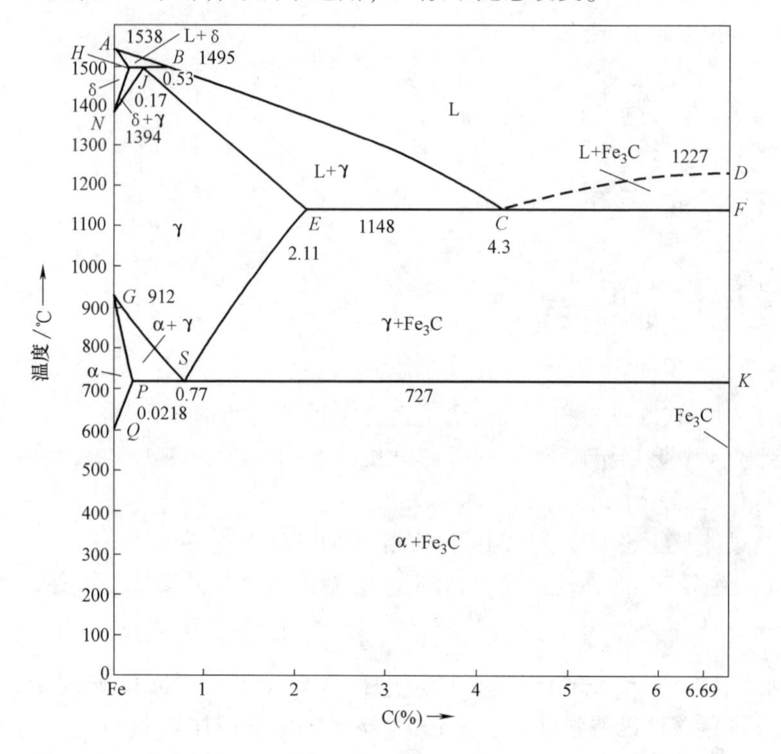

图1-2 $Fe-Fe_3C$ 相图

表1-2 相图中各点的温度、碳含量及含义

符号	温度/℃	碳含量（%）	含 义
A	1538	0	纯铁的熔点
B	1495	0.53	包晶转变时液态合金的成分
C	1148	4.30	共晶点

（续）

符号	温度/℃	碳含量(%)	含　义
D	1227	6.69	Fe_3C 的熔点
E	1148	2.11	碳在 γ-Fe 中的最大溶解度
F	1148	6.69	Fe_3C 的成分
G	912	0	α-Fe→γ-Fe 同素异构转变点
H	1495	0.09	碳在 δ-Fe 中的最大溶解度
J	1495	0.17	包晶点
K	727	6.69	Fe_3C 的成分
N	1394	0	γ-Fe→δ-Fe 同素异构转变点
P	727	0.0218	碳在 α-Fe 中的最大溶解度
S	727	0.77	共析点
Q	600(室温)	0.0057(0.0008)	600℃(或室温)时碳在 α-Fe 中的最大溶解度

3. $Fe\text{-}Fe_3C$ 相图中重要的点和线

（1） 三个重要的特性点

1） J 点为包晶点。合金在平衡结晶过程中冷却到 1495℃时，B 点成分的液相（L）与 H 点成分的 δ 发生包晶反应，生成 J 点成分的 A。包晶反应在恒温下进行，反应过程中 L、δ、A 三相共存，反应式为

$$L_B+\delta_H \xrightleftharpoons{1495℃} A_J \text{或} L_{0.53}+\delta_{0.09} \xrightleftharpoons{1495℃} A_{0.17}$$

2） C 点为共晶点。合金在平衡结晶过程中冷却到 1148℃时，C 点成分的 L 发生共晶反应，生成 E 点成分的 A 和 Fe_3C。共晶反应在恒温下进行，反应过程中 L、A、Fe_3C 三相共存，反应式为

$$L_C \xrightleftharpoons{1148℃} A_E+Fe_3C \text{ 或 } L_{4.3} \xrightleftharpoons{1148℃} A_{2.11}+Fe_3C$$

共晶反应的产物是 A 与 Fe_3C 的共晶混合物，称为莱氏体，用符号 Ld 表示，因此共晶反应式也可表达为

$$L_{4.3} \xrightleftharpoons{1148℃} Ld_{4.3}$$

莱氏体组织中的渗碳体称为共晶渗碳体。在显微镜下莱氏体的形态是块状或粒状 A（727℃时转变为珠光体）分布在渗碳体基体上。

3） S 点为共析点。合金在平衡结晶过程中冷却到 727℃时，S 点成分的 A 发生共析反应，生成 P 点成分的 F 和 Fe_3C。共析反应在恒温下进行，反应过程中 A、F、Fe_3C 三相共存，反应式为

$$A_S \xrightleftharpoons{727℃} F_P+Fe_3C \text{ 或 } A_{0.77} \xrightleftharpoons{727℃} F_{0.0218}+Fe_3C$$

共析反应的产物是铁素体与渗碳体的共析混合物，称为珠光体，用符号 P 表示，因而共析反应可简单表示为

$$A_{0.77} \xrightleftharpoons{727℃} P_{0.77}$$

珠光体组织中的渗碳体称为共析渗碳体。在显微镜下珠光体的形态呈层片状。在放大倍数很高时，可清楚看到相间分布的渗碳体片（窄条）与铁素体片(宽条)。

珠光体的强度较高，塑性、韧性和硬度介于渗碳体和铁素体之间，其力学性能为：抗拉强度(R_m)= 770MPa；断后伸长率(A)= 20%~35%；冲击韧度(a_K)= 30~40J/cm^2；硬度（HBW）：1800MPa。

（2）相图中的特性线　相图中的 *ABCD* 为液相线，*AHJECF* 为固相线。

1）水平线 *HJB* 为包晶反应线。碳含量为 0.09%~0.53%的铁碳合金，在平衡结晶过程中均发生包晶反应。

2）水平线 *ECF* 为共晶反应线。碳含量在 2.11%~6.69%之间的铁碳合金，在平衡结晶过程中均发生共晶反应。

3）水平线 *PSK* 为共析反应线。碳含量在 0.0218%~6.69%之间的铁碳合金，在平衡结晶过程中均发生共析反应。*PSK* 线在热处理中也称为 A_1 线。

4）*GS* 线是合金冷却时自 A 中开始析出 F 的临界温度线，通常称为 A_3 线。

5）*ES* 线是碳在 A 中的固溶线，通常称为 A_{cm} 线。在 1148℃时 A 中溶碳量最大可达 2.11%，而在 727℃时仅为 0.77%，因此碳含量大于 0.77%的铁碳合金自 1148℃冷至 727℃的过程中，将从 A 中析出 Fe_3C，析出的渗碳体称为二次渗碳体（$Fe_3C_{Ⅱ}$）。A_{cm} 线也是从 A 中开始析出 $Fe_3C_{Ⅱ}$ 的临界温度线。

6）*PQ* 线是碳在 F 中的固溶线。在 727℃时 F 中溶碳量最大可达 0.0218%，室温时仅为 0.0008%，因此碳含量大于 0.0008%的铁碳合金自 727℃冷至室温的过程中，将从 F 中析出 Fe_3C，析出的渗碳体称为三次渗碳体（$Fe_3C_{Ⅲ}$）。*PQ* 线也为从 F 中开始析出 $Fe_3C_{Ⅲ}$ 的临界温度线。$Fe_3C_{Ⅲ}$ 数量极少，往往可以忽略。下面分析铁碳合金平衡结晶过程时，均忽略这一析出过程。

4. 典型铸铁合金（白口铸铁）的结晶过程

根据 Fe-Fe_3C 相图，铁碳合金可分为三类：

（1）工业纯铁（C≤0.0218%）

（2）钢（0.0218%<C≤2.11%）
- 亚共析钢（0.0218%<C<0.77%）
- 共析钢（C=0.77%）
- 过共析钢（0.77%<C≤2.11%）

（3）白口铸铁（2.11%<C<6.69%）
- 亚共晶白口铸铁（2.11%<C<4.3%）
- 共晶白口铸铁（C=4.3%）
- 过共晶白口铸铁（4.3%<C<6.69%）

下面仅对铸铁合金（白口铸铁）的结晶过程进行分析。

1）共晶白口铸铁。共晶白口铸铁的冷却曲线和平衡结晶过程如图 1-3 所示。

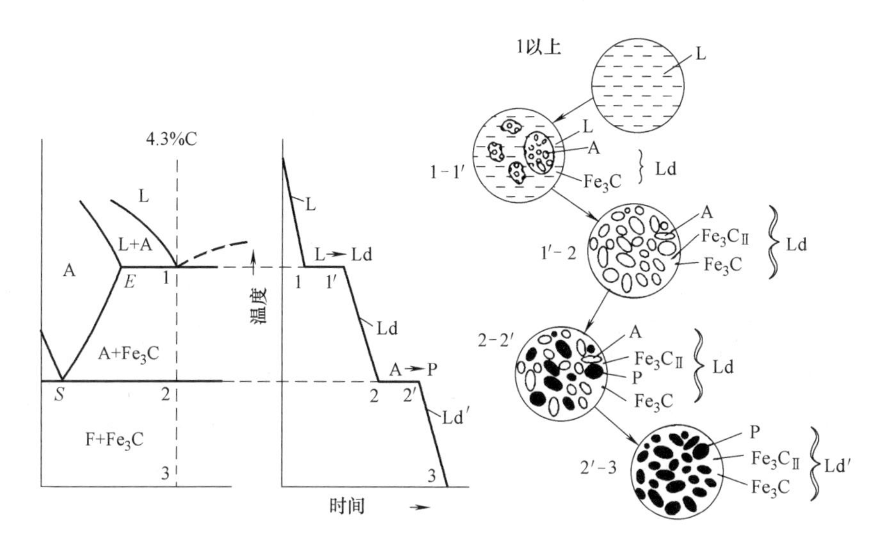

图 1-3　共晶白口铸铁结晶过程示意图

合金在 1 点发生共晶反应，由 L 转变为（高温）莱氏体 Ld（$A+Fe_3C$）。在 1′-2 点间，Ld 中的 A 不断析出 $Fe_3C_{Ⅱ}$。$Fe_3C_{Ⅱ}$ 与共晶 Fe_3C 无界线相连，在显微镜下无法分辨，但此时的莱氏体由 $A+Fe_3C_{Ⅱ}+Fe_3C$ 组成。由于 $Fe_3C_{Ⅱ}$ 的析出，至 2 点时 A 的碳含量降为 0.77%，并发生共析反应转变为 P；高温莱氏体 Ld 转变成低温莱氏体 Ld′（$P+Fe_3C_{Ⅱ}+Fe_3C$），从 2′至 3 点组织不变化。因此，室温平衡组织仍为 Ld′，由黑色条状或粒状 P 和白色 Fe_3C 基体组成。

共晶白口铸铁的组织组成物全为 Ld′，而组成相还是 F 和 Fe_3C，它们的相对质量可用杠杆定律估算。

2）亚共晶白口铸铁。以碳含量为 3%的铁碳合金为例，其冷却曲线和平衡结晶过程如图 1-4 所示。

合金自 1 点起，从 L 中结晶出初生 A，至 2 点时 L 的成分变为含 4.3%C（A 的成分变为含 2.11%C），发生共晶反应转变为 Ld，而 A 不参与反应。在 2′-3 点间继续冷却时，初生 A 不断在其外围或晶界上析出 $Fe_3C_{Ⅱ}$，同时 Ld 中的 A 也析出 $Fe_3C_{Ⅱ}$。至 3 点温度时，所有 A 的碳含量均变为 0.77%，初生 A 发生共析反应转变为 P；高温莱氏体 Ld 也转变为低温莱氏体 Ld′。在 3′以下到 4 点，冷却不引起转变，因此室温平衡组织为 $P+Fe_3C_{Ⅱ}+Ld′$。网状 $Fe_3C_{Ⅱ}$ 分布在粗大块状 P 的周围，Ld′则由条状或粒状 P 和 Fe_3C 基体组成。

亚共晶白口铸铁的组成相为 F 和 Fe_3C，组织组成物为 P、$Fe_3C_{Ⅱ}$ 和 Ld′，它们的相对质量可以两次利用杠杆定律估算。

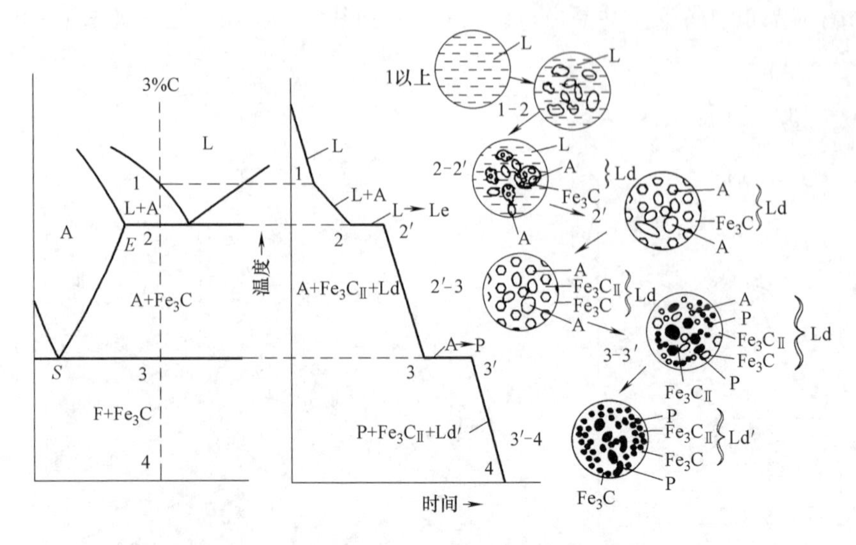

图 1-4　亚共晶白口铸铁结晶过程示意图

3）过共晶白口铸铁。过共晶白口铸铁的结晶过程与亚共晶白口铸铁大同小异，唯一的区别是：其先析出相是一次渗碳体（$Fe_3C_Ⅰ$）而不是 A，而且因为没有先析出 A，其室温组织中除 Ld′中的 P 以外再没有 P，即室温下组织为 Ld′+$Fe_3C_Ⅰ$，组成相也同样为 F 和 Fe_3C，它们的质量分数仍然可用杠杆定律估算。

1.1.1.2　铁碳双重相图

用 Fe-Fe_3C 相图代表铁碳相图时，虽然有突出的优点，但也存在着显著的问题。实际上，在适当的条件下，碳含量大于 2.11%的铁碳合金可以结晶出石墨（石墨是一种游离态的碳，一定条件下能够作为一个稳定相存在于铁碳合金中）；白口铸铁在 900℃以上保温，莱氏体中的渗碳体能分解成奥氏体和石墨；如果在共析温度上下保温或者缓慢冷却，奥氏体不再共析转变成珠光体（铁素体加 Fe_3C）而将转变成为铁素体加石墨。这些现象在前面的 Fe-Fe_3C 相图中都未能得到反映。之所以如此，是因为：在 Fe-Fe_3C 相图中，Fe_3C 被看作另一组元，而铁碳合金中除 Fe 以外的另一个组元是 C。实际现象说明，对于完整的铁碳合金相图（C=0%～100%）而言，即使在 C=0%～6.69%（对应于 Fe～Fe_3C 的成分）的范围内，也存在着石墨相。由此可以看出，Fe-Fe_3C 相图与完整的铁碳合金相图中 Fe-Fe_3C 的那一部分相图（截图）是不相同的，用 Fe-Fe_3C 相图代表铁碳相图，没有全面反映出铁碳合金在该成分区间的完整形貌。

通过对铁碳合金长期使用与研究的结果，人们得到了如图 1-5 所示的 Fe-Fe_3C 介稳定系相图与 Fe-C（石墨）稳定系相图相结合的相图，称其为铁碳合金双重相图。铁碳合金双重相图相当于完整的铁碳合金相图中 Fe～Fe_3C 的那一部分相图（截图），它同时解决了铁碳合金既可能按照 $Fe-Fe_3C$ 介稳定系变化，也可能按照 Fe-C（石墨）稳定系变化的问题，可以作为分析铁碳合金更为有效的理论工具。在铁碳合金双重相图中，实线代表 $Fe-Fe_3C$ 介稳定系相图，虚线代表 Fe-C（石墨）稳定系相图。

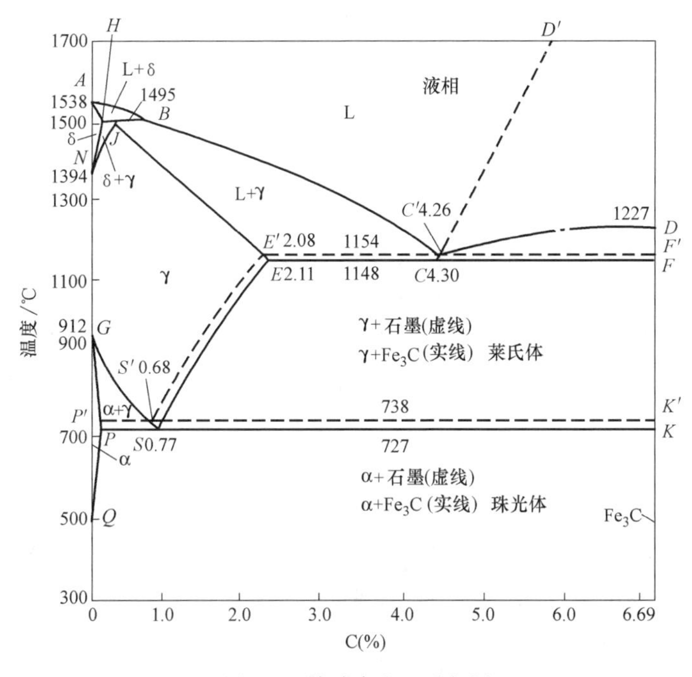

图 1-5　铁碳合金双重相图

铁碳双重相图中，Fe-C（石墨）相图和 $Fe-Fe_3C$ 相图的主要不同处在于：

1）稳定平衡的共晶点 C'的成分和温度与 C 点不同

$$L_{C'}(C4.26\%)\xrightarrow{1154℃}\gamma_{E'}(C2.08\%)+石墨$$

$$L_{C}(C4.30\%)\xrightarrow{1148℃}\gamma_{E}(C2.11\%)+渗碳体(二相组成莱氏体)$$

2）稳定平衡的共析点 S'的成分和温度与 S 点不同

$$\gamma_{S'}(C0.68\%)\xrightarrow{738℃}\alpha_{P'}+石墨$$

$$\gamma_{S}(C0.77\%)\xrightarrow{727℃}\alpha_{P}+渗碳体(二相组成珠光体)$$

由此可见，在稳定平衡的 Fe-C 相图中的共晶温度和共析温度都比介稳定平衡的高一些。共晶温度高出 6℃，共析温度高出 11℃，这是容易理解的。如图 1-6 所示，共晶成分的液体的自由能和共晶莱氏体（奥氏体加渗碳体）的自由能都是随着温度的上升而降低的，这两条曲线的交点即为共晶温度 T_C。已知稳定平衡的奥氏体加石墨两相组织的自由能总是比莱氏体的低一些，即这条曲线一定在莱氏体曲线的下方，因此它和液体曲线的交点 T'_C（表示稳定系的共晶温度）就一定比 T_C 高一些。关于共析转变温度问题，也与共晶温度的讨论相似。

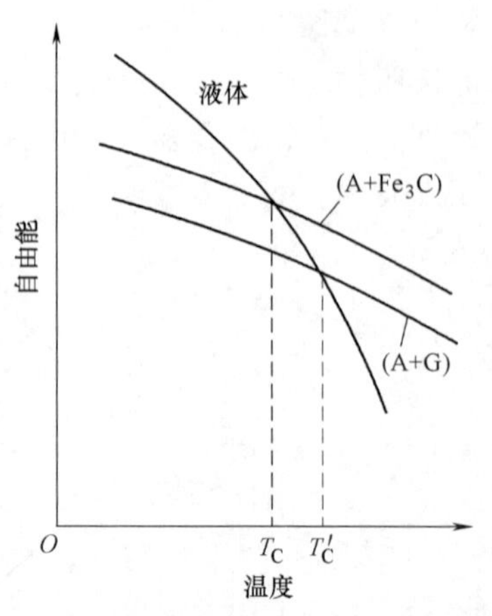

图 1-6 铸铁中各种组成体的自由能随温度变化的示意图

A—奥氏体 G—石墨 Fe_3C—渗碳体

因为共晶转变和共析转变都是恒温转变，所以稳定平衡相图中的共晶线 $E'C'F'$ 要和 BC 线交于 C'，与 JE 线交于 E'。显然 C' 和 E' 的碳含量（分别为 4.26%及 2.08%）就要比 C、E 的（分别为 4.30%及 2.11%）低一些；稳定平衡共析线 $P'S'K'$ 要和 GS 线交于 S'，S' 点的碳含量（0.68%）要比 S 点（0.77%）低一些；和 GP 线交于 P'，P' 点的碳含量比 P 点（0.034%）的略低，可以略而不计。因此 $E'C'F'$、$E'S'$、$P'S'K'$ 各线由于转变温度较高，碳含量较低，就分别落在 ECF、ES 和 PSK 的上方或左上方。石墨的熔点 D' 高达 4000℃左右，因此 $C'D'$ 线也在 CD 线的左上方。分别把这些线段画在 Fe-Fe_3C 相图上，就构成了双重相图。

在共晶温度时和石墨平衡的奥氏体中的碳含量（相当于 E'）比和渗碳体平衡的奥氏体中的碳含量（相当于 E）也要低一些。

在铸造生产实际中，经常会碰到这样的问题：用相同化学成分的铁液，浇注不同壁厚的铸件时，或用冷却速度不同的铸型时，会得到灰口或白口断面的铸件，这和双重相图有何联系呢？简要地说，这是由于冷却速度不同而导致共晶凝固温度的高、低不同所致，如在 T'_C 以下、T_C 以上凝固时，一般可得灰口，如过冷至 T_C 以下凝固时，则有可能进行奥氏体加渗碳体的结晶（形成白口断面）。这样就把双重相图和生产实际问题联系起来了。

1.1.1.3 碳当量与共晶度

铸铁是以铁碳为主、同时含有其他多种元素的合金，实际生产中，除冷却速度会影响铸铁组织以外，其他元素的含量对于铸铁组织的形成也会产生很大的影响。分析其他元素对于铸铁组织的影响，严格来说，需要根据相应的多元合金相图进行。然而，由于多元合金相图既不容易获得，也不便于应用，于是，人们根据长期实践的结果将不同元素对于铸铁组织的影响“折算”成对于铁碳相图上一些点、线位置的改变，通过这样的方式，依然借助于铁碳相图来分析铸铁的组织形成过程。此时，其他元素含量对于铸铁组织的影响可以理解为这些元素改变了铁碳相图上一些点、线的位置，从而影响了铸铁组织的形成。这种影响主要体现在以下几个方面：

1）共晶点和共析点的碳含量随着其他元素的加入会发生变化，如共晶点和共析点的碳含量随硅含量的增加而减少。铁-石墨二元共晶合金中C－4.26%，共析合金中C=0.68%，若考虑硅的影响，当Si=2.08%时其共晶点和共析点碳含量则相应为3.65%及0.65%左右；当Si=4.2%时则相应为3.15%及0.6%左右。*E*′点的碳含量也随着硅的增加而减少。

2）其他元素的加入会使相图上出现共晶和共析转变的三相共存区（共晶区：液相、奥氏体加石墨；共析区：奥氏体、铁素体加石墨）。这说明多元合金的共析和共晶转变，不像铁碳二元合金那样在一个恒定的温度完成，而是在一个温度范围内进行。

3）共晶和共析温度范围会因其他元素的加入发生改变，如硅对稳定系和介稳定系的共晶温度的影响是不同的。随着含硅量的增加，两个共晶温度的差别扩大，即含硅量越高，奥氏体加石墨的共晶温度高出奥氏体加渗碳体的共晶温度越多。由于硅的增高，共析转变的温度提高更多，更有利于铁素体基体的获得。

4）其他元素的加入会扩大或缩小相图上的奥氏体区。例如，硅含量的增加，缩小了相图上的奥氏体区。在硅含量超过10%以后，奥氏体区趋于消失，这对研究高硅耐酸铸铁的凝固过程及组织有参考意义。

以上几个方面对分析铸铁的凝固过程、组织形成以及制订热处理工艺，都有实际意义。

表1-3定性地列举了一些常见元素在一般含量范围内对铁碳双重相图上各临界点的影响趋势。

表1-3　常见元素对铁碳相图的影响

项目	铁-石墨系					铁-渗碳体系					碳的活度	石墨化	元素含量增加时，促进形成的组织
元素	共晶温度/℃	共析温度	共晶点碳含量（%）	奥氏体饱和碳量	共析点碳量	共晶温度	共析温度	共晶点碳量	奥氏体饱和碳量	共析点碳量			
S	−	+	−0.36	+	−	−	+	−	+	−	+	−	珠光体、渗碳体
Si	+14	++	−0.31	−	−	−	+	−	−	−	+	+	铁素体
Mn	−8	−	−0.027	+	−	−	−	+	+	−	−	−	珠光体、碳化物
P	−21	+	−0.33		−	−	+	−			+	+−	珠光体
Cr	−6	+	+0.063	+	−	+	+	−	+	−	−	−	珠光体、碳化物
Ni	+3	−	−0.053	−		−					+	+	珠光体，并细化
Cu	+3	−	−0.074			−					+	+	珠光体
Co	+	−				−					+	+	
V	−	+	+0.135			+					−	−	碳化物、珠光体

（续）

项目 元素	铁-石墨系					铁-渗碳体系					碳的活度	石墨化	元素含量增加时，促进形成的组织
	共晶温度/℃	共析温度	共晶点碳含量（%）	奥氏体饱和碳量	共析点碳量	共晶温度	共析温度	共晶点碳量	奥氏体饱和碳量	共析点碳量			
Ti	−	+				+					−	−	铁素体
Al	+	+	−0.25			+					+	+	铁素体
Mo	−10	+	+0.025			−					−	−	铁素体、细化珠光体
W	−	+				−					−	−	
Sn	−	−				−					+	+−	珠光体
Sb	−					−					+	−	珠光体
Mg	−					−						−	珠光体、渗碳体
Nb											−	−	−
RE												−	珠光体、渗碳体
B												−	珠光体、渗碳体
Te												−	珠光体、渗碳体

注：“+”代表增加、提高、促进；“−”代表降低、阻碍；数字代表加入1%合金时的波动值。

铁碳相图上的共晶点是一个十分重要的关键点，共晶点的成分所对应的铁碳合金具有最低的凝固温度和最小的液固线温度区间（理论值为零），因此具有最好的铸造性能，从而也受到人们的特别关注。

在铸铁合金中，人们根据各元素对共晶点实际碳含量的影响（表1-3），将这些元素的含量折算成碳含量的增减，称为碳当量，以CE表示，为简化计算，一般只考虑Si、P的影响，因而

$$CE=C+1/3(Si+P)$$

将CE值和C'点碳含量（4.26%）相比，即可判断某一成分的铸铁偏离共晶点的程度，如CE> 4.26%为过共晶成分，CE=4.26%为共晶成分，CE<4.26%为亚共晶成分。

铸铁偏离共晶点的程度还可用铸铁的实际碳含量和共晶点的实际碳含量的比值来表示，这个比值称为共晶度，以S_C表示。

$$S_C=C_{铁}/C'_C=\frac{C_{铁}}{4.26\%-1/3(Si+P)}$$

式中 $C_{铁}$——铸铁的实际碳含量（%）；

C'_C——稳定态共晶点的实际碳含量（%）；

Si、P——铸铁中硅、磷含量（%）。

如 $S_C>1$ 为过共晶、$S_C=1$ 为共晶、$S_C<1$ 为亚共晶成分铸铁。

根据 CE 的高低、S_C 的大小能够间接地推断出铸铁铸造性能的好坏以及石墨化能力的大小，因此碳当量和共晶度是十分重要的参数。

1.1.1.4　铁碳相图的局限性

铁碳相图具有重要的应用价值，但也有其局限性。

1）铁碳相图反映的是不同浓度的铁碳合金在不同温度时所存在的相、相的成分和各相的相对质量等方面的平衡关系，不能给出相的形状、大小和空间相互配置的关系。

2）铁碳相图能够准确地反映铁碳二元合金中相的平衡状态，铸铁中的其他元素当其含量不是很高时可以通过碳当量的关系借助铁碳相图分析其组织的形成过程，但当铸铁中的其他元素含量很高时，相图将发生重大变化，严格地说，在这样的条件下铁碳相图已不适用。

3）铁碳相图反映的是平衡条件下铁碳合金中相的状态，相的平衡只有在缓慢地冷却和加热，或者在给定温度长时间保温的情况下才能达到。也就是说，相图没有反映时间的作用，因此铸铁在实际的生产和热处理过程中，当冷却和加热速度较快时，仅依靠相图来分析问题可能会存在较大的偏差。

1.1.2　铸铁的一次结晶过程

铸铁从液态转变成固态的一次结晶过程，包括初析和共晶凝固两个阶段。具体的内容有：初析石墨或初析奥氏体的形成及其形貌；共晶凝固、共晶团以及共晶后期组织的形成；碳化物的形成及其特征。

1.1.2.1　初析石墨的结晶

当过共晶成分的铁液冷却时，先遇到液相线，在一定的过冷下便会析出初析石墨的晶核，并在铁液中逐渐长大。结晶时的温度较高，成长的时间较长，又是在铁液中自由地长大，因此常常长成分枝较少的粗大片状（这便是石墨分类标准中的 C 型石墨，严格地说，C 型石墨不应包括在随后共晶凝固时形成的正常的共晶石墨中）。

1.1.2.2　初析奥氏体的结晶

初析奥氏体树枝晶对铸铁的组织及力学性能有间接或直接的影响，它在灰铸铁中的作用与钢筋在钢筋混凝土中的作用一样，能起到骨架的加固作用，并能阻止裂纹的扩展。

1. 初析奥氏体枝晶的凝固过程

当凝固在平衡条件下进行时，只有当化学成分为亚共晶时才会析出初析奥氏体。其实在非平衡条件下，铸铁中存在一个共生生长区，而且偏向石墨的一方，因而在实际情况下，往往共晶成分，甚至过共晶成分的铸铁在凝固过程中也会析出初析奥氏体。

通常用连续液淬的方法研究初析奥氏体枝晶的凝固过程，观察在液淬温度下所得到的金相组织，即可窥其全貌（图 1-7）。图中初析奥氏体已转变成马氏体，尚未凝固的液体经液淬后直接转变成细小的莱氏体。初析奥氏体枝晶的凝固过程可描述为：在液相线温度以上，铁液处于全液态，当液体冷却到液相线温度以下时，奥氏体枝晶便开始析出并长大（图 1-7a），当进入共晶阶段后，液体中开始形成共晶团（图 1-7b），此时初析奥氏体还会继续长大，数量也有增加。从图 1-7b 可见，初析奥氏体枝晶和共晶团的生长实际上有一个重叠的生长温度区间。当工艺条件不同时，共晶转变开始的温度会有高低，因而重叠的温度区间也会有改变。在组织上就可能出现虽然成分相同，但初析奥氏体枝晶的百分比不一样的情况。

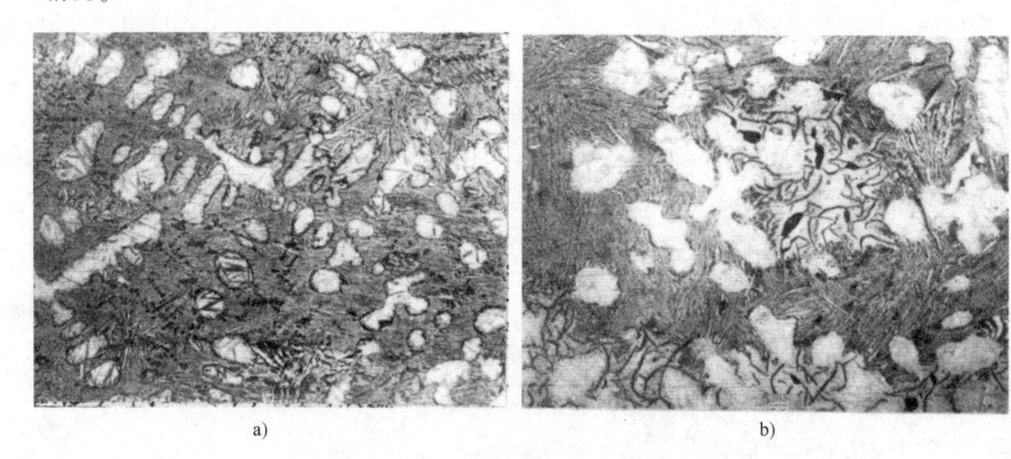

a) b)

图 1-7 普通灰铸铁的液淬组织

CE = 4.1%，冷速为 20℃/min，4%硝酸酒精侵蚀

a）1180℃液淬，初生奥氏体生长的初期

b）1145℃液淬，初生奥氏体继续长大，共晶团也已长大到一定程度，说明已进入共晶阶段

2. 初生奥氏体的形态

奥氏体为面心立方体，其原子密排面为（111）面，当奥氏体直接从熔体中形核、成长时，只有按密排面生长，其表面能最小，析出的奥氏体才稳定，由原子密排面｛111｝构成的晶体外形是八面体。八面体的生长方向必然是八面体的轴线，也即正［100］方向，由于八面体尖端的快速生长，便形成了奥氏体的一次晶枝，在一次晶枝上长起微小的突起，以此为基础长出二次晶枝，进而长出三次晶枝，最后长成三维树枝晶。奥氏体枝晶生长的特点之一是晶枝的生长程度不同，有的晶枝生长快，有的晶枝因前沿有溶质元素的富集而生长受到阻碍，因而生长较慢，故铸铁中的奥氏体枝晶往往具有不对称、不完整的特征，加上奥氏体

枝晶的二维形貌实际上是三维树枝晶在不同切面上的反映，因此便呈现出更加复杂的形态。

3. 奥氏体枝晶中的成分偏析

奥氏体枝晶中的化学成分不均匀性是由凝固过程所决定的。按照相图，先析出的奥氏体枝晶心部碳含量较低，在逐渐长大的以后各层奥氏体中的碳含量沿着图 1-5 中 JE'线变化，即碳含量逐渐增高，形成所谓的芯状组织。

对奥氏体枝晶及其结晶前沿的微观分析表明，在初析奥氏体中有硅的富集，锰则较低，而在枝晶间的残存液体中则是碳高、锰高、硅低。这样，在奥氏体的生长过程中，在结晶前沿就有不同元素的富集或贫乏，如形成了硅的反偏析及锰的正偏析，即存在着较大的浓度不均匀性。在普通灰铸铁及合金灰铸铁中，各元素在各相之间和相内的分布皆有这样的现象。相间成分分布的不均匀性通常用分配系数 K_p 表示，而晶内偏析程度则由偏析系数 K_l 表示。

K_p = 元素在奥氏体中的浓度 x_A/元素在铁液中的平均浓度 x_i

K_l = 元素在奥氏体枝晶心部的浓度 x_A^c/元素在奥氏体边缘的浓度 x_A^e

奥氏体和铁液中各种元素的浓度见表 1-4。由此可见，与碳亲和力小的石墨化元素（如 Al、Cu、Si、Ni、Co）在奥氏体中皆有富集，$K_p>1$；这些元素在奥氏体内的偏析系数 $K_l>1$，说明在奥氏体心部的含量高于奥氏体边缘的含量，即形成晶内反偏析。白口化元素（Mn、Cr、W、Mo、V），它们与碳的亲和力大于铁，富集于共晶液体中，$K_p<1$，而且与碳结合力越大的元素，K_p 越小。在奥氏体内则呈中心浓度低、边缘浓度高的正偏析，即 $K_l<1$。

在奥氏体内部以及奥氏体间剩余液体中都存在成分上的不均匀性，因此它既可对铸铁的共晶凝固过程产生影响，如在共晶凝固时，可激发由按稳定系凝固向亚稳定系凝固的转变促使形成晶间碳化物，又可对凝固以后的固态相变或热处理过程产生影响，如破碎状铁素体的获得，就是在热处理时利用了奥氏体内部的成分不均匀性的特点。因此这是一个很值得注意的问题。

表 1-4 奥氏体和铁液中各种元素的浓度

序号	元素	元素含量(%)			分配系数 $K_p=x_A^c/x_i$	偏析系数 $K_l=x_A^c/x_A^e$
		铁液中(x_i)	奥氏体中			
			中心(x_A^c)	边缘(x_A^e)		
1	Al	0.68	0.74	0.67	1.09	1.10
2	Si	1.27	1.39	1.21	1.09	1.15
3	Cu	1.12	1.22	1.11	1.09	1.10
4	Ni	1.07	1.10	0.96	1.03	1.15
5	Co	1.09	1.15	1.01	1.06	1.14

（续）

序号	元素	元素含量(%)			分配系数 $K_p = x_A^c / x_i$	偏析系数 $K_l = x_A^c / x_A^e$
		铁液中(x_i)	奥氏体中			
			中心(x_A^c)	边缘(x_A^e)		
6	Mn	1.07	0.75	1.00	0.70	0.75
7	Cr	0.98	0.50	0.59	0.51	0.85
8	W	0.89	0.35	0.37	0.39	0.95
9	Mo	1.13	0.39	0.45	0.35	0.87
10	V	1.48	0.56	0.58	0.38	0.97
11	Ti	0.26	0.03	0.04	—	—
12	S	0.12	痕量	痕量	—	—
13	P	0.58	0.09	0.13	0.16	0.69

4. 影响奥氏体枝晶数量及粗细的因素

铸铁中奥氏体枝晶的数量将直接影响作为坚固骨架体数量的多少。因而研究奥氏体枝晶数量的变化及其影响因素，对控制铸铁的组织及性能有较重要的意义。

在平衡条件下，奥氏体枝晶的质量分数可利用相图及杠杆定律算出，但在非平衡条件下，用定量金相的原理直接测定奥氏体枝晶数量的方法较为可靠。

在冷却速度较快时，由于在不平衡的条件下进行凝固结晶，即使碳当量高达4.7%，铸态组织中仍有一定量的初析奥氏体，这是工业铸铁组织中的一个重要特征。

在相同碳当量的前提下，初析奥氏体的数量还受铸铁中碳、硅含量的影响。目前常用Si/C比值来讨论其影响，Si/C比值增加，初析奥氏体的数量随之增高(图1-8)。在高碳当量时，除影响数量外，碳含量对初析奥氏体的粗细也有影响。在冷却速度一定时，随着碳含量的增高，枝晶细化（图1-9)。图中凝固率为铁液中出现固相的体积分数。

硫对奥氏体树枝晶的粗细也有影响，随着硫含量的增高，树枝晶有粗化的倾向。

合金元素对初析奥氏体影响方面的资料较少。一般来说，合金元素的加入，要影响初析奥氏体析出温度 T_L 的高低和初析奥氏体生长区间（$T_L - T_{EU}$）的大小。据资料测定，合金元素对前者影响较小，对后者则影响较为显著（表1-5)。另外加入合金元素以后，会引起奥氏体界面前沿的溶质浓度以及溶质浓度梯度的改变，因而使结晶前沿的成分过冷程度发生变化，也即改变了初析奥氏体的生长条件及环境，必然就会影响到初析奥氏体的数量及形态。

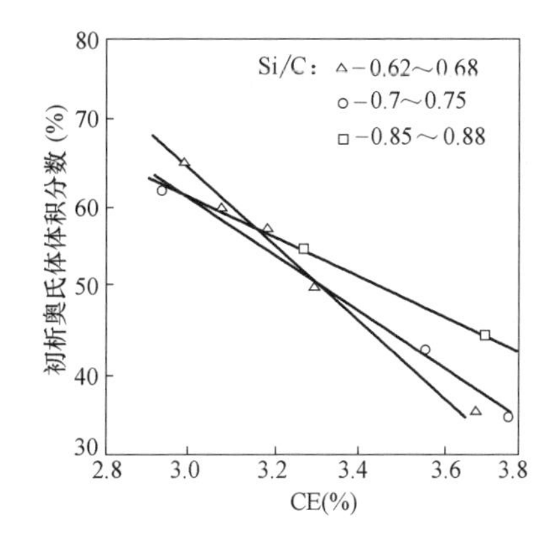

图 1-8　Si/C 和初析奥氏体量的关系

Si/C：△—0.62~0.68　○—0.7~0.75

□—0.85~0.88

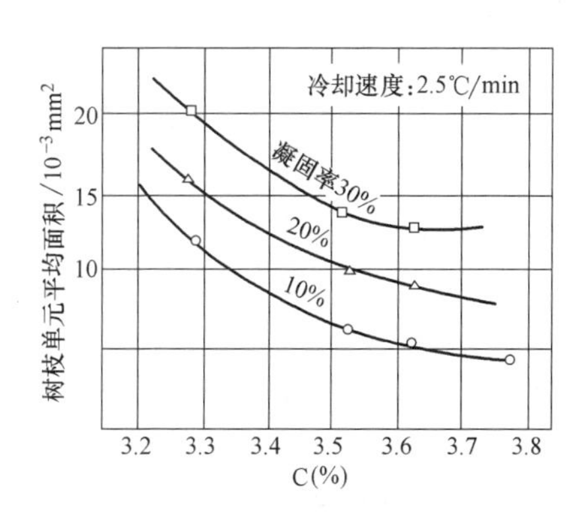

图 1-9　碳含量与奥氏体枝晶细化程度的关系

冷却速度：2.5℃/min

Si/C：△—0.62~0.68　○—0.7~0.75

□—0.85~0.88

表 1-5　合金元素对冷却曲线上特征点的影响

加入的合金元素（加入量为 1%）	冷却曲线上的特征点温度/℃					T_{EU} 的变化	T_L-T_{EU} 的变化
	T_L	T_{ER}	T_{EU}	ΔT_E	T_L-T_{EU}		
原铁液	1220	1125	1120	5	100	0	0
V	1225	1102	1105	-3	120	-15	+20
Mo	1225	1110	1112	-2	113	-8	+13
Ti	1227	1122	1124	-2	103	+4	+3
Cr	1226	1123	1125	-2	101	+5	+1
Cu	1222	1130	1128	2	94	+8	-6
Ni	1223	1138	1135	3	88	+15	-12
Si	1196	1153	1150	3	46	+30	-54
Al	1224	1156	1155	1	69	+35	-31

注：T_L—奥氏体开始析出的温度，即液相线温度；T_{EU}—大部分共晶转变前铁液过冷的最低温度；T_{ER}—由于共晶潜热的析出，而使共晶凝固期间冷却曲线上再次发生转折的温度，或经温度回升而在共晶阶段出现的最高温度。

向亚共晶灰铸铁中分别加入 V、Ti、Cr、Mo、Cu、Ni、Si 及 Al 各 1%，然后以液淬的方法研究这些合金元素对铸铁中初析奥氏体形态的影响，其结果见表 1-5。与不加合金的铸铁相比，使（T_L-T_{EU}）值增加大于 10℃ 的元素有 V、Mo，使（T_L-T_{EU}）值减少大于 10℃ 的元素有 Al、Si、Ni，Ti、Cr、Cu 对（T_L-T_{EU}）值的影响较小，在±6℃ 范围以内。观察液淬后的试样发现，未加合金元素的亚共晶铸铁的奥氏体枝晶方向性较强，二次枝晶不发达，且二次枝晶间距较大。钒和钼都是增大共晶凝固过冷度并增大初析奥氏体生长区间的元素，它们都能使奥氏体枝晶的分枝程度增高，使二次晶枝发达，细化二次晶枝间距。加入铝和镍可减小共晶结晶过冷度，缩小初析奥氏体生长的温度区间。经观察，镍促使形成分枝较少的短胖状奥氏体，铝则形成细而短小无规则分布的奥氏体。铜、钛、铬的影响介于上述两类元素的影响之间，如钛能促进奥氏体枝晶的形成，铬可促使形成短小而无方向性分布的奥氏体枝晶，且分枝较少。

有资料对 CE = 4.1%（C = 3.24%，Si = 2.58%）的灰铸铁定量地研究了 V、Ti 对初析奥氏体枝晶的影响，其结果见表 1-6。从金相观察及图像分析看出，非合金铸铁的初析奥氏体生长最初阶段，枝晶排列的方向性较强，而且发现奥氏体树枝晶主要是在共晶转变前形成，在共晶期间它的数量、形态基本上无变化。

表 1-6 钒、钛对初析奥氏体数量的影响

序号	化学成分(%)				临界点温度/℃			初析奥氏体量(%)		
	C	Si	V	Ti	T_L	T_{EU}	T_S	1200℃	1160℃	1120℃
1	3.24	2.58	—	—	1220	1160	1120	23.9	37.15	37.60
2	3.24	2.58	—	0.17	1223	1160	1119	30.0	37.58	49.9
3	3.24	2.58	0.24	—	1227	1160	1120	29.2	35.0	56.12
4	3.24	2.58	0.24	0.17	1227	1160	1117	32.8	41.2	63.3

注：T_L—奥氏体开始析出的温度，即液相线温度；T_{EU}—大部分共晶转变前铁液过冷的最低温度；T_S—按照介稳定系进行共晶转变的共晶温度。

Ti 能使奥氏体枝晶的数量增多并细化枝晶，而且可看到，在共晶转变期间，含 Ti 铁液的初析奥氏体仍在继续长大，这期间初析奥氏体的增加量占总量的 25%。

V 也使初析奥氏体数量增加，同时也减小一次和二次枝晶长度，细化枝晶，但没有 Ti 作用大。V 使枝晶在共晶期间增加的数量更多，约占总量的 37%。

V、Ti 同时加入铁液时，影响更明显，使枝晶数量增加很多，并细化枝晶，在共晶转变期间，枝晶数量增长量约占总量的 35%。

合金元素对初析奥氏体枝晶的影响还有待于深入研究，特别是关于初析奥氏体成核问题的资料更少。

增加冷却速度，将使奥氏体枝晶量增加，特别是随着初析阶段冷却速度的增加，枝晶明显地细化。随着冷却速度的增加，初析奥氏体分枝的程度也会增加，这可用允许溶质元素扩散离去时间的缩短来解释。同样，冷却速度增加会引起界面前沿的热过冷增大，这会使枝晶生长速率增大以及枝臂间距缩小。因此枝晶凝固阶段的冷却速度不仅会影响初析奥氏体的数量，而且会改变它的分枝及细化的程度。

5. 初析奥氏体的显示方法

目前较有实用价值的方法有热处理法和着色法。两种方法的原理皆是利用奥氏体与其周围组织的成分不均匀性。

（1）热处理法　加热到 871℃，保温 45min，然后以 56℃/h 的冷却速度，使初析奥氏体因硅高而变成铁素体，而周围由于硅低锰高仍保留珠光体，这样可衬托出初析奥氏体的组织，抛光侵蚀后，用低倍显微镜（如×25）观察石墨位于枝晶间的部位（实际上为共晶转变区）。在这样的磨面上可测定：初析奥氏体的总面积、单个椭圆形切面的平均切面积、枝晶长度、二次枝晶臂间距、枝晶区所占面积百分比以及枝晶的方向性衡量等参数。

该方法的缺点是麻烦，而且往往把共晶奥氏体也显示出来，因此测量出的初析奥氏体量往往偏高。

（2）着色法　利用不同凝固阶段所形成的不同组织中的硅含量不同的特点，侵蚀后使不同的组织呈现出不同的彩色衬度，通过选用适当波长的滤片，将彩色衬度转化为明显的单色衬度，即可用图像分析仪对初析奥氏体进行定量分析。

选用苦味酸-氢氧化钠水溶液为着色剂，配方如下：1.8g 苦味酸、25g 氢氧化钠、100ml 蒸馏水。侵蚀温度为 90℃±1℃，时间为 5min。

在显微镜下可看到初生奥氏体（高硅区）呈浅蓝色，共晶初期奥氏体（硅较高区）呈深蓝色，而共晶末期的奥氏体（共晶团外围）呈咖啡色（低硅区）。

着色法操作简便，而且效果好，可把初析奥氏体及共晶奥氏体区分开，还可同时显示出共晶团的轮廓，因此还有助于对共晶过程进行研究。

1.1.2.3 共晶凝固过程

根据化学成分及冷却条件的不同，有两种共晶转变方式：稳定系及亚稳定系共晶转变，前者形成灰口断面铸铁，后者形成奥氏体加渗碳体组织，即白口铸铁。当然还可能有混合型的，断面呈麻口，这种铸铁的应用范围极为有限。

1. 稳定系的共晶转变

当铁液温度降低到略低于稳定系共晶平衡温度，即具有一定程度的过冷后，初析奥氏体间熔体的碳含量就达到饱和程度。如果此时能形成石墨晶核并长大，则出现了石墨/熔体的界面，由于石墨碳含量高，因而界面上碳低，这就为共晶奥氏体的析出创造了条件，奥氏体的析出反过来又促进了共晶石墨的继续生长，因此出现了从熔体中同时析出奥氏体和石墨的情况。至此，铸铁便进入了共晶凝固阶段。

在实际铸造生产中，在不平衡条件下凝固，即使是共晶成分，甚至过共晶成分，都或多或少地会出现一些初析奥氏体，因此铸铁的共晶凝固常在有初析树枝状奥氏体晶体存在的状态下进行。所以共晶凝固的场所及方式便是大家很关心的问题。

现已证实，共晶体不是在初析树枝晶上以延续的方式在结晶前沿形核并长大，而是在初析奥氏体晶体附近的枝晶间、具有共晶成分的液体中单独由石墨形核开始。铸铁熔体中存在的亚微观石墨团聚体、未熔的微细石墨颗粒、某些高熔点的夹杂物颗粒（硫化物、碳化物、氧化物及氮化物等）都可能成为石墨的非均质晶核。石墨形核以后，石墨的（0001）基面可以作为奥氏体（111）面的基底而促使奥氏体形核，形成石墨和奥氏体同时交叉生长的模式。在结晶前沿，石墨和奥氏体两相与熔体接触的界面并不光滑，石墨片的端部始终凸出在外，伸向熔体之中（即所谓领先相），保持着领先向熔体内生长和分枝的态势。以每个石墨核心为中心所形成的这样一个石墨-奥氏体两相共生的共晶晶粒称为共晶团。图 1-10 是正处在共晶转变初期的亚共晶灰铸铁的金相照片（经液淬获得），照片清楚地显示了凝固期间的一个共晶团的成长情况。

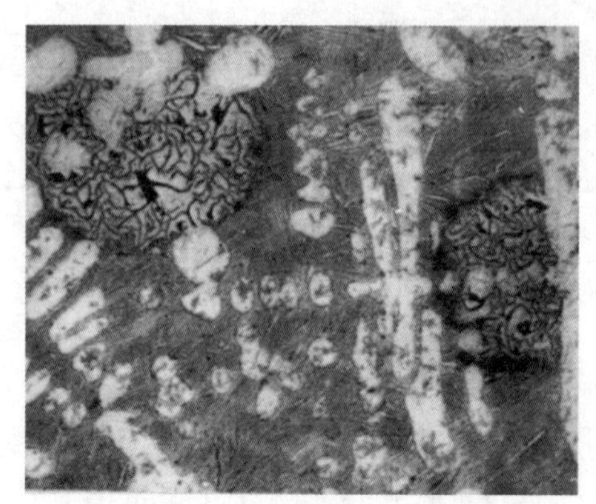

图 1-10 亚共晶灰铸铁共晶转变期间的液淬组织

（CE＝4.1%，冷速为 20℃/min）

图 1-11 示意说明了亚共晶灰铸铁共晶转变的全过程。凝固结束时，共晶团之间或共晶团和初析奥氏体枝晶相互衔接形成整体。其实，在凝固后期常会出现不同的情况，如在普通成分的灰铸铁中，在各共晶团之间常聚集着较多的低熔点夹杂物（如磷共晶体）。当铸铁中存在偏析倾向较高的合金元素时，随着凝固过程的进行，残液中的合金元素含量会越来越高，至凝固结束前，在各共晶团之间或几簇共晶团集团之间的正偏析元素含量，有可能增高至足以在局部区域形成弥散度很高的晶间碳化物或局部的硬化组织。这一凝固现象对制造减摩铸铁非常

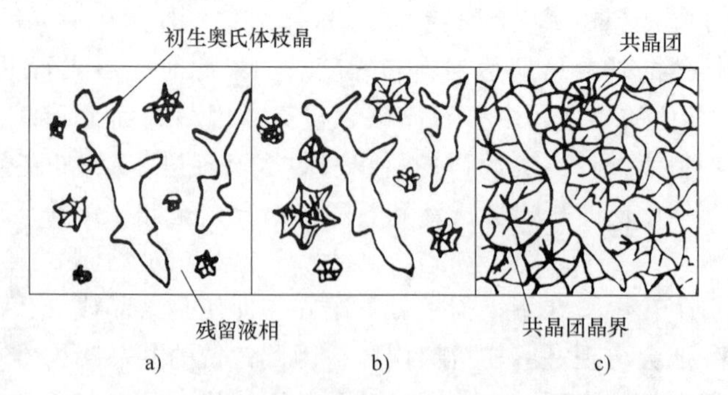

图 1-11 亚共晶灰铸铁共晶转变过程示意图

a）共晶转变开始阶段 b）共晶转变中期 c）共晶转变终了

有利。

至共晶凝固结束时，各个共晶团内的奥氏体和初析奥氏体枝晶构成连续的金属基体，每个共晶团内的石墨构成连续的分枝立体形状（这已为早期的层磨技术所揭示，也已被近代扫描电镜的直接观察所证实）分布于金属基体之中。一些晶间夹杂物或硬化相则分散分布于共晶团或共晶集团之间。

灰铸铁共晶团数（个/cm^2）取决于共晶转变时的形核及成长条件。冷却速度及过冷度越大，非均质晶核越多，生长速度越慢，则形成的共晶团数越多。随共晶团数量的增加，白口倾向减少，力学性能略有提高。但由于增加了共晶凝固期间的膨胀力，因而使铸件胀大的倾向增加，从而增加了缩松倾向。控制共晶团数，对铸件生产具有重要作用，尤其对耐压铸件更为重要。因为共晶团数随生产条件而异，且不同铸件的要求也有所不同，因此各生产企业应有各自的控制手段，作为控制和分析铸铁质量的一个指标。

过共晶灰铸铁的凝固过程则由析出初析石墨开始，到达共晶平衡温度并有一定程度过冷时，进入共晶阶段，此时共晶石墨及共晶奥氏体可在初析石墨的基础上析出，因此可见到共晶体与初析石墨相连的组织特征。其最后的室温组织与共晶成分、亚共晶成分的灰铸铁基本相似，所不同的是组织中有粗大的初析片状石墨存在，而共晶石墨也显得较多和较粗一些。

2. 石墨的晶体结构及片状石墨的长大

石墨的晶体结构如图 1-12 所示，呈六方晶格结构。由于石墨具有这样的结构特点，从结晶学的晶体生长理论看，石墨的正常生长方式应是沿基面的择优生长，最后形成片状组织。然而在不同的实际条件下，石墨往往会出现多种多样的形式，因而必然存在着影响石墨生长的因素，而这主要与石墨的晶体缺陷以及结晶前沿熔体中的杂质浓度有关。

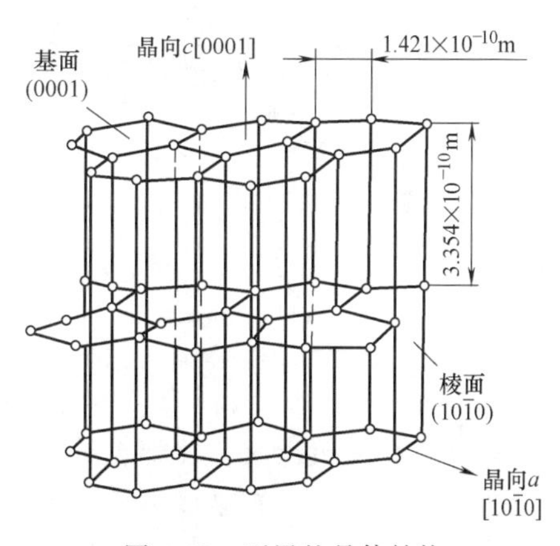

图 1-12　石墨的晶体结构

在实际的石墨晶体中确实存在着多种缺陷，其中旋转晶界、螺旋位错和倾斜孪晶对石墨的生长有很大的影响。而且在不同成分、经不同处理所得到的铁液以及在不同的过冷度下，形成这些缺陷的倾向是不同的。

石墨是非金属晶体，在纯 Fe-C-Si 合金中的生长界面为光滑界面，无论在基面上或棱面上，要依靠二维形核的生长是比较困难的，需要的过冷度较大。但如果在基面上存在螺旋位错缺陷，则可为石墨的生长提供大量的生长台阶（图

1-13)，石墨沿这些台阶生长，看起来是沿着基面的 a 向生长，其实还包括向 c 向生长的作用，即既有增大片状面积的作用，又有增加石墨厚度的倾向。除此之外，在石墨晶体中还存在着旋转晶界缺陷（图 1-14）。石墨内旋转晶界的存在，为晶体生长提供了所需的台阶，这种台阶可促进在石墨晶体的（$10\bar{1}0$）面上（即 a 向上）的生长。因此如果以 v_a 及 v_c 分别表示 a 向及 c 向的石墨生长速度，则在铸铁中便会因 v_a/v_c 比值的不同而出现不同形式的石墨。如果 $v_a>v_c$，一般认为形成片状石墨；如果 $v_a=v_c$ 或 $v_a<v_c$ 就会形成球状石墨。在普通灰铸铁中石墨结晶成片状，一般认为这是由于硫、氧等活性元素吸附在石墨的棱面（$10\bar{1}0$）上，使这个原为光滑的界面变为粗糙的界面，而粗糙界面生长时只要较小的过冷度，生长速度快，因而使石墨棱面生长迅速，即 a 向生长占优势，此时 $v_a>v_c$，使石墨最后长成片状。

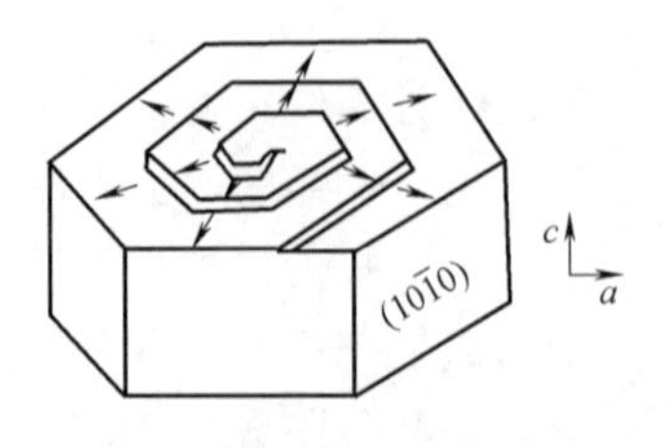

图 1-13　石墨螺旋位错台阶示意图

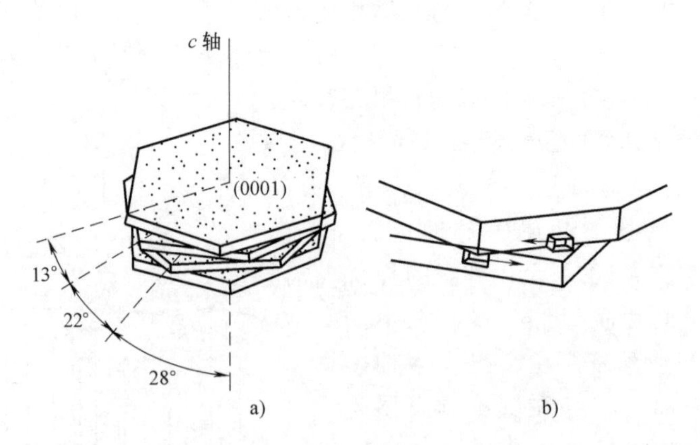

图 1-14　石墨在［$10\bar{1}0$］方向上以旋转晶界台阶生长的示意图

a）c 轴旋转的堆叠缺陷示意图　b）石墨从台阶上平面形核生长示意图

另外，石墨析出时，相邻近的熔体内贫碳富硅，会促进奥氏体的形成，这样更会造成共晶相前沿有某些溶质元素或杂质元素的富集，这些元素，尤其是表面活性元素的存在，会影响石墨晶体表面缺陷的形成，更导致石墨沿一定的方向迅速生长。

由于凝固条件（指化学成分、冷却速度、形核能力等）不同，灰铸铁中的片状石墨可出现不同的分布及尺寸。GB/T 7216—2009《灰铸铁金相检验》把灰铸铁的石墨分布形状分为六种类型（表 1-7 和图 1-15），把石墨长度分为八级（表 1-8）。根据已有的研究成果，各型石墨的形成条件见表 1-9。

表 1-7　石墨分布形状

石墨类型	说　　明
A	片状石墨呈无方向性均匀分布
B	片状及细小卷曲的片状石墨聚集成菊花状分布
C	初生的粗大直片状石墨①
D	细小卷曲的片状石墨在枝晶间呈无方向性分布
E	片状石墨在枝晶二次分枝间呈方向性分布②
F	初生的星状（或蜘蛛状）石墨③

① 图 1-15c 中只有粗大直片状石墨是 C 型石墨。

② 图 1-15e 中只有在枝晶二次分枝间呈方向性分布的石墨是 E 型石墨。

③ 图 1-15f 中只有初生的星状（或蜘蛛状）石墨是 F 型石墨。

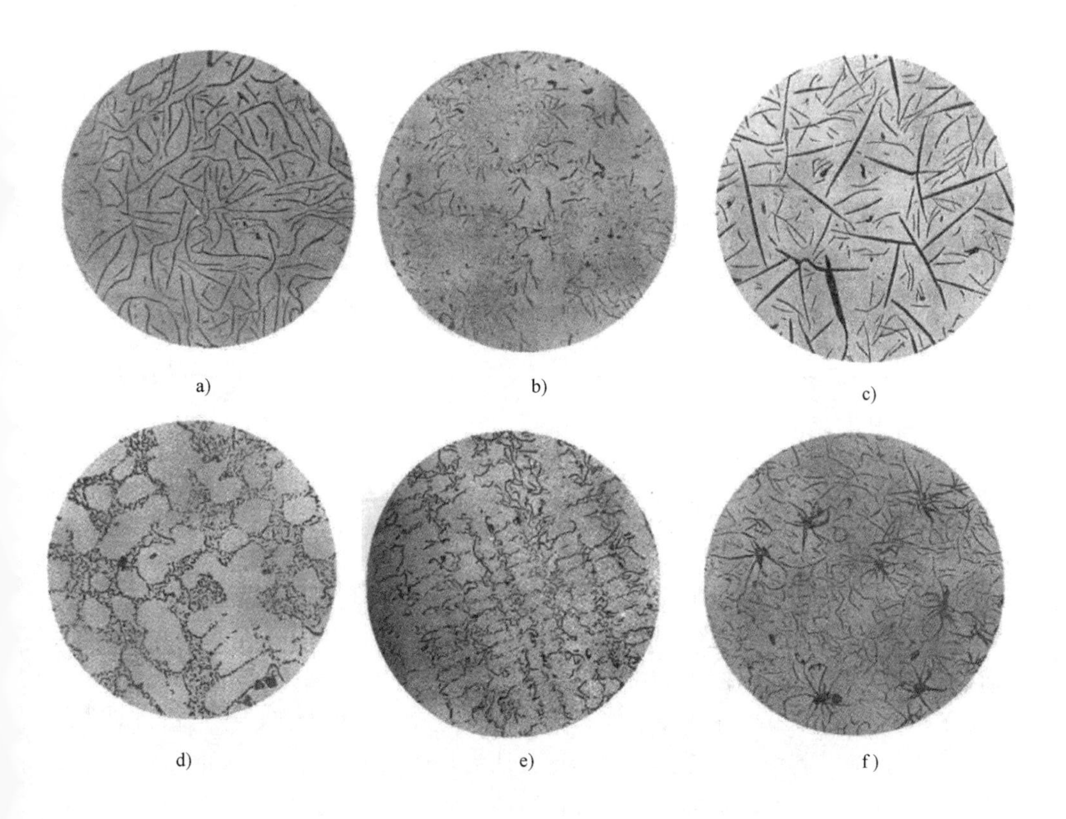

图 1-15　石墨分布图

a）A 型　b）B 型　c）C 型　d）D 型　e）E 型　f）F 型

表 1-8 石墨长度的分级

级 别	在 100×下观察石墨长度/mm	实际石墨长度/mm
1	≥100	≥1
2	>50~100	>0.5~1
3	>25~50	>0.25~0.5
4	>12~25	>0.12~0.25
5	>6~12	>0.06~0.12
6	>3~6	>0.03~0.06
7	>1.5~3	>0.015~0.03
8	≤1.5	≤0.015

表 1-9 各型石墨的形成条件

石墨类型	形成条件	石墨类型	形成条件
A	石墨成核能力强，冷却速度慢，过冷度小	E	碳当量比形成 D 型时更低，但冷却速度较慢，共晶凝固时液体数量已很少，故呈方向性分布（取决于初析奥氏体）
D	碳当量低，成核条件差，初析奥氏体多，冷却速度快，过冷度大	C	过共晶成分，慢冷却时形成的初析石墨
B	实质上中心是 D 型，外围是 A 型，开始时过冷度大，成核条件差，先出 D 型；后期放出凝固潜热，过冷度减小而析出 A 型	F	过共晶成分，快冷时形成，如活塞环中常出现 F 型石墨

3. 球状石墨的形成过程

一定成分的铁液，经过球化处理，使铁液中的硫和氧含量显著下降，此时球化元素在铁液中有一定的残留量，这种铸铁在共晶凝固过程中将形成球状石墨。

(1) 球状石墨的结构　低倍显微镜下观察时，球状石墨接近球形；高倍显微镜下观察时，则呈多边形轮廓，内部呈现放射状，在偏振光照射下尤为明显，如图 1-16 所示。利用扫描电镜更可以看出，石墨球表面一般不是光滑的球面，而是有许多胞状物，如图 1-17 所示。从球状石墨中心截面的复型电镜照片（图 1-18）可以看到，石墨球内部结构具有年轮状的特点，其内部在一定直径的范围内，年轮较乱，其中心可看到白色小点，认为是球状石墨借以长大的核心。从球状石墨的这些结构和外形的特征，结合石墨晶体结构的特点，可以断定，球状石墨具有多晶体结构，从核心向外呈辐射状生长，每个放射角皆由垂直于球的径向而呈相互平行的石墨基面堆积而成，石墨球就由 20~30 个这样的锥体状的石墨单晶体组成，因而球的外表面都是由（0001）面覆盖，如图 1-19 所示。

在球墨铸铁中，除了圆整的石墨球外，还会有其他形式的偏离球状的各种变态石墨。

图 1-16　球状石墨的偏振光照片

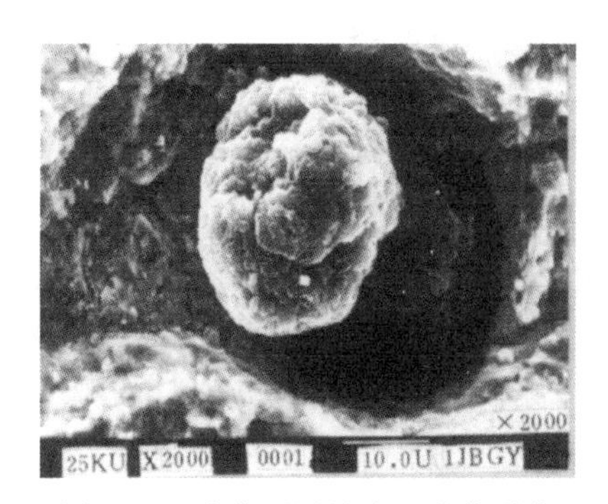

图 1-17　球状石墨的表面胞状形态

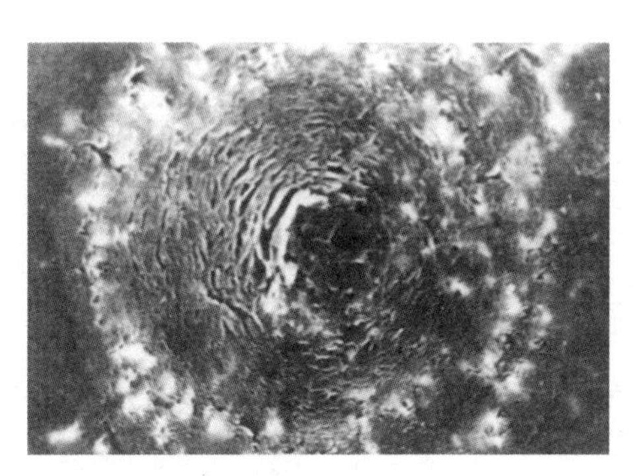

图 1-18　球状石墨内部的年轮结构

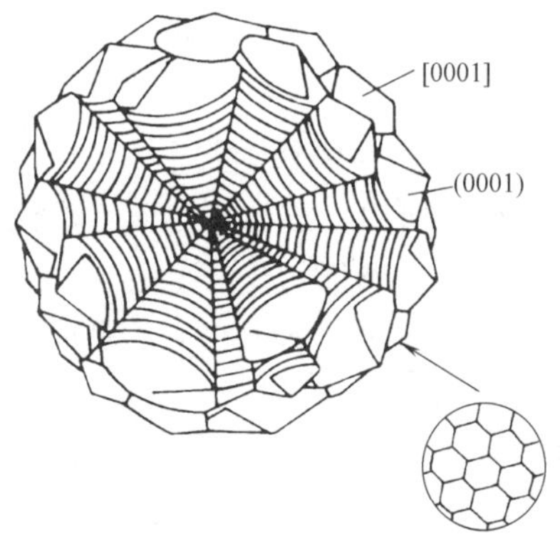

图 1-19　球状石墨结构示意图

（2）球状石墨的形成条件　球状石墨生成的两个必要条件是铁液凝固时必须有较大的过冷度和较大的铁液与石墨间的界面张力。事实证明，加入任何一种球化剂（Mg、Ce、Y、La 等）都会使铁液的过冷度加大，而且也会影响铁液的表面张力。但必须指出的是，首先要把铁液的表面张力与铁液和石墨之间的界面张力区别开，其次要把石墨基面和铁液界面张力 $[\sigma_{S(0001)-L}]$ 与石墨棱面和铁液界面张力 $[\sigma_{S(10\bar{1}0)-L}]$ 区别开。对于片状石墨铸铁来说

$$[\sigma_{S(0001)-L}] > [\sigma_{S(10\bar{1}0)-L}]$$

而对于球墨铸铁来说

$$[\sigma_{S(0001)-L}] < [\sigma_{S(10\bar{1}0)-L}]$$

铁液中的硫、氧是表面活性物质，当向铁液中加入球化剂时，首先与氧、硫发生反应，因而使铁液中的氧含量、硫含量降低，表现出使铁液的表面张力升高，同时也使铁液/石墨间的界面张力增加，因而对球状石墨的生成提供了第二个必要条件。但氧、硫二元素的作用，长期以来一直没有区别开。近年来的研究指出，随着铁液中氧电势 E_0 的增高（氧活度降低），铁液凝固后球化率提高，两者之间具有很好的对应关系；然而，球化率和铁液中的活性硫含量之间没有明显的对应关系，因此认为对石墨球化起决定作用的是氧而不是硫，硫只是通过消耗球化元素而起间接的干扰作用。

在工业生产的条件下，为了获得球状石墨铸铁，在铁液中还必须残留有足够的球化元素，也即必须加入球化剂。

目前工业生产中采用的球化剂具有以下的共同特点：

1）与硫、氧有很大的亲和力，生成稳定的反应生成物，可显著减少溶于铁液中的反球化元素含量。

2）在铁液中的溶解度很低。

3）可能与碳有一定的亲和力，但在石墨晶格中有低的溶解度。

根据大量的生产实践和理论研究，到目前为止，认为镁是球化剂中最主要的元素。

（3）球墨铸铁的共晶转变　目前已基本肯定，球状石墨可以和奥氏体直接从熔体中析出，这可通过离心浇注时能分离出石墨球，厚大件顶面有石墨球的漂浮等现象得到证实。

试验证实，无论在亚共晶或共晶成分的球墨铸铁中，首批小石墨球在远高于平衡共晶转变温度就已形成，这是不平衡条件所造成的，但随着温度的下降，有的小石墨球会重新解体，而有的则能长大成球，随着这一过程的进行，又会重新出现新的小石墨球，这说明石墨球的成核可在一定的温度范围内进行。

某些石墨球能在熔体中单独成长至一定尺寸，然后被奥氏体包围，而有的石墨球则很早就被奥氏体包围，形成奥氏体外壳。总之，石墨球的长大，包括两个阶段：①在熔体中直接析出核心并长大；②形成奥氏体外壳，在奥氏体外壳包围下成长。

球状石墨的共晶过程在相当程度上是属于“变态”的共晶，一般称之为离异共晶，因为在整个共晶转变的相当长一段时间内，球状石墨和奥氏体两个相析出的情况是：石墨在先，奥氏体在后，两个相没有平滑的共同结晶前沿，而且在时间和场合上都是分离的。球墨铸铁共晶转变示意图如图 1-20 所示。

球化处理后，一般都有孕育处理过程，这样有利于得到细小而圆整的石墨球；加上球墨铸铁有离异共晶转变的特点，因而球墨铸铁的共晶团数要比灰铸铁的高得多，一般要高 50~200 倍。

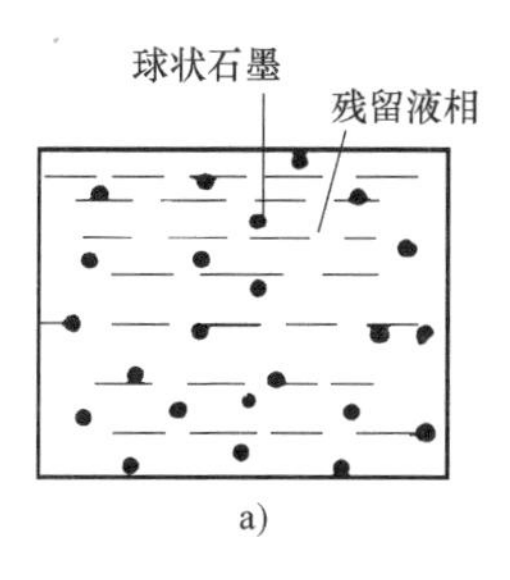

a)

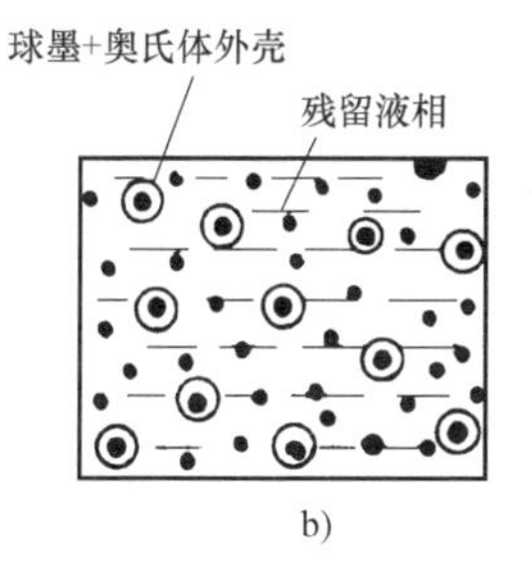

b)

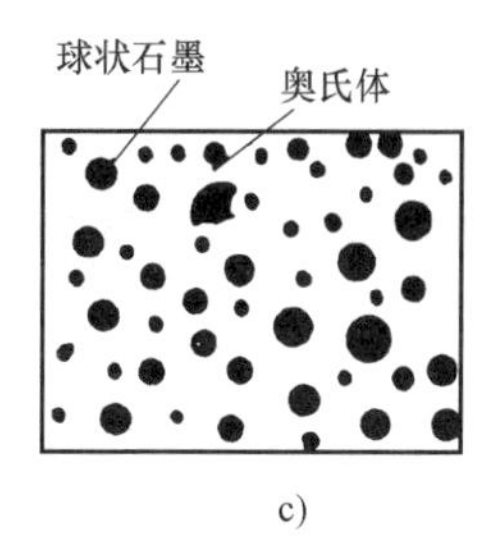

c)

图 1-20　球墨铸铁共晶转变示意图

a）凝固初期　b）凝固中期　c）凝固完毕

（4）球状石墨的形成机理　这方面内容主要包括石墨晶核的产生及其性质、球状石墨的长大以及球化元素的作用三个方面。

用扫描电镜和 X 射线显微分析技术对球状石墨进行仔细观察表明，在球状石墨中心有尺寸约为 1μm 的外来夹杂微粒，而且认为它们是球状石墨的晶核，这些微粒具有双层结构。在用硅铁镁合金进行球化处理和用硅铁进行孕育处理的球墨铸铁中，晶核的最中心部分由钙和镁的硫化物组成，其尺寸约为 0.05μm，晶核的外层则由镁、铝、硅、钛的氧化物组成。在硫化物夹杂和外层氧化物之间，以及外层氧化物和在其上生长的石墨之间，均有一定的晶面对应关系。由此认为，镁、钙等元素在球状石墨晶核形成过程中的作用在于，通过组成这些元素的硫化物和氧化物而去除了熔体中的氧和活性硫，同时，这些元素的硫化物及氧化物夹杂微粒构成了球状石墨晶核的最中心部分和外层部分物质。

在经镁或铈处理的球墨铸铁中，铸铁熔体和石墨晶体的棱面（$10\bar{1}0$）之间的界面能量高于熔体和石墨晶体基面（0001）之间的界面能量，这就为石墨向［0001］方向的生长奠定了基础。而在含硫较多的灰铸铁中，铸铁熔体和石墨不同的晶面间的界面能量关系则相反，因而在灰铸铁中石墨易向［$10\bar{1}0$］生长。不过这个原理仅对完整晶体适用，在球状石墨成长的过程中，同样存在着大量的晶体缺陷，在球状石墨的生长中起主要作用的是螺旋位错。由于螺旋位错的存在，在晶体表面造成的螺旋台阶的旋出口是碳原子开始结晶成石墨晶体的最有利位置。虽然看来是沿（0001）按［$10\bar{1}0$］晶向螺旋式生长，但其结果都使晶体在［0001］方向得到发展，如图 1-21a 所示。在生长过程中，如果各个螺旋台阶按均势的速度生长，晶体将长成一个近似球状的多面体（图 1-21b）。如果有某些表面活性元素（如氧、硫）吸附在螺旋台阶的旋出口处，它们将抑制这一螺旋晶的生长，而别处却仍保持一定的生长速度。这时晶体的等轴生长方式将受到破坏，其结果是使球状石墨畸变。

球化元素的作用主要在于去除表面活性元素（氧、硫）对石墨成球状生长

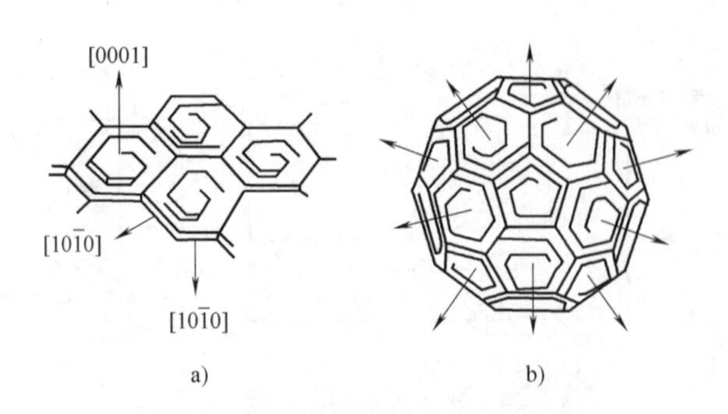

图 1-21　石墨晶体生长示意图

a)［0001］方向生长示意图　b）长成球状多面体示意图

的干扰作用，而且认为氧的干扰作用要大于硫。

经过铸铁冶金工作者的长期努力，在球状石墨的形成机理方面取得了不少研究成果，如关于球状石墨的结构、形成球状石墨的条件、石墨球能够从铁液中直接析出而且能单独生长、加入球化剂的必要性、球化剂的作用等方面均有比较一致的认识。但也存在着不少有争论的问题，诸如石墨核心性质问题等，还有待研究解决。

关于球状石墨的长大机制，虽然螺旋位错学说已越来越多地被人承认，但按这种方式进行长大的机制，还有待更直观的试验和进一步从理论上论证。

4. 蠕虫状石墨的形成过程

用液淬热分析法对蠕墨铸铁的凝固过程进行研究后肯定，蠕虫状石墨主要也是在共晶凝固过程中从铁液中直接析出的，最初形态呈小球状或聚集状，经过畸变，并经没有被奥氏体全包围的长出口，在与铁液直接接触的条件下长大而成的。总结出这样一个生长模式：小球状石墨—畸变球状石墨—蠕虫状石墨。除此以外，蠕虫状石墨的最初形态也可能呈小片状，然后在界面前沿，由于蠕化元素的局部富集而逐渐演变成蠕虫状石墨，究竟以什么模式生长，要取决于蠕化元素在铁液中的浓度。一般来说，浓度大时，易按前一模式生长，浓度小时，则有可能按后一模式长大。

蠕虫状石墨与铁液直接接触的生长端与其四周的奥氏体所形成的长出口在二维照片上观察，有凹形、平齐形和凸出形等形态。这表明了蠕虫状石墨的生长速度可小于、等于或大于包围它的奥氏体的生长速度。实际观察凝固过程中的液淬组织表明，以凹形的长出口最为多见，这说明它的凝固模式与球墨铸铁和灰铸铁都稍有差异。

如果蠕虫状石墨以小球状开始长大，此时的结晶取向应为 c 向，在金相照片上可看到蠕虫状石墨的端部外形呈圆钝状，而经热氧腐蚀及离子轰击的扫描电镜照片中，也能明显地看到其端部的确呈 c 向生长方式。但就蠕虫状石墨生长的全过程而言，无论从金相照片或扫描电镜观察，似乎蠕虫状石墨生长的主导方向为 a 向。因此估计在一定的条件下，蠕虫状石墨的成长在 a 向和 c 向上是可以相互转换的。

微区分析表明，稀土元素和镁是通过富集于蠕虫状石墨的生长端部而起蠕化作用的。它们在蠕墨生长端的富集程度，将随着蠕墨生长过程的推移而发生变化，因而改变着石墨沿 a 向和沿 c 向两种生长速度的大小和比例，从而改变着蠕虫状石墨的结晶取向和结构形态。

在常用成分的蠕墨铸铁铁液中，在凝固开始阶段往往有先共晶的初析奥氏体析出，此时的奥氏体对蠕虫状石墨的形成并不起决定性作用，而只能影响蠕虫状石墨的形成位置、分枝程度、伸展方向和取得碳原子的条件等。

对蠕墨铸铁组织形成和性能的认识正在发展中，关于蠕虫状石墨形成机理的认识也有待于加深。

5. 亚稳定系的共晶转变

当铸铁的化学成分和冷却速度变化时，铸铁的凝固现象也会发生变化。当共晶转变进入亚稳定区域时，原共晶转变时的液相-奥氏体-石墨将改变成液相-奥氏体-渗碳体的三相平衡，转变成共晶奥氏体加渗碳体组成的共晶组织，即莱氏体。

渗碳体的晶格结构为复杂的正交晶格（图 1-22）。三个轴间夹角 $\alpha=\beta=\gamma=90°$，三个晶格常数 $a\neq b\neq c$（$a=45.235$nm，$b=50.888$nm，$c=67.431$nm）。各层内原子以共价键结合，层间原子则以金属键结合。在 c 轴方向的生长速度要比 a 轴和 b 轴的低，有沿［010］晶向择优生长的特点，因此渗碳体一般也长成片状。

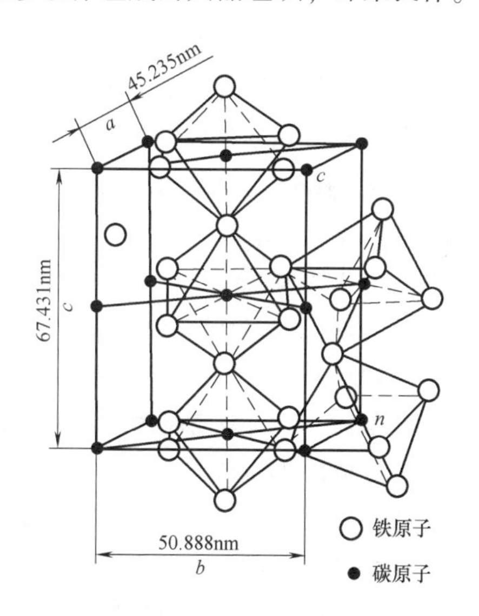

图 1-22　Fe_3C 的晶体结构

在普通白口铸铁中，莱氏体中的奥氏体和渗碳体以片状协同生长的方式，同时在侧向上以奥氏体为分隔晶体的蜂窝结构成长，即共晶渗碳体（领先相）的（001）面是共晶团的基础，排列得很整齐的奥氏体心棒沿［001］方向嵌入渗碳体基体，形成蜂窝状共晶团。但在最初，共晶团并不具有规律的蜂窝结构，常在渗碳体团之间生长着奥氏体的片状分枝，逐渐地它们便成为杆状。这个转化与共晶结晶前沿的杂质富集有关，所形成的成分过冷非常适宜于凸出部分的长大。但由于渗碳体的各向异性结构，不大可能在［001］方向有分枝的成长，而奥氏体则可能在垂直于共晶团基面的方向发生分枝。奥氏体的长大使周围液体富碳，促使渗碳体又在奥氏体分枝之间生长，使奥氏体形成被分隔开的晶体，这就是所谓莱氏体的侧向生长（图 1-23），最后，在连续的渗碳体基体中构成蜂窝状的共晶体。

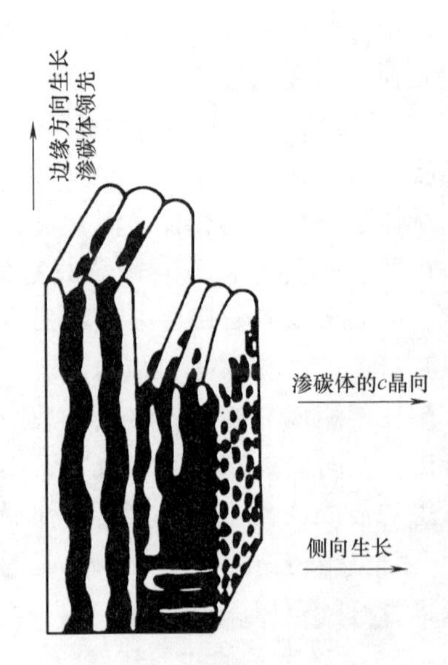

图 1-23 莱氏体的“边缘方向生长”及“侧向生长”

在普通白口铸铁中，渗碳体共晶组织不仅可以是莱氏体型，而且可以是板条状渗碳体型。前者一般在过冷度较小的条件下形成，如果在过冷度较大的条件下凝固，则趋向于形成板条状渗碳体，此时共晶生长以片状渗碳体和奥氏体呈分离的形式进行，也是一种离异型的共晶组织。这种板条状渗碳体共晶组织的白口铸铁比具有莱氏体共晶组织的白口铸铁有较高的性能，特别是韧性。

在铬系白口铸铁中，低铬铸铁中的碳化物是 M_3C 型，为正交晶型，呈表面带有规则沟槽的连续片状；而高铬铸铁中的碳化物呈 M_7C_3 型，具有六方、斜方和菱形三种晶型，在二维状态下呈孤立的空心杆状和板条状，但在深腐蚀下，经扫描电镜观察其立体形貌，发现这些孤立的空心杆和板条在其“根部”仍然是连续的。

如果向低铬白口铸铁中加入稀土元素，则随着稀土元素的浓度达到一定量时，共晶凝固时的领先相由基本上是碳化物变成基本上是奥氏体；碳化物由表面平整的板状变为波纹状，并带有分枝的结构；碳化物的长度变短，宽度变窄；有相当一部分板状碳化物转变成板条状和杆状；同时碳化物有明显的细化，这说明稀土元素对低铬白口铸铁的共晶转变具有明显的影响（图 1-24）。而铬含量为20%的高铬铸铁的共晶凝固则与低铬铸铁不同，即使在不含稀土元素的情况下，也主要是奥氏体为领先相。加入稀土元素对共晶生长时的领先相、领先程度及碳化物的形貌没有明显的影响，但使碳化物有所细化。

在铬系白口铸铁中，近年来还发展了使碳化物球团化的工艺，即在一定成分的铬系白口铸铁中加入特殊的变质剂，使共晶碳化物呈球团状分布，借以提高白口铸铁的韧性，但理论工作有待于深化，特别是关于凝固机理问题，尚无较一致的结论。

6. 磷共晶的形成

磷在铸铁中是一个容易偏析的元素。铸铁中磷含量为 0.05%时，便有可能形

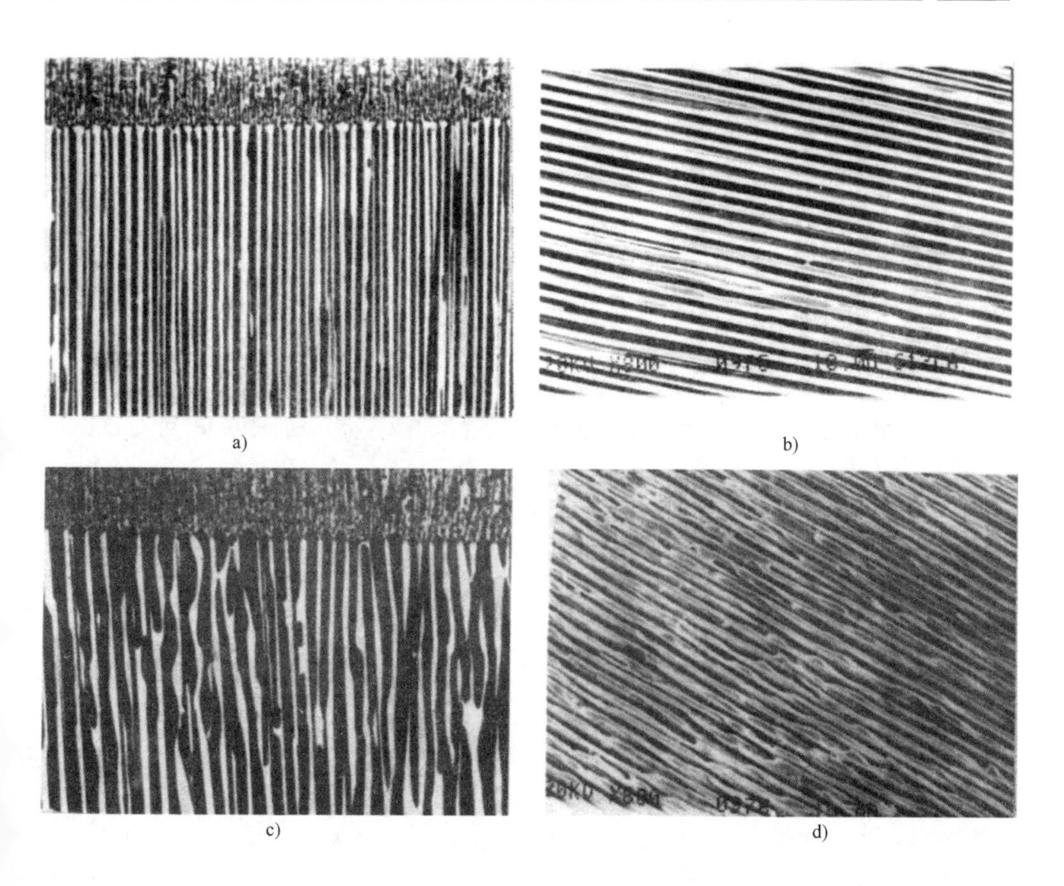

图 1-24　稀土元素变质处理对低铬白口铸铁共晶凝固的影响

a）不含稀土元素（经退火处理）试样的纵剖面照片　b）不含稀土元素试样的 SEM 照片

c）加入 0.5%纯稀土元素（经退火处理）试样的纵剖面照片　d）加入 0.5%纯稀土元素试样的 SEM 照片

试验条件：G_L（温度梯度）= 1400℃/cm，R（凝固速度）= 5.7mm/h

成磷共晶组织。磷共晶常以不连续网状或孤岛状的形式分布于原共晶团间的位置。对于大多数铸件来说，磷共晶会增加铸件的脆性，被认为是铸铁中应限制的元素（但在某些减摩铸铁中，则往往有意识地加入磷，其目的是利用磷共晶的耐磨性），二元磷共晶是 α-Fe 与 Fe_3P 的共晶混合物，硬度为 750~800HV，三元磷共晶是由 α-Fe+Fe_3P+Fe_3C 组成的，硬度为 900~950HV。因为后者比前者更硬而脆，容易从基体上剥落下来，成为磨料，加速磨损，所以铸造工作者一直关注着铸铁中的磷含量与控制三元磷共晶的出现。

对于铸铁中磷共晶的形态、组成、形成过程及其对力学性能的影响，曾做过不少研究，但对某些问题还存在一定的分歧，特别是关于二元磷共晶及三元磷共晶形成机理的看法，而研究磷的偏析情况则是搞清磷共晶形成的首要任务。

通过对 C=3.1%、P=0.11%的灰铸铁件（Mn=0.62%、Si=2.49%、S=0.022%、Ni=0.18%、Cr=0.42%）中的磷共晶进行电子探针分析，对分析结果进行数据处理及修正，同时对磷共晶部位进行 X 射线面分布扫描分析后，发现在整个磷共晶部位有磷、锰、铬的富集，而且磷的分布很不均匀。

表 1-10 所列为磷共晶的电子探针定量分析结果，表中 1 点、2 点、3 点分别是磷共晶中的不同部位。表中数据表明，磷的偏析及不均匀性严重。在磷含量为 0.11%灰铸铁的磷共晶中，磷含量可高达 8.23%~11.29%。在有颗粒状的奥氏体转变产物的部位，磷的含量要低一些，为 8.23%（2 点），在其他部位则高一些。磷的偏析系数高达 51.4~70.6。另外，铬和锰也形成正偏析，富集于磷共晶区内，而硅则是反偏析元素，因而含量很低（富集于先前形成的奥氏体中）。

表 1-10 磷共晶的电子探针定量分析结果

测试部位	元素含量（%）						剩余值 C(%)	磷的偏析系数 S. R.
	Fe	Si	Mn	P	Ni	Cr		
1 点	82.91	0.12	1.92	10.54	0.00	2.70	1.81	65.9
2 点	86.09	0.17	1.97	8.23	0.01	2.90	0.63	51.4
3 点	82.95	0.13	1.73	11.29	0.01	2.51	1.39	70.6
珠光体区	95.24	2.11	0.82	0.16	0.09	0.40	1.19	—

注：S. R. =磷共晶中磷含量(%)/珠光体中磷含量(%)。

有人通过实践提出，在普通灰铸铁中，随着化学成分和冷却条件的不同，会形成不同的三元磷共晶。如果铸铁的石墨化能力较强或冷却速度较低，就形成 Fe(C、P)+Fe_3P+石墨的稳定系三元磷共晶，它在形式上和一般认为的二元磷共晶相似，反之，则形成 Fe(C、P)+Fe_3P+Fe_3C 的亚稳定系三元磷共晶，而不可能有二元磷共晶形成。并且认为，在灰铸铁中，主要是稳定系三元磷共晶。

二元磷共晶及三元磷共晶在显微镜下，用一般常用的硝酸酒精侵蚀法是很难加以区分的，因为 Fe_3C 及 Fe_3P 都呈白色，如果用高铁氰化钾侵蚀，则可使 Fe_3P 变黑，但 Fe_3C 并不着色，所以可区分开磷共晶中有无 Fe_3C 存在，这样可鉴别磷共晶的类型（图 1-25a、b）。如用苦味酸钠煮，Fe_3P 不着色，Fe_3C 变黑，也可达到鉴定目的。

1.1.3 铸铁的固态相变（即二次结晶）

铸铁的固态相变是指其奥氏体的共析转变以及过冷奥氏体的中、低温转变。

1.1.3.1 奥氏体中碳的脱溶

普通成分的铸铁，共晶转变后组织为碳含量约 2.08%的奥氏体加石墨。如果继续冷却，则奥氏体中的碳含量将沿 $E'S'$线（图 1-5）减少，以二次石墨的形式

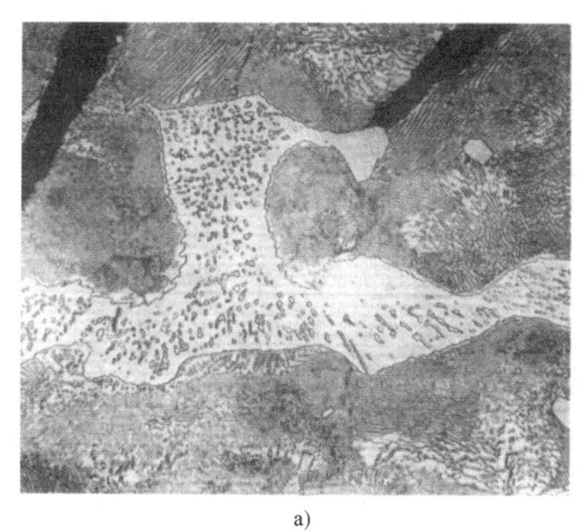

a)

b)

图 1-25 磷共晶类型的侵蚀鉴别法

a) 铸铁中的三元磷共晶，白色的 Fe_3P 和 Fe_3C 基体上分布着黑色点状的奥氏体分解产物，其余为珠光体和片状石墨 b) 铸铁中的三元磷共晶和图 a 是同一视场，用 Murakami 试剂 [10g$K_3Fe(CN)_6$，10gKOH，100ml 水] 70℃煮 90s 后，Fe_3P 经腐蚀后变成黑色，Fe_3C 仍为白色，奥氏体分解产物不变，因此三元磷共晶与二元磷共晶可区别开

析出。如果为白口铸铁，由于共晶转变时按亚稳定系转变，则此时一般也按亚稳定系析出二次渗碳体。在固态连续冷却的条件下，析出的高碳相往往不需要重新形核，而只是依附在共晶高碳相上。如对于灰铸铁来说，由奥氏体脱溶而析出的二次石墨就堆积在共晶石墨上。

1.1.3.2 铸铁的共析转变

共析转变属于固态相变，由于原子扩散缓慢，其转变速度要比共晶凝固速度低得多，故共析转变经常有较大的过冷，甚至完全被抑制。

当奥氏体冷却至共析温度以下，并达到一定的过冷度后，就开始共析转变。共析转变是决定铸铁基体组织的重要环节。

与共晶转变一样，共析转变也往往按成对长大的方式进行，即两个固体相 α 与 Fe_3C 相互协同地从第三个固体相中长大（图 1-26）。成对相的组织通常由交替的 α 和 Fe_3C 片组成，而且一般在 α 与 Fe_3C 晶体之间的公共界面上存在着择优的位向关系。

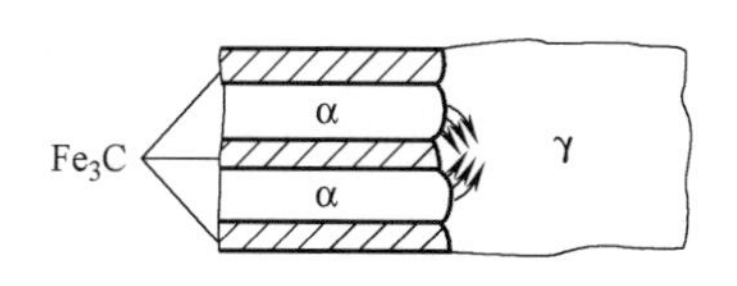

图 1-26 珠光体长大时碳的扩散

由铁素体和渗碳体片交替组成的共析组织，称为珠光体。以下主要讨论珠光体的形成过程。

1. 形貌

普遍地观察到珠光体组织在母相（γ相）的界面上形核，并以球团状晶粒向母相内长大（图1-27a）。每个珠光体团由多个结构单元组成，在这些结构单元中，大部分片层是平行的。这些结构单元一般称为珠光体领域，如图1-27b所示。往往观察到珠光体团只向相邻晶粒中的一个晶粒内长大（图1-27a）。

共析组织除层片状结构外，也有例外，如粒状珠光体。

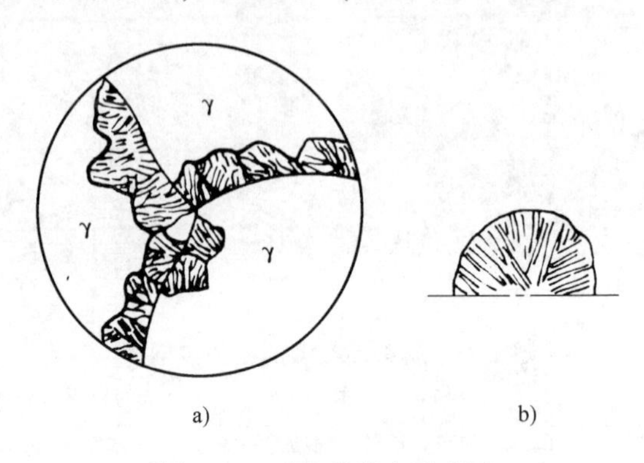

图1-27　珠光体长大示意图

a）珠光体团由晶界向奥氏体晶内长大示意图　b）含有三个领域的一个珠光体球团

2. 形核

在铸铁中究竟哪个相先析出成为珠光体的核心，未见确切报道。从铸铁实际情况出发，到达共析温度后，铸铁中除奥氏体外，尚有石墨（灰铸铁）或共晶渗碳体（白口铸铁）两种情况，因而可推论，在不同情况下可能也会有不同的相先析出。如对于白口铸铁，共析转变时可能由Fe_3C领先析出；对于灰铸铁，则先由奥氏体中发生碳的脱溶，然后析出铁素体，进而进入共析阶段，这可由石墨边上经常有一薄层铁素体以及D型石墨铸铁往往易得大量铁素体基体而得到间接的证实。

共析转变常在奥氏体的界面或奥氏体/石墨界面上形核，先析出的领先相和奥氏体之间有一定的晶体学位向关系。一个相形成后，其邻近的奥氏体中碳的浓度将发生改变，引起碳原子的界面扩散，为第二相的析出创造了条件，由于铁素体和渗碳体存在着晶体学位向关系，因而认为珠光体转变时这种形核方式是可信的。

3. 生长

一旦渗碳体或铁素体在奥氏体界面上形成，就开始了生长过程。在渗碳体或铁素体同时生长的过程中，各自的前沿和侧面分别有铁和碳的富集。在生长前沿产生溶质元素的交替扩散，使晶体生长，生长时不但有向前生长，而且有通过搭桥或分枝的方式沿其侧面交替地生长，形成新片层，最后形成团状共析领域。在一个共析领域中，所有铁素体和渗碳体片分别属于两个彼此穿插的、有一定位向关系的单晶体。

共析转变时还有一个特点，先析出的领先相虽然长自与晶核有位向关系的某个奥氏体晶体，却长入与它们无特定位向关系的另一个奥氏体晶粒中（图 1-27a）。

共析转变产物层片间的间距与转变温度有关。转变温度降低，层片间距变小，转变产物由粗片状的珠光体逐渐过渡到细片状的珠光体（索氏体）及极细片状的珠光体（托氏体）。

共析转变的速率也随转变温度的不同而改变。过冷度增大会使共析领域生长加快，但扩散系数却随温度的下降而减小，因此共析转变的速率并不随温度的下降而单调地增高，介于一定温度后就转为减慢，故其等温转变曲线具有 C 形曲线的特征。

在一般成分的或低合金灰铸铁中，共析转变主要是珠光体转变，但在蠕墨铸铁、D 型石墨灰铸铁以及铸态铁素体球墨铸铁中的共析转变则有其自己的特点，其中一个共同而主要的原因是其共晶石墨的特点（分枝频繁、细化石墨量较多、石墨球较细等）影响到共析转化过程。由于石墨密集，奥氏体中的碳极易脱溶而堆积到共晶石墨上去，而奥氏体中的碳扩散出去后就很易在奥氏体或奥氏体/石墨的界面上析出铁素体的核心，随着过程的进行，不断析出石墨及铁素体，使最后的基体成为铁素体为主的组织。这些铸铁大多数都有硅较高、锰较低的特点，因此共析转变的平衡温度较高，更有利于扩散过程的进行，因而更易得到以铁素体为主的铸铁。

1.1.3.3　过冷奥氏体的中温及低温转变

和钢一样，如果把铸铁加热到奥氏体区温度，然后以较快的速度进行连续冷却或等温冷却，也可得到不同基体的铸铁。

如果把奥氏体化后的铸铁（加热、保温后）很快冷至 250~450℃范围，并在该温度区进行保温，使过冷奥氏体进行等温分解，则其转变产物为贝氏体组织，是由含碳过量的铁素体和极细小的渗碳体混合而成。贝氏体比珠光体具有更高的强度和硬度。

过冷至 350~450℃之间转变而得到的组织称为上贝氏体，目前所称的奥贝球墨铸铁即属于上贝氏体类型；过冷至 260~350℃之间转变而得到的组织称为下贝氏体，我国曾研制过经等温淬火的贝氏体球墨铸铁齿轮，这种铁的基体属于下贝氏体类型。

如果把加热至奥氏体化温度后的铸铁，以很快的冷却速度过冷到 230℃以下，则进行无扩散转变而生成马氏体，实质上是过饱和的 α 固溶体。马氏体是一种不稳定组织，它具有较高的硬度，但塑性、韧性都很差。马氏体可通过不同温度的回火而得到回火马氏体、回火托氏体或回火索氏体，从而得到不同性能的铸铁。

如果加入足够数量的稳定奥氏体的合金元素，如锰和镍，则可使奥氏体一直稳定到室温而不发生转变，从而可获得奥氏体铸铁。

1.2 铸铁的组织、性能特点及工业应用

1.2.1 铸铁的分类

在长期使用铸铁材料的过程中，人们从不同的方面进行了分类。根据断口颜色，铸铁可分为白口铸铁（简称白口铁）、灰口铸铁（简称灰口铁、灰铸铁或灰铁）、麻口铸铁（简称麻口铁）。根据金相组织中石墨的形状，铸铁可分为灰铸铁（也即灰铁）、球墨铸铁（简称球铁）、蠕墨铸铁（简称蠕铁）。根据性能特点及应用领域，铸铁可分为可锻铸铁、减摩铸铁、抗磨铸铁、冷硬铸铁、耐热铸铁、耐腐蚀铸铁、低温铸铁。根据基体组织，铸铁可分为铁素体铸铁、珠光体铸铁、奥氏体铸铁、奥贝球墨铸铁（ADI）。另外，还有其他一些铸铁及称谓，如高强度铸铁、强韧铸铁、合金铸铁、高磷铸铁、高硫铸铁、高镍铸铁等。这里，仅从铸铁水平连铸技术迄今所涉及的主要铸铁种类出发，重点讨论灰铸铁、球墨铸铁的组织、性能特点及工业应用。

1.2.2 灰铸铁

灰铸铁通常是指断面呈灰色，其中的碳主要以片状石墨形式存在的铸铁。

1.2.2.1 金相组织和力学性能的特点

铸铁力学性能的高低，是由其金相组织所决定的，因此首先介绍铸铁的金相组织以及组织和性能间的关系。

1. 灰铸铁的金相组织特点

灰铸铁的金相组织由金属基体和片状石墨所组成。主要的金属基体形式有珠光体、铁素体及珠光体加铁素体三种。石墨片可以不同的数量、大小、形状分布于基体中。此外，还有少量非金属夹杂物，如硫化物、磷化物等。

灰铸铁的金属基体与碳钢的一般基体相比没有多大区别，但由于灰铸铁内的硅、锰含量较高，它们能溶解于铁素体中使铁素体得到强化（硅的作用更大些），因此铸铁中的金属基体部分的强度性能比碳钢的要高。例如，碳钢中的铁素体的硬度约为 80HBW，R_m 约为 300MPa，而灰铸铁中的铁素体的硬度约为 100HBW，R_m 则有 400MPa。

石墨是灰铸铁中的碳以游离状态存在的一种形式，它与天然石墨没有什么差

别，仅有微量杂质存在其中。其特性是软而脆，强度极低（R_m<20MPa，断后伸长率近于零），密度为2.25g/cm^2，约为铁的1/3，即约3%（质量分数）的游离碳就可以在铸铁中形成占体积约10%的石墨，致使金属基体强度得不到充分的发挥，故常把灰铸铁看作为有大量微小裂纹或孔洞的碳钢。

灰铸铁内石墨的存在就构成了区别于其他结构材料的组织特点。

珠光体的数量和分散度与铸铁共析转变时的过冷度有关。过冷度越大（如降低碳当量、增加冷却速度），则珠光体的比例越高，分散度也越大。普通灰铸铁的金属基体是由珠光体与铁素体按不同比例组成的，其分布特征是铁素体大多出现在石墨的周围。高强度灰铸铁则主要是珠光体基体或索氏体基体。此时，渗碳体与铁素体的片间距很小（一般小于0.8μm），要放大400倍以上才能分辨出来。由于这种层状组织排列紧密，因此其R_m及硬度值也就较高。

同样，片状石墨的分布形态与铸铁的过冷度有关，如前面所讨论的，随着过冷度的增大，亚共晶灰铸铁的片状石墨可以A、B、D、E等不同分布的形态出现，它们对铸铁的力学性能有很大的影响。按照传统的论点以及目前国内外不少图样上的规定，都认为A型石墨最好。B型石墨应避免，不允许有D、E型石墨。E型石墨排列的方向性很强，在较小的外力作用下，铸铁有可能沿石墨排列方向呈带状脆断，因此当有E型石墨出现时，强度性能就要下降。对D型石墨如何评价，就要具体分析了。过去认为D型石墨强度较低，可能是因为常伴有大量铁素体出现的缘故。其实，近20多年来，尤其是水平连续铸造铸铁型材问世以来，国内外的研究指出，在相同基体的情况下，D型石墨铸铁的强度性能非但不低于，而且高于A型石墨铸铁的强度。图1-28是华莱士（J. F. Wallace）在1972年就发表的资料。由此可见，如何评价D型石墨的作用，不能采取一成不变的传统看法。如果铸铁中出现C型石墨，则会使铸铁的金属基体遭受严重的破坏，因而力学性能很差。

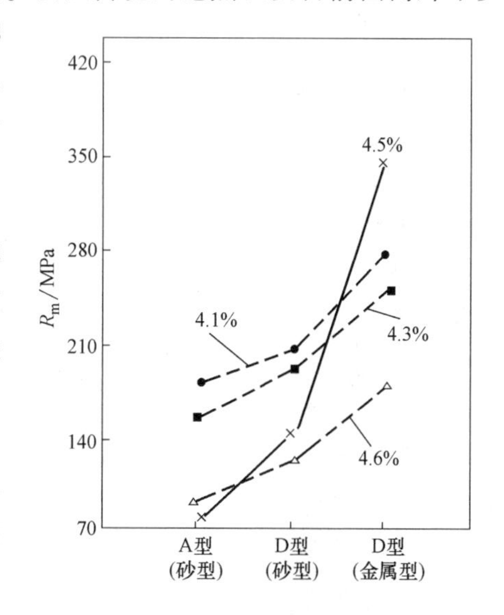

图1-28　抗拉强度和石墨形态的关系

图中数值为碳当量值（退火状态，铁素体基体）

除基体和石墨外，铸铁中尚有一定数量的非金属夹杂物，最常见的有硫化夹杂物及磷共晶体。

硫可以以硫化铁的形式完全溶解于铁液中，但凝固时硫在固溶体（奥氏体）

或渗碳体中的溶解度很小。硫含量为0.02%时，即可能有独立的硫化物出现，如锰含量较低、冷速较大时，形成三元硫化物共晶（Fe-FeS- Fe_3C，C=0.17%，S=31.7%，$t_{熔}=975℃$），或以富铁硫化物形态存在于共晶团晶界上，能降低铸铁的强度性能。当锰含量较高时，则形成高熔点的MnS（$t_{熔}=1650℃$）或（Fe、Mn）S质点，对强度性能则无多大影响。

硫化锰质点在光学显微镜下呈灰色小点。

磷共晶常沿共晶团晶界呈网状、岛状或鱼骨状分布。它的性质硬而脆，使铸铁的韧性降低，脆性增加，因此质量要求高的铸件常要限制磷的含量。

2. 灰铸铁的力学性能特点

在灰铸铁组织中，石墨与金属基体是决定铸铁性能的主要因素。一般来说，石墨是这两个因素中的主要方面。石墨的作用有二重性，有使力学性能降低的一面，但又能赋予铸铁具有若干优良性能的一面，故对于石墨的作用要有正确的评价。灰铸铁的性能有以下的特点：

（1）强度性能较差　铸铁和钢具有基本相同的基体组织，为什么两者的强度性能会有很大差别［铸造碳钢的 $R_m=400\sim650MPa$，$A=10\%\sim25\%$，$E=20000\times10^7Pa$，$a_K=20\sim60J/cm^2$；灰铸铁相应的性能只有 $R_m=100\sim400MPa$，$A=0.5\%$，$E=(7000\sim16000)\times10^7Pa$，$a_K\approx30J/cm^2$］？这主要由于有石墨存在。因为石墨几乎没有强度，石墨片端犹如存在于铸铁中的裂口，所以一方面由于它在铸铁中占有一定量的体积，使金属基体承受负荷的有效截面积减少；另一方面，更为重要的是，在承受负荷时造成应力集中现象。前者称为石墨的缩减作用，后者称为石墨的缺口作用（切割作用）。由于石墨的存在所造成的这两个作用，使铸铁的金属基体的强度不能充分发挥。据统计，普通灰铸铁基体强度的利用率一般只有30%~50%，因此表现出了灰铸铁的抗拉强度很低。此外，由于石墨存在而造成的严重应力集中现象，导致裂纹的早期发生并发展，因而出现脆性断裂，故灰铸铁的塑性和韧性几乎表现不出来。很明显，石墨的切割作用对基体的危害比缩减作用要强烈得多。

石墨的缺口作用主要取决于石墨的形状和分布，尤以形状为主，如果为片状石墨则主要取决于石墨片的尖锐程度，通常可以用石墨的表面积与体积之比来说明。根据一般知识可知，长片状石墨的表面积与体积之比大于厚片状石墨的比例，而厚片状石墨的表面积与体积之比又大于球状石墨的比值。这个比值越大，造成应力集中的现象越严重，对灰铸铁强度的降低也就越厉害。因此在灰铸铁内，较有利的片状石墨应为钝片状的，因它带有不深的、钝角的裂口，对基体的破坏作用就要轻一些。显然，改变石墨形状是提高灰铸铁力学性能的有效措施。石墨形状对珠光体灰铸铁抗拉强度的影响见表1-11。

表 1-11　石墨形状对珠光体灰铸铁抗拉强度的影响

石墨形状	长片状（普通灰铸铁）	细片状（孕育灰铸铁）	蠕虫状（蠕虫状石墨铸铁）	团絮状（可锻铸铁）	球状（球墨铸铁）
抗拉强度 R_m /MPa	150~250	200~400	350~500	450~700	600~800

石墨的缩减作用取决于石墨的大小、数量和分布。尤以数量为主，一般来说，石墨的数量越多，尺寸越大，石墨的缩减作用越大，铸铁的强度越低，塑性将更低。普通灰铸铁中随着碳含量的降低，石墨数量将减少，而且如果分布较均匀，交叉又少，则铸铁的强度提高。

试验表明，在钢内存在夹杂、孔洞和人工缺口时，将使弹性模量显著下降。同理，灰铸铁中的石墨就像孔洞一样，对弹性模量有直接的影响。因此铸铁的弹性模量比碳钢有明显的下降。铸铁中石墨越多、边缘越尖锐、尺寸越大、分布越不均匀，对基体的破坏越大，弹性模量下降得也越多。例如，普通碳钢的弹性模量为（20000~21000）×10^7Pa，铸铁件石墨呈球状时，弹性模量为（15000~17000）×10^7Pa，普通片状石墨灰铸铁（包括孕育铸铁）的弹性模量为（7000~15000）×10^7Pa。

灰铸铁的硬度取决于基体，这是因为硬度的测定方法是用钢球压在试块上，钢球的尺寸相对于石墨“裂纹”而言是相当大的，所以外力主要作用在基体上。因此随着基体内珠光体数量的增加，分散度变大，硬度就相应地得到提高（图 1-29）。当金属基体中出现了坚硬的组成相（如自由渗碳体、磷共晶等）时，硬度就相应地增加。

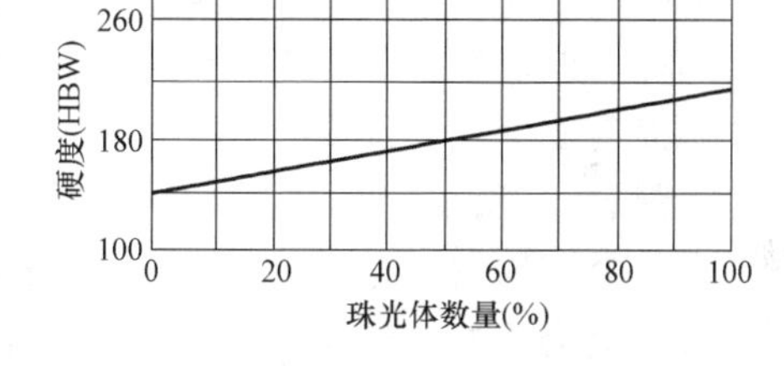

图 1-29　珠光体数量对灰铸铁硬度的影响

金属基体是灰铸铁具有一系列力学性能的基础，如铁素体较软，强度较低；珠光体有较高的强度和硬度，而塑性和韧性则较铁素体低。并且，基体的强度随珠光体的含量和分散度的增加而提高，化合碳在 0.7%~0.9%范围内的珠光体灰铸铁具有最高的基体强度。实践表明：石墨片长度和铸铁强度之间的关系不太明显，但是在做了大量共晶团尺寸的检查后，发现共晶团尺寸和铸铁的抗拉强度之间存在较明显的关系（图 1-30）。因此在其他条件相同的情况下，细化共晶团的措施是提高铸铁力学性能的有力手段。

（2）硬度的特点　在钢中，布氏硬度和抗拉强度之比较为恒定，约等于 3；在铸铁中，这个比值就很分散。同一硬度时，抗拉强度有一个范围。同样，同一强度时，硬度也有一个范围。这是因为强度性能受石墨影响较大，而硬度基本上只反映基体情况。许多企业以铸铁的硬度来估计其抗拉强度，不少资料中也提出

了 R_m 和 HBW 之间的关系式。必须指出，这种估计只有在工艺条件稳定、石墨片的参数基本接近的情况下才是可靠的。

(3) 较低的缺口敏感性 灰铸铁中由于有大量的石墨片存在，等于在内部存在有大量的裂口，因而就减少了对外来缺口（如铸件上的孔洞、键槽、刀痕、内部非金属夹杂物等）力学性能影响的敏感性。铸铁石墨片越粗大，对缺口越不敏感。随着石墨的细化或形状的改善，对缺口的敏感性会相应提高。

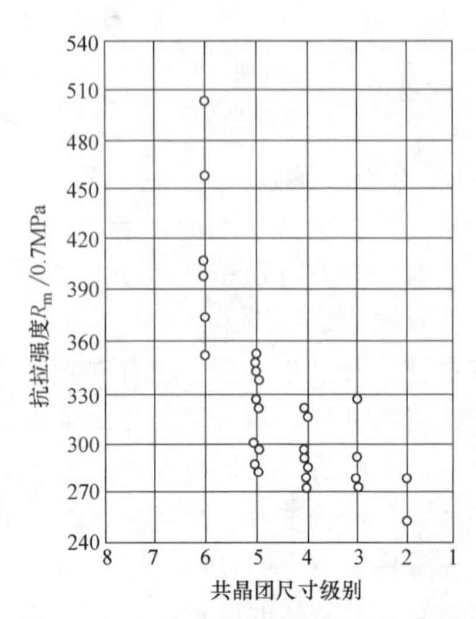

图 1-30 灰铸铁的抗拉强度和共晶团大小的关系

(4) 良好的减振性 减振性是指材料在交变负荷下，它本身吸收（衰减）振动的能力。灰铸铁内由于存在大量的片状石墨，它割裂了基体，阻止了振动的传播，并能把它转化为热能而发散，因而灰铸铁具有很好的减振性。石墨越粗大，减振性越好。机床床身常用灰铸铁制造，其中有一个重要原因就是利用它的减振性。

(5) 良好的减摩性 实践证明，灰铸铁具有良好的减摩性能，这是因为在石墨被磨掉的地方形成大量的显微“口袋”，可以储存润滑油以保证使用过程中油膜的连续性，并且石墨本身也是良好的润滑剂。

从提高减摩性的角度看，无论是石墨数量，还是石墨大小都要适中。过粗、过多时割裂太多，过细、过少时润滑不足，都不利于减摩性。珠光体基体加上数量大小适中、均匀无方向性分布的石墨的铸铁，可有良好的减摩性能。

从以上论述看，铸铁所有的性能特点，几乎都和石墨有关。灰铸铁的力学性能虽然来源于它的金属基体，但却在很大程度上受制于石墨，它的性能是基体与石墨作用的综合体现。

1.2.2.2 影响铸铁铸态组织的因素

下面主要介绍有关的工艺因素对常用铸铁铸态组织的影响。

对于一般铸铁的组织来说，共晶凝固时的石墨化问题和共析转化时的珠光体转变环节是两个关键性问题。对于上述两个阶段发生重要影响的主要因素有：铸件的冷却速度、化学成分、与成核能力有关的因素、气体、炉料特征和铁液的纯净程度。

1. 冷却速度的影响

当化学成分选定以后，改变铸铁共晶阶段的冷却速度，可在很大的范围内改变铸铁的铸态组织，可以是灰铸铁，也可以是白口铸铁。改变共析转变时的冷却速度，其产物也会有很大的变化。图 1-31 所示为冷却速度对铸铁凝固组织的影响，图中 T_{EG} 相当于稳定系的平衡共晶温度，T_{EC} 相当于形成莱氏体共晶的亚稳定系共晶温度。随着冷却速度的增加，铁液的过冷度增大，共晶反应平台离莱氏体共晶线的距离越来越近，说明铸铁的白口倾向越来越大。如果共晶过冷温度低于莱氏体共晶线，或最后的凝固部分进入亚稳定区凝固，则铸件最后的组织中将出现自由状态的共晶渗碳体。假如再考虑偏析因素，形成碳化物的元素在残留铁液中有富集，硅含量较低，因而使形成莱氏体的共晶温度升高，以致在共晶团边界处形成碳化物的倾向增大，如图 1-32 和图 1-33 所示。

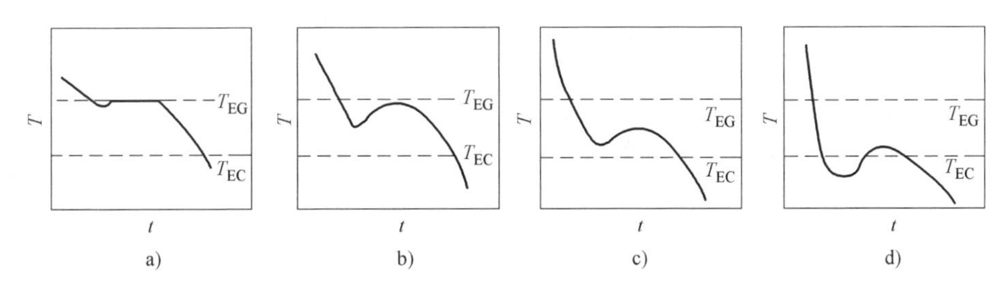

图 1-31　冷却速度对铸铁凝固组织的影响示意图

T—温度　t—时间

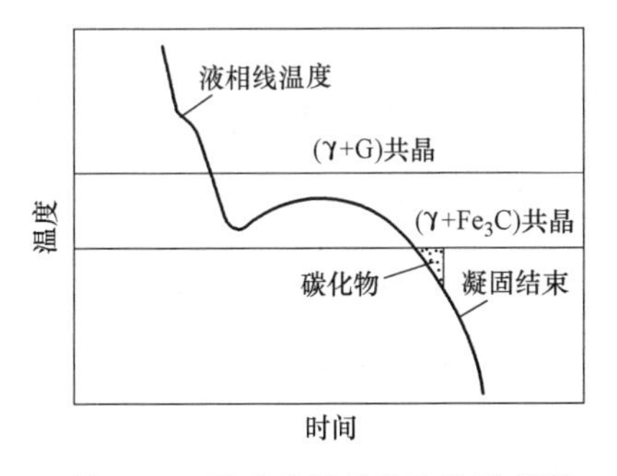

图 1-32　形成晶间碳化物的示意图

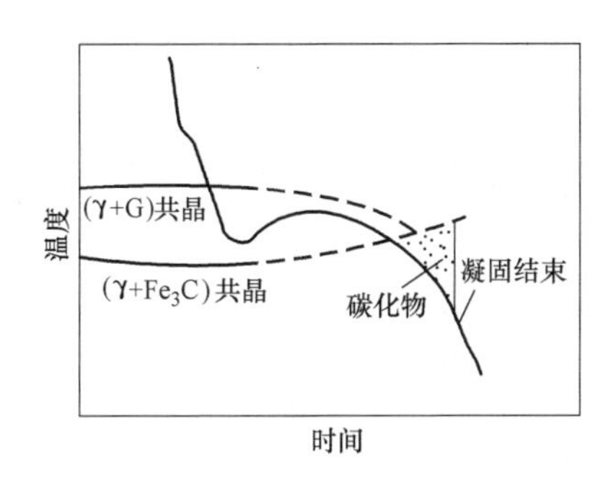

图 1-33　有元素偏析时形成晶间碳化物的示意图

在铸造生产实际中，冷却速度的影响常常通过铸件壁厚、铸型条件以及浇注温度等因素体现出来。

一般来说，当其他条件相同时，铸件越厚，冷却速度越慢，因此铸铁件厚壁处容易出现粗大的石墨片。

铸件的几何形状比较复杂，壁厚差别也较大，很难简单地进行分析比较。因此根据传热学原理，在铸件工艺设计中提出了铸件模数 M 的概念，$M=V/A$（其中，V 为铸件体积，A 为铸件表面积）。M 值表示单位面积占有的体积量，因此 M 值的大小在一定程度上体现了铸件的散热能力。M 值越大，冷却速度越小；反之，冷却速度越大。

浇注温度对铸件的冷却速度略有影响，如提高浇注温度，则在铁液凝固以前把型腔加热到较高温度，降低了铸铁通过型壁向外散热的能力，延缓了铸件的冷却速度，既可促进共晶阶段的石墨化，又可促进共析阶段的石墨化。因此提高浇注温度可稍使石墨粗化，但实际中很少用调节浇注温度的办法来控制石墨尺寸。

不同的铸型材料具有不同的导热能力，能导致不同的冷却速度。干砂型导热较慢，湿砂型导热较快，金属型更快，而石墨型最快。有时可以利用各种导热能力不同的材料来调整铸件各处的冷却速度，如用冷铁加快局部厚壁部分的冷却速度，用导热系数低的材料减缓某些薄壁部分的冷却速度，以获得所需的组织。

2. 化学成分的影响

普通铸铁中主要有碳、硅、锰、磷、硫五元素，其中，碳、硅是最基本的成分；锰含量一般较低，影响不大；磷、硫常被看作是杂质，因此常加以限制。但在减摩铸铁中，经常加入一定量的磷。其实除五元素外，在所有的铸铁中均含有少量的氮、氢、氧，许多铸铁中还含有微量的钒、钛、铝、铋、锑、砷、锡、锌等元素，如不是有意加入的，则也认为是杂质。为了改善铸铁的某些性能，常有目的地加入一些合金元素，如超过常量的硅、锰、磷以及一定量的铜、铬、钨、钼、镍、钒、钛、硼、铝、锡、锑等元素。可见，工业上的铸铁实际上是一种以铁、碳、硅为基础的十分复杂的多元合金，其中每个元素对铸铁的凝固结晶、组织和性能均有一定的影响。

1）各元素在铸铁中存在的状态。在平衡条件下，铸铁中各元素存在的状态简要地列于表 1-12 中。

表 1-12 各元素在铸铁中存在的状态

类别	元素	存在状态
固溶于基体中	Si	全溶于奥氏体或铁素体中
	Mn、Ni、Co	可全溶于奥氏体
	P、S	在奥氏体中溶解度极低
	Al	其质量分数为 8%～9%及 20%～24%时，可进入固溶体，表现为对石墨化有利
组成碳化物	强碳化物形成元素	V、Zr、Nb、Ti 形成各自的碳化物
	中强碳化物形成元素	Cr、Mo、W 大部分溶入渗碳体形成 $(FeCr)_3C$、$(FeW)_6C$ 等复合碳化物
	弱碳化物形成元素	Mn 分别溶解于奥氏体及碳化物，形成 $(FeMn)_3C$
	Al	其质量分数为 10%～20%时形成 Fe_3AlC_3，大于 24%时形成 Al_4C_3
形成碳化物、氧化物及氮化物等夹杂物	S	形成 FeS、MnS、MgS、FeS-MnS、FeS-Fe 等
	V、Ti、Ca、Mg 等	形成各自的硫化物、氧化物和氮化物
	P	形成 Fe_3P 组成磷共晶
纯金属相	Cu、Pb	超过溶解度后，以微粒状态存在于基体中

2）常见元素对铁碳相图上共晶温度的影响。图 1-34 所示为合金元素对 Fe-G、Fe-Fe_3C 共晶温度的影响。值得注意的是，某些元素对稳定系及亚稳定系中共晶温度的影响，不但程度不同，而且方向相反，如图 1-35 中的铬、镍和硅便有这样的作用。

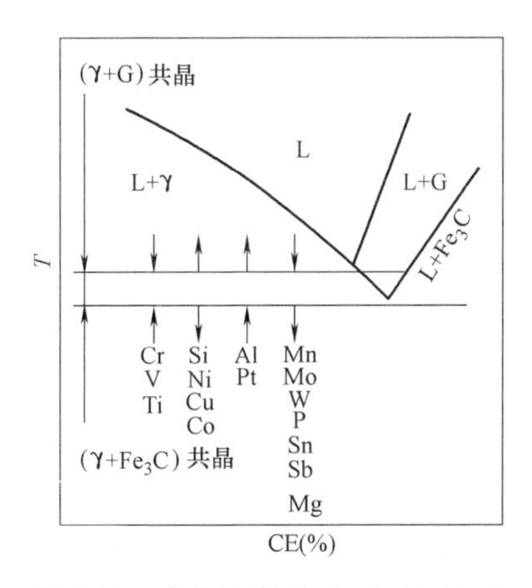

图 1-34　合金元素对 Fe-G、Fe-Fe_3C 共晶温度的影响

↑表示提高　↓表示降低

G—石墨

由图 1-35 可见，镍、硅含量的增加扩大了两个系统的共晶温度间隔，铬和硫则缩小了此温度间隔。由于在此温度间隔内，只可能按稳定系进行共晶转变，析出石墨/奥氏体共晶，不可能析出渗碳体，故凡扩大这一温度间隔的元素如镍、硅等，将促进共晶转变时析出石墨。相反，缩小这一温度间隔的元素如铬、硫等，将阻止石墨的析出，促使共晶转变按亚稳定系进行。

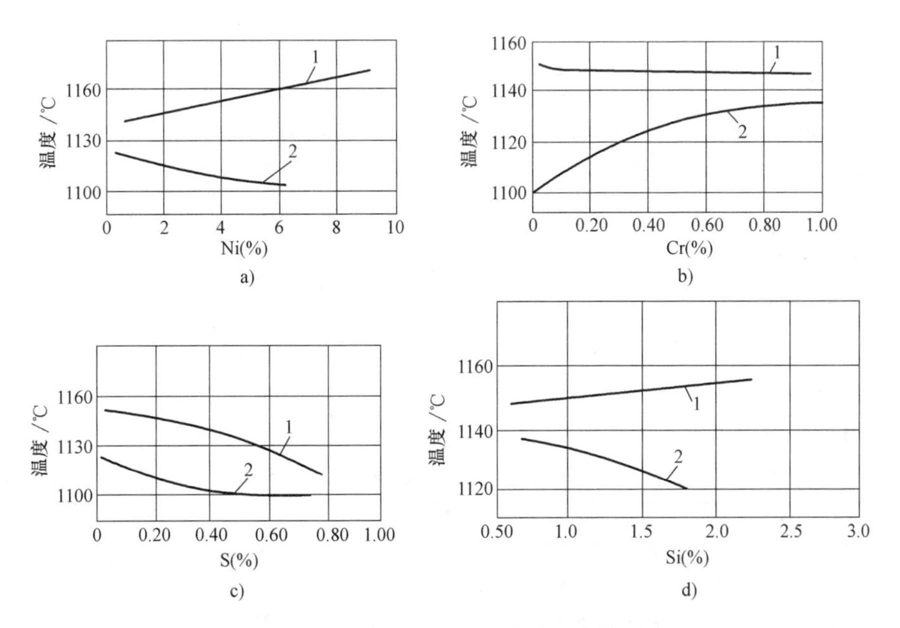

图 1-35　硅、镍、铬、硫对共晶温度的影响

1—稳定系　2—亚稳定系

3）化学成分对石墨的影响。铸铁中各元素对石墨形状、分布、大小的影响见表 1-13。

实际上各元素对铸铁的石墨化能力的影响较为复杂，其影响与各元素本身的含量以及与其他元素发生作用有关，如 Ti、Zr、B、Ce、Mg 等都阻碍石墨化，但当其含量极低时，如（B、Ce）<0.01%，Ti<0.08%，它们又表现出有促进石墨化的作用。

表 1-13 铸铁中各元素对石墨形状、分布、大小的影响

元素	C、Si 增高	一定限度前降低 C、Si 含量	C、Si 很低（孕育不良时）	Cu、Ni、Mo、Mn、Cr、Sn（一定限度）	O、S 较高	O、S 极低	Mg、RE（一定含量）
影响	石墨粗化	石墨细化	有形成 D 型石墨倾向	石墨细化	石墨呈片状	石墨有呈球、团趋势	石墨呈球状

4）各元素对金属基体的影响。各元素对基体的影响主要表现在对铁素体和珠光体的相对数量和珠光体弥散度的变化上。某些合金元素加入量多时，由于奥氏体的稳定性大为提高，可抑制珠光体转变而出现奥氏体的中温或低温转变产物，甚至保留奥氏体至室温而成为奥氏体铸铁。各元素对金属基体的影响见表 1-14。

表 1-14 各元素对金属基体的影响

条　件	基体变化情况	条　件	基体变化情况
C、Si、Al 增高	铁素体增加	提高 Cu、Ni、Mo 量	可出现中温转变产物——贝氏体
Mn、Cr、Cu、Ni、Sn、Sb（一定量内）	珠光体增加并细化	中 Mn（5%~7%）	形成马氏体
Mo	珠光体细化	高 Mn、高 Ni	形成奥氏体

5）常用合金元素的具体作用。从对共晶凝固时的石墨化作用、临界转变温度、奥氏体的稳定性，能否细化珠光体，或出现其他组织，以及各元素在铸铁中的常用含量等各方面进行分析，将各合金元素的具体作用汇总于表 1-15。

表 1-15 各合金元素在铸铁中的作用

合金元素	作　　用
Ni（镍）	1）溶于液体铁及奥氏体 2）共晶期间促进石墨化，其作用相当于 Si 的 1/3 3）降低奥氏体转变温度，扩大奥氏体区，能细化并增加珠光体 4）Ni<3.0%，珠光体型，可提高强度，主要用作结构材料；Ni=3%~8%，马氏体型，主要用作耐磨材料；Ni>12%，奥氏体型，主要用作耐腐蚀材料、无磁性材料等 5）对石墨粗细影响较小

（续）

合金元素	作　　用
Cu（铜）	1）在奥氏体中的极限溶解量为3.5%（当碳的质量分数为3.5%时） 2）促进共晶阶段石墨化，能力约为Si的1/5 3）降低奥氏体转变临界温度，能细化并增加珠光体 4）有弱的细化石墨作用 5）常用量<1.0%
Cr（铬）	1）反石墨化作用为中强，如果硅的石墨化作用为+1，则铬的反石墨化作用为-1，共析转变时稳定珠光体 2）铬是缩小γ区元素，Cr=20%时，γ区消失 3）用量为0.15%~30% 4）Cr<1.0%时，仍属于灰铸铁（可能出现少量自由Fe_3C），但力学性能及耐热性有所提高。铬的质量分数提高至2.0%~3.0%时，得到白口组织，Fe_3C变成$(FeCr)_3C$，即M_3C型 5）Cr=10%~30%时，其主要用作抗磨、耐热零件，高铬铸铁中的碳化物主要为$(FeCr)_7C_3$，即M_7C_3型 6）高铬时，由于形成铬氧化膜，防止或阻碍铸铁进一步氧化，可提高耐热性
Mo（钼）	1）Mo<0.6%时，稳定碳化物的作用比较温和，主要作用在于细化珠光体，也能细化石墨 2）Mo<0.8%时，对铸铁的强化作用较大 3）用Mo合金化时，磷量一定要低，否则易形成P-Mo四元共晶，增加脆性 4）Mo>1%，达到1.8%~2.0%时，可抑制珠光体的转变，而形成针状基体 5）Mo能使等温转变图右移，并有使之形成两个“鼻子”的作用，故容易得到贝氏体
W（钨）	1）W属于稳定碳化物元素，作用与钼相似，但较弱 2）W能使等温转变图右移，提高淬透性，但作用较钼弱
Mn（锰）	1）可分别溶于基体及碳化物中，既能强化基体，又能增加碳化物$(FeMn)_3C$的弥散度和稳定性 2）降低A_1温度，促使形成细珠光体、索氏体，甚至马氏体 3）使等温转变图右移，同时使Ms点下降 4）Mn>7%时得奥氏体基体
V（钒）	1）强烈形成碳化物，能形成VC、V_2C、V_4C_3等 2）能细化石墨，有促进形成珠光体的作用 3）也有增加珠光体高温稳定性的作用 4）因太贵，故很少单独使用
Ti（钛）	1）也能形成碳化物，与碳、氮亲和力极强 2）V和Ti的碳化物都有极高的硬度（TiC为3200HV，VC为2800HV） 3）其碳化物、氯化物常以细颗粒（方形、多边形）存在于铸铁中，可提高耐磨性 4）有强化铁素体的效果

6）常见微量元素的作用。锡、锑、铋、铅、锌等元素能显著影响铁液的特性（如黏度、表面张力等）以及凝固后的组织特点（如基体及石墨均受它们的影响较大）。它们对铸铁组织的影响有二重性，有其有害的一面，但有时也有可以利用的一面，因此有必要全面估计它们对铸铁的影响。

表 1-16 列出了微量元素在铸铁中的作用。

表 1-16 微量元素在铸铁中的作用

微量元素	作 用
Sn（锡）	1）为增加珠光体量而加入，一般用量<0.1%，可提高铸铁强度，>0.1%时有可能使铸铁出现脆性 2）Sn>0.1%时，可出现反球化作用 3）共晶团边界易形成 $FeSn_2$ 的偏析化合物，因此有韧性要求时，应注意锡含量的控制
Sb（锑）	1）强烈促进形成珠光体 2）Sb=0.002%~0.01%时，对球墨铸铁而言，具有使石墨球细化的作用，尤其对大断面球墨铸铁有效 3）其干扰球化的作用，可用稀土元素中和 4）灰铸铁中的加入量<0.02%，球墨铸铁中的适宜量为 0.002%~0.01%
Bi（铋）	1）球墨铸铁中加铋能很有效地细化石墨球 2）大断面球墨铸铁中加铋能防止石墨畸变 3）干扰球化的作用，可由稀土元素中和
Pb（铅）	1）少量铅可在灰铸铁中出现魏氏组织石墨，严重降低强度，因而认为铅对灰铸铁总是有害的 2）在球墨铸铁中，可加入 0.003%的铅，以消除大断面球墨铸铁中的厚片状石墨 3）其干扰球化作用，可由稀土元素中和
Zn（锌）	1）灰铸铁中加入 0.3%的锌能去氧，使氧含量降低到原有量的 1/3 2）能细化石墨，增加化合碳量，白口倾向有所增加，强度、硬度有提高趋势，加入量可在 0.1%~0.3% 3）可能生成 Fe_3ZnC 复合碳化物

3. 铁液的过热和高温静置的影响

在一定范围内提高铁液的过热温度，延长高温静置的时间，都会导致铸铁中的石墨及基体组织的细化，使铸铁强度提高；进一步提高过热温度，铸铁的成核能力下降，因而使石墨形态变差，甚至出现自由渗碳体，使强度性能反而下降，因此存在一个临界温度。临界温度的高低，主要取决于铁液的化学成分及铸件的冷却速度。所有促进增大过冷度的因素（如碳、硅含量低，冷却速度快，成核能力低等），皆使临界温度向低温方向移动。一般认为，普通灰铸铁的临界温度为 1500~1550℃，因此在此限度以下总希望出铁温度高些。

经高温过热的铁液如在较低温度下长时间静置，过热效果便会局部或全部消失，这便是过热效果的可逆性现象。其原因可能是重新形成大量非均质晶核，使成核能力提高，因而又使过冷度降低而恢复到过热以前的状态。

4. 孕育的影响

铁液浇注以前，在一定的条件下（如一定的过热温度、一定的化学成分、合适的加入方法等），向铁液中加入一定量的物质（称为孕育剂）以改变铁液的凝固过程，改善铸态组织，从而提高性能的处理方法，称为孕育处理。孕育处理在铸铁生产中（灰铸铁、球墨铸铁、蠕墨铸铁、可锻铸铁甚至特种铸铁）得到了广泛的应用。

在生产高强度灰铸铁时，往往要求铁液过热，伴随而来的必然是成核能力的降低，因此往往会在铸态组织中出现过冷石墨（同时形成大量铁素体），甚至还会有一定量的自由渗碳体存在。孕育处理能降低铁液的过冷倾向，促使铁液按稳定系共晶进行凝固，同时对石墨形态也会发生积极的影响。对于不同的铸铁，皆可通过炉前的孕育（变质）处理，改变铸态的组织，从而改善铸铁的性能。

5. 气体的影响

铸铁中的气体可以以溶解的方式存在，也可以与各元素以各种结合的方式存在，而各种结合形式的化合物对铸铁又有各自的影响，因而气体对组织的影响比较复杂，加上过去对此问题注意及研究得不够，从而缺乏足够的资料。

（1）氢　能使石墨形状变得较粗，同时有强烈稳定渗碳体和阻碍石墨析出的能力。此外，还有形成反白口的倾向。氢含量增加时，铸铁的力学性能和铸造性能皆会恶化。

（2）氮　阻碍石墨化，稳定渗碳体，促进 D 型石墨的形成，如达到一定含量，还能促进形成蠕虫状石墨。氮还有稳定珠光体的作用，因而可提高铸铁的强度。

如果铁液中氮的质量分数大于 0.01%，则可形成氮气孔缺陷（像裂纹状的气孔），尤其是氮的质量分数大于 0.014%时更甚，此时可用加 Ti 的方法消除之。因 Ti 有很好的固氮能力而形成 TiN 硬质点相，以固态质点状态分布于铸铁中，氮气的有害作用便可大为降低。

（3）氧　对灰铸铁组织有四方面的影响：①阻碍石墨化，即增高白口倾向，氧含量增高时，组织图上灰、白口的分界线右移。②氧含量增加，铸铁的断面敏感性增大。③氧增高时，容易在铸件中产生气孔，因为要发生 [FeO]+[C]=[Fe]+CO 的反应，反应生成物 CO 不溶于铁液，高温时可逸出，但随铁液温度的降低，铁液黏度增大，CO 无法逸出，往往留在铸件皮下形成气孔。这种气孔一般呈簇状，位于铸件顶部，在生产上是常见的，铁液氧化严重时更易产生。④增加孕育剂及变质剂的消耗量。

6. 炉料的影响

在生产实践中，往往可碰到更换炉料后，虽然铁液的主要化学成分不变，但铸铁的组织（石墨化程度、白口倾向以及石墨形态甚至基体组织）都会发生变化，炉料与铸件组织之间的这种关系，通常用铸铁的遗传性来解释，但关于这种遗传性与什么因素有关的研究还不够。只能认为这种遗传性与生铁中的气体、非金属夹杂、不经常分析的微量元素以及生铁的原始组织有关。

1.2.2.3 灰铸铁件的生产

1. 灰铸铁的标准

国家标准（GB/T 9439—2010）中规定，根据单铸 ϕ30mm 试棒的抗拉强度值，将灰铸铁分为：HT100、HT150、HT200、HT225、HT250、HT275、HT300和HT350等八个牌号，见表1-17。灰铸铁的硬度等级分为六级，分别为H155、H175、H195、H215、H235和H255，见表1-18。

一般情况下，实际铸件本体的强度及硬度都要比单铸试棒的低。如果需要以铸件本体性能指标作为验收标准，铸件本体取样位置、试样尺寸和相关性能值可由供需双方商定。

灰铸铁的强度和硬度之间存在着一定的联系。在一些情况下，经供需双方同意，也可以硬度值进行验收。单铸试样的抗拉强度和硬度值见表1-19。

表1-17 灰铸铁的牌号和力学性能

牌号	铸件壁厚/mm		最小抗拉强度 R_m（强制性值）(min)		铸件本体预期抗拉强度 R_m（min）/MPa
	>	≤	单铸试棒/MPa	附铸试棒或试块/MPa	
HT100	5	40	100	—	—
HT150	5	10	150	—	155
	10	20		—	130
	20	40		120	110
	40	80		110	95
	80	150		100	80
	150	300		(90)	—
HT200	5	10	200	—	205
	10	20		—	180
	20	40		170	155
	40	80		150	130
	80	150		140	115
	150	300		(130)	—

（续）

牌号	铸件壁厚/mm		最小抗拉强度 R_m（强制性值）(min)		铸件本体预期抗拉强度 R_m（min）/MPa
	>	≤	单铸试棒/MPa	附铸试棒或试块/MPa	
HT225	5	10	225	—	230
	10	20		—	200
	20	40		190	170
	40	80		170	150
	80	150		155	135
	150	300		(145)	—
HT250	5	10	250	—	250
	10	20		—	225
	20	40		210	195
	40	80		190	170
	80	150		170	155
	150	300		(160)	—
HT275	10	20	275	—	250
	20	40		230	220
	40	80		205	190
	80	150		190	175
	150	300		(175)	—
HT300	10	20	300	—	270
	20	40		250	240
	40	80		220	210
	80	150		210	195
	150	300		(190)	—
HT350	10	20	350	—	315
	20	40		290	280
	40	80		260	250
	80	150		230	225
	150	300		(210)	—

注：1. 当铸件壁厚超过 300mm 时，其力学性能由供需双方商定。

2. 当某牌号的铁液浇注壁厚均匀、形状简单的铸件时，壁厚变化引起抗拉强度的变化，可从本表查出参考数据，当铸件壁厚不均匀或有型芯时，本表只能给出不同壁厚处大致的抗拉强度值，铸件的设计应根据关键部位的实测值进行。

3. 表中带括号的数值表示指导值，其余抗拉强度值均为强制性值，铸件本体预期抗拉强度值不作为强制性值。

表 1-18 灰铸铁的硬度等级和铸件硬度

硬度等级	铸件主要壁厚/mm		铸件上的硬度范围（HBW）	
	>	≤	min	max
H155	5	10	—	185
	10	20	—	170
	20	40	—	160
	40	**80**	—	**155**
H175	5	10	140	225
	10	20	125	205
	20	40	110	185
	40	**80**	**100**	**175**
H195	4	5	190	275
	5	10	170	260
	10	20	150	230
	20	40	125	210
	40	**80**	**120**	**195**
H215	5	10	200	275
	10	20	180	255
	20	40	160	235
	40	**80**	**145**	**215**
H235	10	20	200	275
	20	40	180	255
	40	**80**	**165**	**235**
H255	20	40	200	275
	40	**80**	**185**	**255**

注：1. 硬度和抗拉强度的关系参考 GB/T 9439—2010 中附录 B，硬度和壁厚的关系参考 GB/T 9439—2010 中附录 C。

2. 黑体数字表示与该硬度等级所对应的主要壁厚的最大和最小硬度值。

3. 在供需双方商定的铸件某位置上，铸件硬度差可以控制在 40HBW 硬度值范围内。

表 1-19 单铸试棒的抗拉强度和硬度值

牌号	最小抗拉强度 R_m(min)/MPa	布氏硬度(HBW)	牌号	最小抗拉强度 R_m(min)/MPa	布氏硬度(HBW)
HT100	100	≤170	HT250	250	180~250
HT150	150	125~205	HT275	275	190~260
HT200	200	150~230	HT300	300	200~275
HT225	225	170~240	HT350	350	220~290

2. 衡量灰铸铁冶金质量的指标

实践表明，同一成分的铁液经不同的处理，便能获得不同性能的铸铁，因此就必须对灰铸铁件生产的冶金过程做周密的考虑，以便既能得到必需的强度指标，又能保证铸铁具有良好的工艺性能，尤其是切削性能。为衡量灰铸铁的冶金质量，发展了一些综合性指标，这已逐渐为工程结构件（如机床铸件、内燃机铸件等）的生产控制所接受，但它不适用于要求高硬度的特殊性能铸件。

（1）成熟度及相对强度　ϕ30mm 试棒上测得的 $R_{m测}$ 与由共晶度算出的抗拉强度之比称为成熟度，即

$$RG=\frac{R_{m测}}{1000-800S_C}$$

式中　RG——成熟度；

$R_{m测}$——从 ϕ30mm 试棒测得的抗拉强度（MPa）；

S_C——共晶度。

对于灰铸铁，RG 可在 0.5～1.5 内波动，适当的过热与孕育处理能提高 RG 值。如 $RG<1$，表明孕育效果不良，生产水平低，未能发挥材质的潜力。希望 RG 在 1.15～1.30 之间。

如果用 ϕ30mm 试棒上测出的硬度来计算，则称为相对强度，用百分比（可在 60%～140%之间波动）表示为

$$RZ=\frac{R_{m测}}{2.27HBW-227}\times100\%$$

式中　RZ——相对强度；

$R_{m测}$——从 ϕ30mm 试棒测得的抗拉强度（MPa）；

HBW——ϕ30mm 试棒上测得的硬度值。

（2）硬化度及相对硬度

$$HG=\frac{HBW_{测}}{530-344S_C}=\frac{HBW_{测}}{170.5+0.793(T_L-T_S)}$$

式中　HG——硬化度；

S_C——共晶度；

T_L、T_S——铸铁液相线和固相线温度；

HBW——ϕ30mm 试棒上测得的硬度值。

$$RH=\frac{HBW}{100+0.44R_{m测}}=\frac{HBW}{从 R_m 计算出的硬度值}$$

式中　RH——相对硬度：

HBW——ϕ30mm 试棒上测得的硬度值；

$R_{m测}$——从 ϕ30mm 试棒测得的抗拉强度（MPa）。

RH 可在 0.6～1.2 之间波动，以 0.8～1.0 为佳。RH 低，表明灰铸铁的强度

高，硬度低，有良好的切削性能。良好的孕育处理能降低 *RH* 值。

（3）品质系数　品质系数 Q 为成熟度与硬化度之比，即

$$Q=RG/HG$$

Q 在 0.7~1.5 之间波动，希望控制 $Q>1$。

必须指出，Q 和 RZ/RH 的值，两者有很大的差别，因此在实际计算评定时，应严格按定义进行，否则所得结果无对比性。

3. 提高灰铸铁性能的主要途径

为提高灰铸铁的性能，常采取下列各种措施：合理选定化学成分、孕育处理、微量或低合金化。根据要求，各种措施还可同时采用。

（1）合理选定化学成分　提高 Si/C 的值。对于灰铸铁来说，碳当量增高，性能降低。但在碳当量保持不变的条件下适当提高 Si/C 的值（如由 0.5 提高至 0.75），在铸铁的凝固特性、组织结构与材质性能方面有以下的变化：

1）组织中初析奥氏体量增加，有加固基体的作用。

2）由于总碳量的降低，石墨量相应减少，减少了石墨的缩减及切割作用。

3）固溶于铁素体中的硅量增高，强化了铁素体。

4）提高了共析转变温度，珠光体稍有粗化，对强度性能不利。

5）由于硅的增加，使铁液的白口倾向有所降低。

经过实际应用的结果，认为在碳当量较低时，适当提高 Si/C 的值，强度性能会有所提高（图 1-36），切削性能有较大改善，但缩松、渗漏倾向可能会增高。在较高碳当量时，提高 Si/C 的值，反而使 R_m 下降（图 1-36）。但白口倾向总是减小的（图 1-37）。

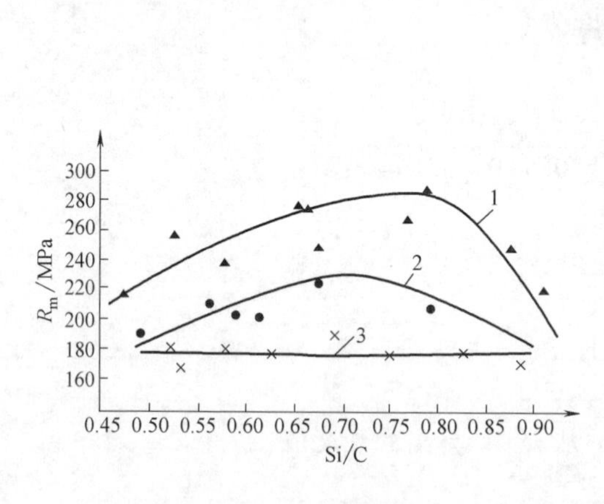

图 1-36　Si/C 与 R_m 的关系

1—CE＝3.6%~3.8%　2—CE＝3.8%~4.0%

3—CE＝4.0%~4.2%

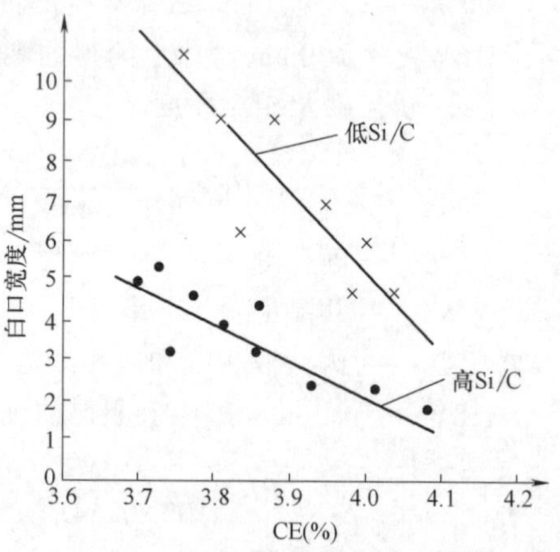

图 1-37　Si/C 与白口倾向的关系

在选定化学成分的基础上，适当采用较高锰含量，无论对强度、硬度、致密度以及耐磨性都有好处，这种锰含量较高的灰铸铁已在机床铸件上得到了一定的应用。

（2）进行孕育处理（孕育铸铁）　把孕育剂加入铁液中去，以改变铁液的冶金状态，从而改善铸铁的组织和性能，而这种改变往往难以用化学成分的细微变化来解释。随着孕育剂及孕育方法的不断发展，孕育处理环节已成为重要铸件生产时不可缺少的手段。

1）孕育处理的目的。目的在于促进石墨化，降低白口倾向；降低断面敏感性；控制石墨形态，消除过冷石墨；适当增加共晶团数和促进细片状珠光体的形成，从而达到改善铸铁的强度性能及其他性能（如致密性、耐磨性及切削性能等）的目的。

2）生产孕育铸铁的主要条件。

① 选择合适的化学成分。根据铸件要求，从不同的资料（手册、企业经验数据等）中筛选出合理的化学成分，如 CE、Si/C、Mn 含量、是否加入合金元素等。传统的观点是孕育前有一定的过冷倾向，经过孕育处理后则白口倾向降低，使铸件凝固时可完全进入灰口区域（即所谓临界状态的碳、硅成分）。与一般灰铸铁相比，可选定较高的锰含量（如可高至 1.2%~1.5%），以保证并细化珠光体。磷的含量视需要而定，缸套、床身等可选较高的磷含量（如 0.4%~1.0%），而一般灰铸铁件则不宜过高（如 P<0.2%）。

② 铁液要有一定的过热温度。温度、化学成分、纯净度是铁液的三项冶金指标。铁液温度的高低又直接影响铁液的成分及纯净度。铁液温度的提高有利于铸造性能的改善，更主要的是，如果在一定范围内提高铁液温度，能使石墨细化，基体组织细密，抗拉强度提高（图 1-38）。对于孕育铸铁来说，过热铁液的要求是着眼于纯化铁液，提高过冷，以期在孕育情况下加入大量的人工核心，迫使铸铁在“受控”的条件下进行共晶凝固，从而达到真正孕育的目的。为了做好孕育铸铁，要在最大程度上改变它受控于自身条件的凝固特点，就必须有相当的过热温度（如 $T>$ 1450~1470℃）。

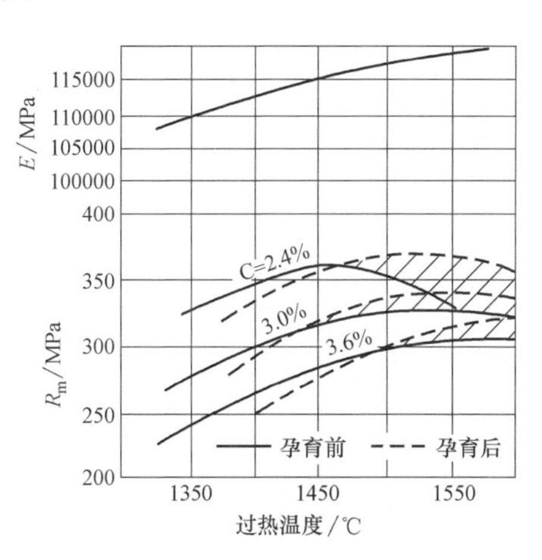

图 1-38　过热温度对铸铁力学性能的影响

③ 加入一定量的孕育剂。孕育剂的加入量与铁液成分、温度及氧化程度、

铸件壁厚、冷却速度、孕育剂类型及孕育方法有关，尤其以铁液成分、铸件壁厚及孕育方法的影响为最大。一般情况下，铸铁牌号越高，则需要加入孕育剂的量越大，在用普通孕育剂和一般方法孕育时，孕育剂的量大致在 0.2%~0.7%范围内波动。如果选用强化孕育剂，则用量可适当降低。

④ 关于孕育方法。孕育处理的方法近 20 年来有很大发展，最常用的方法是将一定粒度的孕育剂（粒度大小随浇包大小而定，一般为 5~10mm）加入出铁槽，这种方法看起来简单易行，但缺点不少，一是孕育剂消耗很大，二是很易发生孕育衰退现象（图 1-39c）。衰退的结果导致白口倾向重新加大和力学性能的下降（图 1-39a、b）。为此，近年来发展了许多瞬时孕育（后孕育）的技术，其方法是尽量缩短从孕育到凝固的时间，可极大程度地防止孕育作用的衰退，也即最大限度地发挥了孕育的作用。

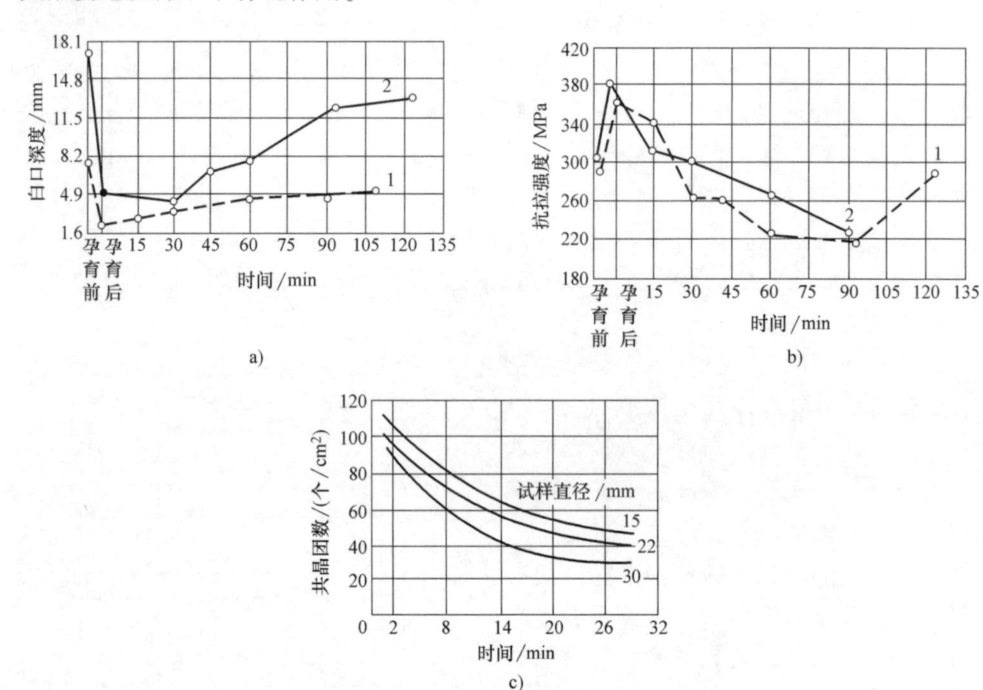

图 1-39 孕育后铸铁性质随时间的变化

a）孕育后保持时间与白口深度的关系 b）孕育后保持时间与抗拉强度的关系

c）孕育后保持时间与共晶团数量的关系

1—C=3.39%，Si=1.98%，CE=4.05% 2—C=3.03%，Si=1.45%，CE=3.51%

孕育剂：Si-Ca=0.25%~0.30%

3）孕育效果的评估。常用白口倾向、共晶团数以及过冷度三个参数的变化来评定孕育效果。

① 白口倾向的评定。常用孕育前后的炉前三角试样的白口深度来评定孕育

的效果。孕育前后的白口差别越大，说明效果越好。

② 共晶团数的评定。在工艺情况相同的情况下才能以此来评定孕育的效果，因工艺条件改变时，共晶团数会有很大的变化。一般在试样上测定孕育前后的共晶团数，借以衡量孕育前后成核程度的差别（用含 Sr 孕育剂时，不能用此法）。

③ 测定共晶过冷度。铁液孕育后，成核能力显著增高，因而共晶过冷度降低，一般也可以以孕育前后的过冷度大小比值来衡量孕育效果。比值越大，孕育效果越好。

实际上不必追求过大的孕育效果，原因是孕育效果越好铸件凝固时的缩松倾向会越大。

4）孕育铸铁的组织和性能特点。孕育铸铁的碳、硅含量一般较低，另外锰含量偏高，因此其基体全是弥散度较高的珠光体或索氏体组织。共晶团较普通灰铸铁要细得多。石墨分布均匀、量适中、比较细化，而且变得较厚，且头部变得较钝，因而对金属基体的切割、缩减作用都比灰铸铁中的要小。它的 R_m 值在 250~400MPa 范围内波动。

与普通灰铸铁相比，孕育铸铁在力学性能上还有一些非常可贵的特点，即铸铁的组织和性能的均匀性大为提高，对不同断面的敏感性很小，以及在同一断面上的性能齐一性很好。

（3）低合金化　向一定成分的普通灰铸铁中加入少量合金元素，是提高灰铸铁力学性能的另一个有力手段。常在炉前进行孕育处理而加以配合。由于加入量较少，因而在组织上仍然没有脱离灰铸铁的范畴。所不同的是由于合金元素的作用，使石墨有一定程度的细化；铁素体量减少甚至消失；珠光体则有一定程度的细化，而且其中的铁素体由于溶有一定量的合金元素而得到固溶强化。因而这类铸铁总有较高的强度性能。由于一般不形成特殊的新相，故这种铸铁的铸造性能和普通灰铸铁相比没有多大特殊之处。

表 1-20 和图 1-40 为一些常用合金元素的应用资料。利用图 1-40 可确定将非合金铸铁提高至所需强度而需要加入的合金元素大致用量。

表 1-20　常用合金元素使用量与强度提高百分比

合金元素	最大使用量（%）	加入 1%强度提高百分比（%）	激冷倾向
Ni	3.0	10	弱或没有
Cu	1.5	10	弱或没有
Mn	①	10	弱
Cr	0.50	20	强
Mo	1.00	40	中等
V	0.35	45	很强

① 取决于铸铁中的含硫量。

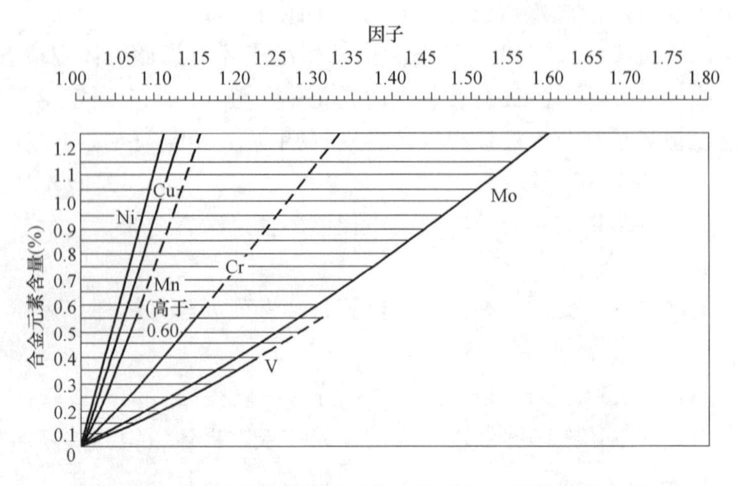

图 1-40 合金元素系数图（上面的因子为拟提高的比例）

有关合金元素的说明及应用情况见表 1-15 和表 1-16。

有一个重要的问题应该引起灰铸铁铸造工作者的重视，那就是在设法提高铸铁强度性能的同时，必须使铸铁维持较高的碳当量，以维持铸铁的铸造性能，从而充分发挥灰铸铁的特长。这是当前灰铸铁研究及生产领域中一个受到普遍关注的较活跃的课题。怎样在高碳当量的前提下仍能维持高强度？如 CE = 4.1% ~ 4.2%时，R_m 仍能达到 250MPa 甚至 300MPa 的水平。主要的措施是什么？原则上讲最有力的手段也不外乎是：铁液有一定程度的过热、强化孕育处理和适当时合金化。

1.2.2.4 灰铸铁的铸造性能

铸造性能的好坏是衡量铸造合金优劣的一个重要方面。灰铸铁具有良好的铸造性能是其获得广泛应用的主要原因之一。

（1）流动性　流动性是指铁液充填铸型的能力，常用工艺试验的方法进行测定，如螺旋试样法等。

流动性的高低受多种因素的影响，最主要的还是化学成分及浇注温度。

对普通灰铸铁而言，因它偏离共晶点不远，结晶范围小，初生奥氏体枝晶不太发达，故在正常浇注温度下，在铁碳合金中它的流动性是最好的。碳和硅主要影响共晶度，$S_C<1$ 时，增加 C、Si 能使流动性提高；$S_C>1$ 时，由于有初析石墨析出，因而流动性较差，此时，如果要提高流动性，只有降低碳、硅含量。

锰和硫对共晶度影响不大，主要影响夹杂物形式。形成高熔点硫化锰时，以固体质点的形式存在，增加了铁液的内摩擦，降低了铁液的流动性；如果以硫化铁形式存在，则对流动性的影响不大。

磷能使铸铁的共晶度增加，又形成低熔点共晶体，并能降低铸铁液相线温度，因而磷能很有效地提高铸铁的流动性。

常用合金元素中铜能稍许提高铸铁的流动性。铬则相反，因它能在铁液表面形成氧化膜，故降低了流动性，当其含量大于 1%以后，不利影响更为显著。

影响流动性的另一个重要因素是浇注温度。当其他条件不变时，提高浇注温度可有效地增加铸铁的流动性。

（2）收缩特性及其伴生现象　铸铁的收缩包括液态收缩（用缩收率 $\varepsilon_{液}$ 表示）、凝固收缩（用缩收率 $\varepsilon_{凝}$ 表示）和固态收缩（用缩收率 $\varepsilon_{固}$ 表示）三部分。

从浇注温度到液相线温度之间发生的收缩称为液态收缩。浇注温度越高、含碳量越高，则液态收缩越大。

凝固期间发生的收缩以及由于析出石墨而产生膨胀的总和称为凝固收缩。

$$\varepsilon_{凝} = 6.9\% - 0.9C - 2G$$

其中，C 及 G 分别表示铁液中的碳含量和凝固时析出的石墨量。可见随着 C 及 G 的增加，$\varepsilon_{凝}$下降，当石墨析出量增加到一定程度时，$\varepsilon_{凝}$有可能变为负值，即凝固时非但不收缩，反而有膨胀。实际生产低牌号铸铁时，可观察到凝固期间在浇口中有胀出小尾巴的现象。

形成缩孔、缩松的倾向主要和 $\varepsilon_{凝}+\varepsilon_{液}$ 值的大小有关，它们的总值越大，则缩孔、缩松的倾向也越大。对于一般的灰铸铁件，由于其总的体积收缩值不大，故常不需要设置冒口而可得健全的铸件。对于碳、硅含量较低的高强度灰铸铁，则由于有一定程度的收缩量，为了得到健全的合格铸件，在某些情况下必须设置适当的冒口以补偿液态及凝固收缩。

对于灰铸铁件来说，有一点还必须指出，在考虑收缩问题时，必须要联系铸型条件。湿型铸造时，由于铁液的静压力和共晶石墨析出时要发生体积膨胀，这常导致铸型壁向外移动。国内外的研究表明，这种型壁移动与铸件的碳含量、有无孕育处理以及铸型刚度有关。型壁移动导致铸型扩大，造成了在凝固期间较大的补给需求。因此同样条件的一个灰铸铁件，采用湿型时就可能比干型时需要较大的冒口，以补给由于铸型壁扩张所增加的补给需要。

固态收缩是指铸件凝固后期在铸件内形成连续的固相骨架开始一直到室温阶段内所发生的固态收缩，常以线收缩值表示，几种铸造合金的线收缩曲线如图 1-41 所示。由图可见，在凝固后期，对灰铸铁来说，由于有石墨化过程的发生，故有一个不但不收缩而且还发生膨胀的阶段。碳钢和白口铸铁由于没有石墨化过程，也就没有这个收缩前的膨胀阶段。凝固完毕后，紧接着的就是收缩过程，有资料将这时的收缩称为珠光体前收缩。在共析转变时，这三种铁碳合金都有二次膨胀现象。碳钢和白口铸铁的二次膨胀较小，而灰铸铁由于有共析石墨化的缘故，二次膨胀量也比较大。经过了共析转变后，三者的线收缩基本相似。总的线收缩值为几个阶段的收缩、膨胀值的总和。由此可见，灰铸铁的线收缩值是铁碳合金中比较小的，一般为0.9%~1.3%。在实际生产中，往往由于铸型的机械阻碍以及铸件结构等许多因素的作用，实际的线收缩值要比自由线收缩值小，常称为受阻线收缩值，灰铸铁的受阻线收缩值为0.8%~1.0%。

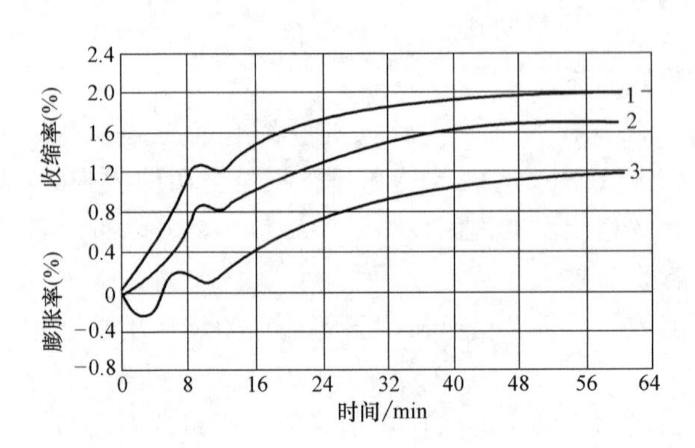

图1-41　线收缩曲线

1—碳钢　2—白口铸铁　3—灰铸铁

由收缩而伴生的缺陷除形成缩孔、缩松外，主要还有热裂、内应力、变形和冷裂。

铸件的热裂是由于在凝固后期受到来自铸型、型芯或其他方面的机械阻碍所造成的。热裂常产生在铸件的厚壁处或截面突然变化的地方。铸件的凝固收缩越小、收缩前的膨胀越大，如此时受到的机械阻碍越小，则产生热裂的可能性也越小，因此凡是能提高灰铸铁石墨化能力的因素都有利于防止热裂的产生。另一方面，如果铸件的共晶团粗大，而且S/Mn的值较高时，由于削弱了晶粒间的结合力，也易形成热裂。

铸造应力主要指铸铁固态收缩时所承受的热应力和相变应力，一般来说，它产生于塑弹性转变阶段内。铸铁的石墨化能力越强，则石墨越多、越粗大，其弹性模量和线收缩值越小，铸造应力也就比较小。因此普通灰铸铁是铁碳合金中铸造应力较小的一种。这种铸造应力常常是造成铸件变形、开裂的主要根源。因为当铸造应力超过铸铁的抗拉强度时，就要发生冷裂现象，所以凡是能减少铸造应力的因素，都是防止铸件产生冷裂的措施。提高铸件中的碳当量，由于促进了石墨化，铸造应力就减小（铸件结构及浇注条件相同时），产生冷裂的可能性也随之减小。至于合金元素，若含量较低，对石墨化和收缩特性并无显著的影响，则对于冷裂的影响也不大；若含量较高，则会造成收缩量的增加、弹性模量的提高以及导热性的降低，因此铸造应力加大，易造成冷裂缺陷。

铸件的冷却条件也能影响铸造应力和冷裂的形成，提高冷却速度（如用金属型），能增加温差热应力，同时会使石墨化受到一定程度的限制。因此铸造应力加大，产生冷裂的可能性也就加大了。

1.2.2.5 灰铸铁的热处理

一般热处理改变不了石墨的片状特征，因此灰铸铁的热处理就用得不是很多，最常用的有：①低温退火，消除内应力的热处理，也称热时效。图 1-42 为中小型机床铸件的热时效规范图。②改善加工性能的降低硬度（去除铸件内残留的少量自由碳化物）热处理，称为高温石墨化退火。图 1-43 为高温石墨化退火工艺图。

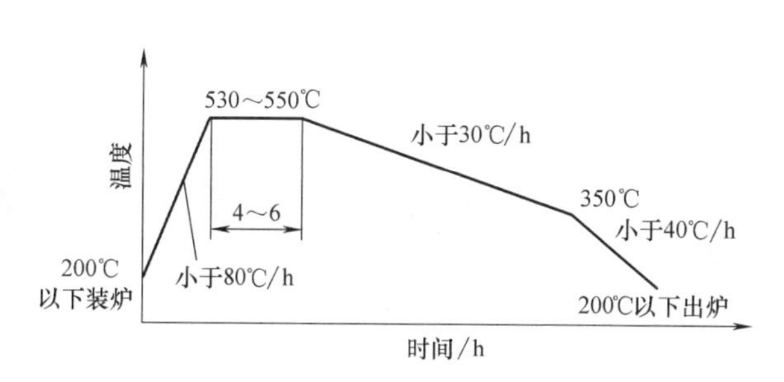

图 1-42 中小型机床铸件的热时效规范图

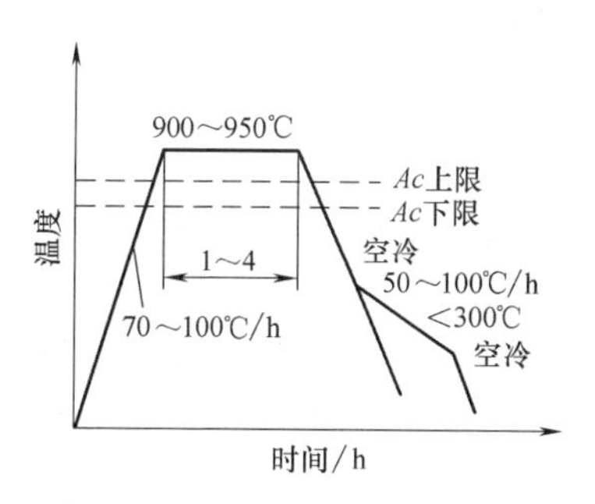

图 1-43 高温石墨化退火工艺图

1.2.3 球墨铸铁

球墨铸铁因其金相组织中的石墨呈球状而得名，起初被称为球状石墨铸铁，后简称为球墨铸铁，也被进一步简称为球铁。球墨铸铁中的石墨避免了灰铸铁中尖锐石墨边缘的存在，因此使石墨对金属基体的破坏作用得到了缓和，从而使铸铁中金属基体的性能得到了更大程度的发挥。因此无论是铸态或再配合适当的热处理以改善金属基体的组织，都可使球墨铸铁摆脱灰铸铁强度低、韧性差的缺点，而具有较高的强度（最高抗拉强度可达 1400MPa）和较好的韧性（断后伸长率可高达 24%）。

球墨铸铁的发明（1947 年）使铸铁材料的性能产生了质的飞跃，因此在国内外都发展得很快，在一些主要工业国家中，其产量已超过铸钢，成为仅次于灰铸铁的铸铁材料。

我国从 1950 年就开始生产球墨铸铁，结合我国丰富的稀土资源，20 世纪 60 年代又发展了稀土镁球墨铸铁，其使用范围已遍及汽车、农机、船舶、冶金、化工等部门，成为重要的铸铁材料。

1.2.3.1 球墨铸铁的性能特点及应用

球墨铸铁的正常组织是细小圆整的石墨球加金属基体，在铸态条件下，金属基体通常是铁素体与珠光体的混合组织，由于二次结晶条件的影响，铁素体通常位于石墨球的周围，形成“牛眼”组织，通过不同的热处理手段，可很方便地调整球墨铸铁的基体组织，以满足各种服役条件的要求。值得指出的是，目前人们已能通过各种工艺手段在铸态获得铁素体或几乎全部为珠光体基体的球墨铸铁，从而去除了由于要获得铁素体或珠光体基体的球墨铸铁所需的退火或正火处理，使生产周期缩短，成本下降。在通常的生产条件下，由于某些化学元素的偏析以及球墨铸铁的凝固特性等原因，在共晶团的晶界处会出现一些非正常组织，如渗碳体、磷共晶等杂质相。这些非正常组织的出现及形状分布，会严重伤害球墨铸铁的优良性能，因此应该严格加以控制。

1. 珠光体球墨铸铁的性能特点及应用

珠光体球墨铸铁是以珠光体基体为主，余量为铁素体的球墨铸铁，QT600-3、QT700-2 和 QT800-2 属于这一类型，一般可在铸态或采用正火处理获得。

珠光体球墨铸铁的强度和硬度较高，具有一定的韧性，而且具有比 45 锻钢更优良的屈强比、低的缺口敏感性（因此实物的缺口疲劳性能就有可能高于 45 锻钢件，钢的强度越高，这种倾向越明显）和好的耐磨性。表 1-21 及表 1-22 列出了两组比较数据。影响珠光体球墨铸铁强度、疲劳性能及韧性指标的主要因素：珠光体的数量及层片距、石墨的形状、大小及夹杂物的含量和分布等。

表 1-21 珠光体球墨铸铁和 45 锻钢的静拉伸性能

性 能	45 锻钢(正火)	珠光体球墨铸铁(正火)
抗拉强度 R_m/MPa	690	815
规定塑性延伸强度 $R_{p0.2}$/MPa	410	640
断后伸长率 A(%)	26	3
弹性模量 E/MPa	21×10^4	$(17\sim18)\times10^4$
屈强比 $R_{p0.2}/R_m$	0.59	0.785

表 1-22 珠光体球墨铸铁和 45 锻钢试样的弯曲疲劳强度

材 料	弯曲疲劳强度 σ_{-1}/MPa			
	光滑试样	带孔试样	带肩试样	带孔、带肩试样
珠光体球墨铸铁	255(100%)	205(80%)	175(68%)	155(61%)
45 锻钢(正火)	305(100%)	225(74%)	195(64%)	150(51%)

注：括号中为有效承载面积百分比。

由于珠光体球墨铸铁的上述性能特点，它特别适合于制造承受重载荷及摩擦磨损的零件，典型的应用是中、小功率内燃机曲轴、齿轮等，该种曲轴的耐磨性、减振性及承受过载能力等方面要优于用 45 锻钢（正火）制造的曲轴。此外，珠光体球墨铸铁还可广泛应用于制造机床及其他机器上一些经受滑动摩擦的零件，如立式车床的主轴及镗床拉杆等。

2. 铁素体球墨铸铁的性能特点及应用

铁素体球墨铸铁指基体以铁素体为主，其余为珠光体的球墨铸铁，典型牌号为 QT400-18、QT400-15 及 QT450-10。其性能特点为塑性和韧性较高，强度较低。这种铸铁用于制造受力较大而又承受振动和冲击的零件，大量用于汽车底盘以及农机部件，如后桥外壳等。目前在国内外一些企业用离心铸造方法大量生产的球墨铸铁管也是铁素体的，用于输送自来水及煤气，这种铸铁管能经受比灰铸铁管高得多的管道压力，并能承受地基下沉以及轻微地震造成的管道变形，而且具有比钢管高得多的耐蚀性，因而具有高度的可靠性及经济性。

影响铁素体球墨铸铁塑性和韧性的主要因素为化学成分（含硅量）、石墨球的大小及形状、残留的自由渗碳体及夹杂物相、铁素体的晶粒度等。

3. 混合基体型球墨铸铁的性能特点及应用

QT500-7 是铁素体和珠光体混合基体的球墨铸铁，这种铸铁由于有较好的强度和韧性配合，多用于汽车、农业机械、冶金设备及柴油机中的一些部件，通过铸态控制或热处理手段可调整和改善组织中珠光体和铁素体的相对数量及形态与分布，从而可在一定范围内改善、调整其强度和韧性的配合，以满足各类部件的要求。

4. 奥氏体-贝氏体球墨铸铁的性能特点及应用

奥氏体-贝氏体球墨铸铁（简称奥贝球铁）开发于 20 世纪 70 年代后期，与普通基体的球墨铸铁相比，它具有强度、塑性和韧性都很高的综合力学性能，显著地优于珠光体球墨铸铁，也优于传统的经调质处理的球墨铸铁。其抗拉强度可高达 900～1400MPa，并具有一定的断后伸长率。如果适当降低抗拉强度，则断后伸长率可高达 10%以上。图 1-44 所示为奥氏体-贝氏体球墨铸铁与普通球墨铸铁的性能比较。此外，奥氏体-贝氏体球墨铸铁还具有比普通球墨铸铁高的冲击韧度及抗点蚀疲劳能力，尤其具有高的弯曲疲劳性能和良好的耐磨性，可用于代替某些锻钢件和普通球墨铸铁不能胜任的部件，如承受高载荷的齿轮、曲轴、连杆及凸轮轴等。

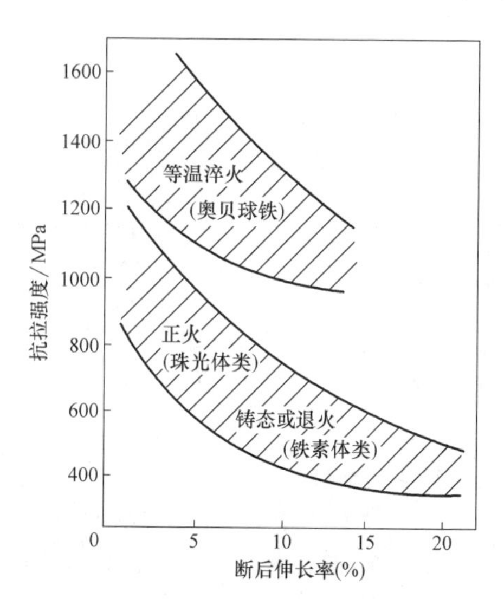

图 1-44　奥氏体-贝氏体球墨铸铁与普通球墨铸铁的性能比较

1.2.3.2　球墨铸铁的生产

球墨铸铁的生产过程包含以下几个环节：熔炼合格的铁液、球化处理、孕育处理、炉前检验、浇注铸件、清理及热处理、铸件质量检验。

在上述各个环节中，熔炼优质铁液和进行有效的球化-孕育处理是生产的关键。

1. 化学成分的选定

选择适当化学成分是保证铸铁获得良好的组织状态和高性能的基本条件，化学成分的选择既要有利于石墨的球化和获得满意基体，以期获得所要求的性能，又要使铸铁有较好的铸造性能。下面介绍铸铁中各元素对组织和性能的影响以及适宜的含量。

（1）基本元素

1）碳和硅。由于球状石墨对基体的削弱作用很小，故球墨铸铁中石墨数量的多少对力学性能的影响并不显著，当碳含量在3.2%~3.8%范围内变化时，实际上对球墨铸铁的力学性能无明显影响。确定球墨铸铁的碳、硅含量时，主要从保证铸造性能考虑，为此将碳当量选择在共晶成分左右。由于球化元素使相图上共晶点的位置右移，因而使共晶碳当量移至4.6%~4.7%，如图1-45所示。具有共晶成分的铁液流动性最好，形成集中缩孔倾向大，铸件组织致密度高。当碳当量过低时，铸件易产生缩松和裂纹；当碳当量过高时，易产生石墨漂浮现象，其结果是使铸铁中夹杂物数量增多，降低铸铁性能，而且污染工作环境。

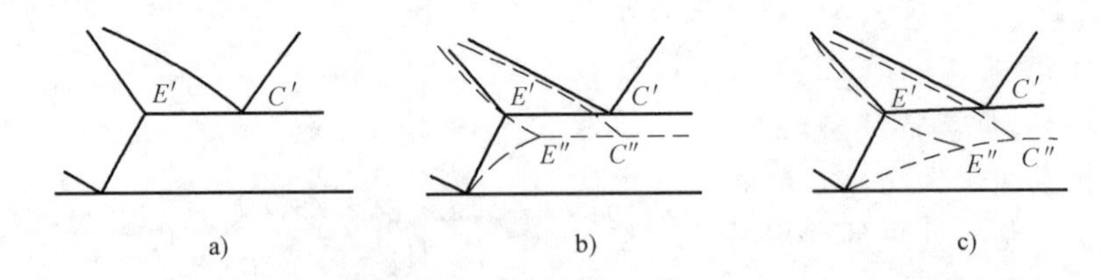

图1-45　球化元素镁对共晶点的影响示意图

a）Mg=0%　b）Mg=0.04%　c）Mg=0.08%

用镁和铈处理的铁液有较大的结晶过冷和形成白口的倾向，硅能减小这种倾向。此外，硅还能细化石墨，提高石墨球的圆整度。但硅又能降低铸铁的韧性，并使韧性-脆性转变温度升高，如图1-46所示。因此在选择碳、硅含量时，应按照高碳低硅的原则，一般认为Si>2.8%时，会使球墨铸铁的韧性降低，故当要求高韧性时，应以此值为限，如果铸件是在寒冷地区使用，则硅含量应适当降低。对铁素体球墨铸铁，一般控制碳、硅含量：C=3.6%~4.0%，Si=2.4%~2.8%；对珠光体球墨铸铁，一般控制碳、硅含量：C=3.4%~3.8%，Si=2.2%~2.6%。

2）锰。在球墨铸铁中锰所起的作用与其在灰铸铁中所起的作用有不同之处。在灰铸铁中，锰除了强化铁素体和稳定珠光体外，还能减小硫的危害作用；在球墨铸铁中，由于球化元素具有很强的脱硫能力，锰已不再能起这种有益的作用。而由于锰有严重的正偏析倾向，往往有可能富集于共晶团晶界处，严重时会促使形成晶间碳化物，因而能显著降低球墨铸铁的韧性。有资料介绍，对于等温淬火贝氏体球墨铸铁，当锰含量由0.07%增加到0.74%时，其冲击吸收能量由78.5J降低到36.3J。对锰含量的控制，依对基体的要求和铸件是否进行热处理而定。对于铸态铁素体球墨铸铁，通常控制Mn=0.3%~0.4%；对于热处理状态铁素体球墨铸铁，可控制Mn<0.5%；对于珠光体球墨铸铁，可控制Mn=0.4%~0.8%，其中铸态珠光体球墨铸铁，锰含量虽可适当高些，但通常推荐用铜来稳定珠光体。在球墨铸铁中，锰的偏析程度实际上受石墨球数量及大小的支配，如能把石墨球数量控制得较多，则可适当放宽对锰含量的限制。由于我国低锰生铁资源较少，这一技术是很有实际意义的。

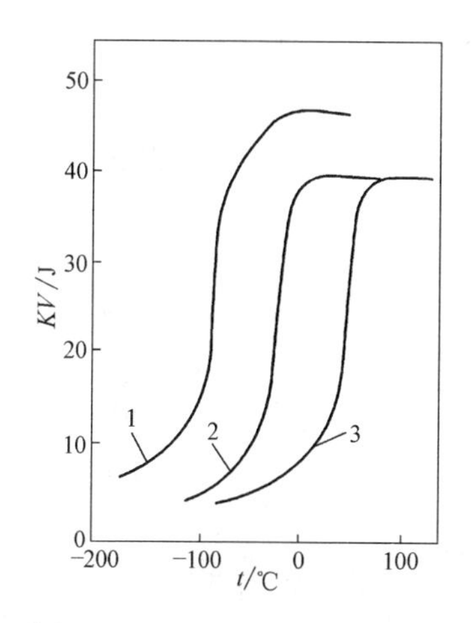

图1-46　硅对铁素体球墨铸铁韧性-脆性转变温度的影响

（19mm×13mm×102mmV型缺口试样）

铸铁成分：曲线1—C=3.65%，Si=1.65%

曲线2—C=3.52%，Si=2.0%

曲线3—C=3.83%，Si=2.7%

3）磷。磷在球墨铸铁中有严重的偏析倾向，易在晶界处形成磷共晶，严重降低球墨铸铁的韧性。磷还能增大球墨铸铁的缩松倾向。当要求球墨铸铁有高韧性时，应将磷含量控制在0.04%~0.06%，对于寒冷地区使用的铸件，宜采用下限的磷含量。当球墨铸铁中有钼存在时，更应注意控制磷的含量，因此时易在晶界处形成脆性的磷钼四元化合物。

4）硫。球墨铸铁中的硫与球化元素有很强的化合能力，生成硫化物或硫氧化物，不仅消耗球化剂，造成球化不稳定，而且使夹杂物数量增多，导致铸件产生缺陷，此外，还会使球化衰退速度加快，故在球化处理前应对原铁液的硫含量加以控制。国外生产上一般要求原铁液中硫的含量低于0.02%，我国目前由于焦炭含硫量较高等熔炼条件的原因，原铁液硫含量往往达不到这一标准，因此应进一步改善熔炼条件，有条件时可进行炉前脱硫，力求低硫含量。

（2）合金元素　在球墨铸铁中应用的合金元素主要有钼、铜、镍、铬和锑。

1）钼。在生产高强度球墨铸铁时，不少企业往往使用钼以提高铸铁的强度，其用量一般在0.25%左右。在生产贝氏体球墨铸铁或奥氏体-贝氏体球墨铸铁时，往往也加入一些钼使铸铁的奥氏体等温转变图右移，提高淬透性。为了将奥氏体的等温转变温度降低至200~400℃，须使铸铁的钼含量为0.6%~0.8%（对于厚壁铸件，钼含量应选择高些），但在铸铁的结晶过程中，钼在共晶团内有较大的正偏析倾向，当钼含量达0.8%~1.0%时，容易促使在共晶团边界形成富钼的四元磷共晶或钼的碳化物等脆性相。此外，钼的价格贵，应注意控制使用。

2）铜。铜具有稳定珠光体的作用。国内外有的企业用铜含量为0.4%~

0.8%的球墨铸铁制造汽车发动机的曲轴，有时常和0.25%左右的钼配合使用。在贝氏体球墨铸铁中，常将铜和钼按下列配合（Mo=0.2%~0.4%，Cu=0.6%~0.8%）使用，这种成分的球墨铸铁经过等温淬火处理后，能稳定地获得较多的贝氏体组织。

3）镍。在国外镍常作为强化元素使用，其作用和铜相似。在国内由于其价格较贵，用得较少，镍还可用于生产奥氏体球墨铸铁，并与钼配合使用。在奥氏体-贝氏体球墨铸铁中应用，如Ni=1.3%~1.8%，Mo=0.3%~0.4%的球墨铸铁，与等温淬火相配合，可稳定地得到所要求的奥氏体-贝氏体基体组织。与钼相比，镍作为合金元素的优点是其在共晶团内部分布比较均匀，不会因偏析而使共晶团边界脆化。钼和镍都是较贵重的金属，在奥氏体-贝氏体球墨铸铁中要有条件地选用，一般用在厚壁而重要的零件上。

4）铬。铬用于珠光体球墨铸铁，在铸铁中加入量为0.2%~0.3%时，即可起到显著稳定珠光体及强化力学性能的作用，但由于易形成铁铬碳化物，故应用时应谨慎。

5）锑。锑是强烈稳定珠光体的元素，当其含量为0.006%~0.008%时，就能在提高球墨铸铁基体中珠光体含量方面起到有效的作用。在生产铸态珠光体球墨铸铁时，用微量锑代替铜，在经济上更为合理。但锑有干扰石墨球化的作用，当Sb>0.01%时，即会明显地使石墨形状恶化，故对球墨铸铁的含锑量应严格控制在0.006%~0.008%，使用时还应注意积累问题。

（3）微量元素　球墨铸铁中常存在一些非特意加入的微量元素，如Ti、As、Pb、Al、Cr、Sn、Sb等。在大多数情况下，这些元素对铸铁的性能起不良影响：或是干扰石墨球化，或是促使在共晶团边界上析出脆性相，或是在铁素体球墨铸铁中阻碍基体的铁素体化过程，加入0.01%~0.02%的RE能中和这些元素的有害作用。

2. 球墨铸铁的熔炼要求及炉前处理技术

球墨铸铁具有高的力学性能，是以石墨球化状况良好为前提的，衡量石墨球化状况的标准是球化率、石墨球径和石墨球的圆整度。球化率的定义：在铸铁微观组织的有代表性的视场中，在单位面积上，球状石墨个数与全部石墨个数的比值（以百分数表示）。石墨球径是在放大100倍条件下测量的有代表性的球状石墨的直径。而圆整度则是对石墨球圆整情况的一种定量概念。为了保证球墨铸铁的性能，要求有高的球化率、圆整而细小的球状石墨，而为此就需要熔炼出质量良好的铁液，并进行良好的球化处理和孕育处理。

（1）对熔炼的要求　优质的铁液是获得高质量球墨铸铁的关键，可以说目前我国球墨铸铁生产和国外工业先进国家的差距主要表现在铁液熔炼的质量方面，其中既有设备条件的因素，又有技术水平的因素。适用于球墨铸铁生产的优质铁液应该是高温，低硫、磷含量和低的杂质含量（如氧及反球化元素含量等）。

在球墨铸铁的球化、孕育处理过程中要加入大量的处理剂，这使得铁液温度要降低 50~100℃，因此为了保证浇注温度，铁液必须有比灰铸铁高得多的出铁温度，如至少应在 1450~1470℃，国外通常要求在 1500℃以上。其次，因为处理剂带入大量的硅，所以要求原铁液有较低的硅含量（1.2%~1.4%），这就要求选用专供球墨铸铁生产用的低硅生铁。为了扩大球墨铸铁用生铁的来源，也可选用低硅团块状球化剂。

硫含量低的铁液是对球墨铸铁生产的又一要求，这除了对原材料的硫含量加以限制外，还包含了对冲天炉使用焦炭硫含量的要求。为了获得满意的低硫、高温铁液，采用冲天炉和感应电炉双联熔炼，中间配合有效的脱硫措施是十分有益的。

对熔炼要求的第三方面体现在对原材料的要求上，希望原材料有足够低的硫、磷含量，并含有尽可能少的反球化元素以及来源和成分的稳定。此外，对铁液的氧化程度也必须严格控制，以控制铁液中的氧含量。

（2）球化处理

1）球化及反球化元素。加入铁液中能使石墨在结晶生长时长成球状的元素称为球化元素。表 1-23 所列为各种球化元素的分类。球化能力强的元素（如镁、铈、钙等）都是很强的脱氧及去硫元素，并且在铁液中不溶解，与铁液中的碳能够结合。虽然可使石墨球化的元素有多种，但在生产条件下，目前实用的是 Mg、Ce（或 Ce 与 La 等的混合稀土元素）和 Y 三种。工业上常用的球化剂即是以这三种元素为基本成分制成的。我国使用最多的球化剂是稀土镁合金，国外大都采用镁合金和纯镁球化剂，后来逐渐将稀土元素加入球化剂中，但用量是很低的，其中一个主要原因是国内铸造生铁中杂质元素含量较高，而国外大多是应用高纯生铁。

表 1-23　各种球化元素的分类

球化能力	球化元素	球化条件
强	镁、铈、镧、钙、钇	一般条件
中	锂、锶、钡、钍	要求原铁液含硫量极低
弱	钠、钾、锌、镉、锡、铝	冷却速度要快，原铁液含硫量极低

此外，某些元素存在于铁液中会使石墨在生长时无法长成球状，这些元素称为反球化元素。为了保证石墨的良好球化，应对铁液中反球化元素的含量加以限制。不同的球化元素对反球化元素的干扰作用具有不同的抵抗力，因此当采用不同的球化元素进行球化处理时，对于原铁液中反球化元素的限量要求也不相同。在用纯镁做球化剂时，反球化元素的界限量见表 1-24。

表 1-24 反球化元素的界限量

元素	Al	Ti	Pb	As	Sb	Bi	Zr	Sn	Te	Se
界限量（%）	0.05	0.07	0.002	0.05	0.01	0.002	0.03	0.05	0.003	0.03

由于镁和大部分反球化元素不相化合，或化合程度很小，故对反球化元素的抵抗能力低，而稀土元素 Ce 和 Y 则能和多数反球化元素相结合，从而可在一定程度上抵消这些元素的干扰作用。因此在球化剂中引入一定量的 Ce 或 Y 稀土元素时，对原铁液中反球化元素的界限量可比用 Mg 时适当放宽。

2）镁球化剂的性质及在铁液中的作用。镁的密度为 $1.738g/cm^3$，熔点为 651℃，沸点为 1107℃，其化学性质极活泼，脱硫、去氧能力很强。生成的硫化镁、氧化镁熔点高，密度小，较易浮出铁液而被除去（MgS 的熔点约为 2000℃，密度为 $2.8g/cm^3$；MgO 的熔点为 2800℃，密度为 $3.07 \sim 3.20g/cm^3$）。镁进入铁液后首先起脱硫去氧作用，当铁液中硫含量降至一定值时，镁开始对石墨的球化起作用，促使石墨长成球状。镁的脱硫反应式为

$$Mg_{(G)}+FeS_{(L)}=MgS_{(S)}+Fe_{(L)}$$

$$Mg_{脱S}=0.76(S_{原铁液}-S_{脱S后})$$

其中，0.76 为 Mg 与 S 的相对原子质量之比（24.32/32.06）。

此外，镁又是强烈稳定碳化物的元素，因此残留有一定镁量的铁液在凝固时有很大的白口倾向。

镁的密度小，沸点低，因此加入铁液中的镁极易上浮并汽化，这给用镁作为球化剂处理铁液带来一定的困难，为解决这个问题，在生产实践中发展了各种处理方法。加入铁液中的镁，除一部分去硫，一部分残留在铁液中起球化作用外，有相当部分被烧损。前两项为球化石墨所必需的，称为有效部分，因此通常用下式计算镁的回收率（A）

$$A=\frac{Mg_{残}+Mg_{脱硫}}{Mg_{加入}}$$

通常脱氧也要消耗一定量的镁，但目前还不太有条件计算，为了提高镁的回收率，国内外研究了不少加镁的方法。

3）镁作为球化剂的球化处理方法。用镁作为球化剂处理铁液时，球化元素只有镁一种，其残留在铁液中的含量一般在 0.04%～0.06%范围内才能保证石墨球化。目前所用的各种处理方法都是以提高镁的回收率和处理的安全性为目的的。

① 自建压力加镁法。其原理是依据物质的沸腾汽化温度随环境压力的升高而升高。据计算，镁的沸腾温度与环境压力的关系如图 1-47 所示，如果铁液面上有 $(6.078 \sim 8.104)\times10^5Pa$（6～8 个标准大气压）的压力，则镁的沸腾温度就

上升到 1350～1400℃，在这样的压力与温度下加镁，就几乎不会产生沸腾，因此一般钟罩加镁的弊病基本可以消除。

自建压力加镁装置就是根据上述原理设计的，如图 1-48 所示。在密封条件下，装有镁的钟罩压入铁液，镁在铁液中进行有控制的沸腾。用这种方法加镁，可使镁的回收率大为提高（可达 50%～80%），同时稳定了球化质量。

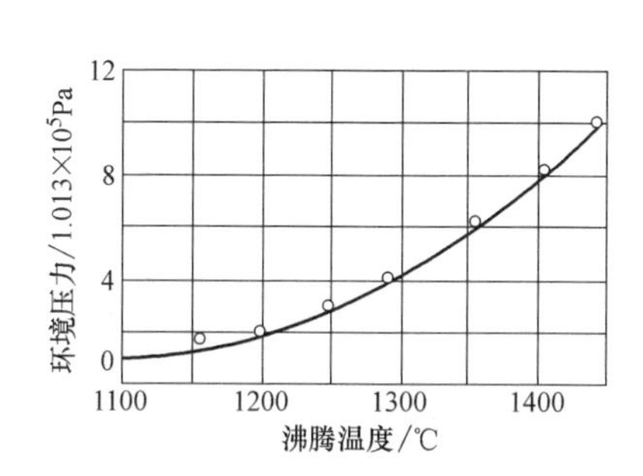

图 1-47 镁的沸腾温度与环境压力的关系

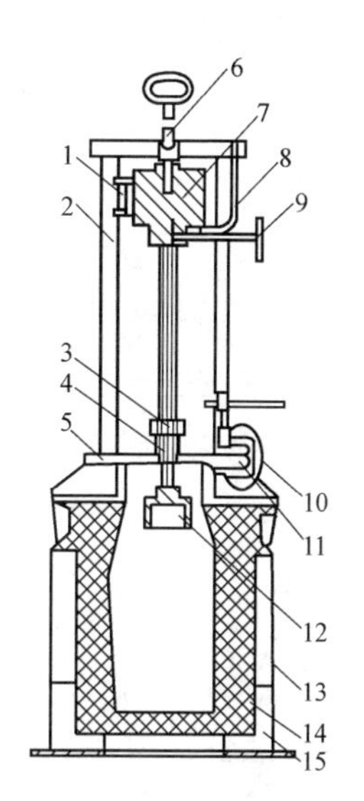

图 1-48 自建压力加镁装置

1—导向块 2—导轨 3—滑块 4—密封盖 5—密封泥圈 6—吊杆 7—重锤 8—钩子 9—螺钉 10—紧固夹子 11—包盖 12—钟罩 13—安全罩 14—浇包 15—浇包座

利用这种方法可以得到镁含量高的铁液（Mg≥0.10%），然后可补加 1～2 倍或更多的高温原铁液进行稀释，这样可有效地提高浇注温度，也为用较小处理设备生产大铸件创造了条件。这种方法的缺点是操作比较麻烦，不太安全。加入镁量取决于原铁液的硫含量，一般为 0.1%～0.15%。

② 转动包法。目前在欧美、日本采用此法的不少，转动包法加镁处理示意图如图 1-49 所示。当硫含量为 0.06%时，采用这种处理方法，镁的加入量为 0.14%～0.20%。

③ 镁合金法。将镁与其他元素制成中间合金，此时因为密度加大，镁含量降低，所以可用简单的方法（冲入法、钟罩压入法、型内处理法等）加入铁液，吸收率较高。国外广泛采用该方法。用冲入法生产球墨铸铁，所用合金有 Si-Fe-Mg、Cu-Mg、Ni-Mg、Ni-Si-Mg 等。国内过去也曾用过这些合金，但自从应用稀土元素后，已完全被稀土镁合金所代替。

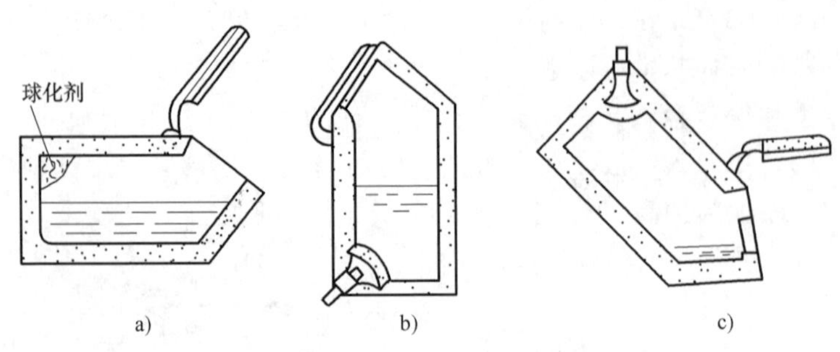

图 1-49　转动包法加镁处理示意图

a）加铁液　b）球化处理　c）出铁液

4）稀土镁合金球化剂的性质及其在铁液中的作用。稀土镁合金球化剂是 20 世纪 60 年代初发展起来的带有我国特色的球化剂。

稀土是元素周期表中第三族第六周期的镧（La）系元素以及与它们相似的钇（Y）和钪（Sc）等共 17 个元素的总称。根据它们的化学性质和原子结构，一般将这 17 个元素分为两组：

轻稀土（铈组），包括镧（La）、铈（Ce）、镨（Pr）、钕（Nd）、钷（Pm）、钐（Sm）、铕（Eu）7 个元素；

重稀土（钇组），包括钇（Y）、钆（Gd）、铽（Tb）、镝（Dy）、钬（Ho）、铒（Er）、铥（Tu）、镱（Yb）、镥（Lu）、钪（Sc）10 个元素。

我国稀土矿藏非常丰富，轻、重稀土储量都相当大。轻稀土开发较早，储量比重稀土多，因而价格便宜，目前广泛使用轻稀土镁合金。

稀土元素的沸点大都高于铁液温度，因此单纯用稀土处理时，完全没有沸腾作用，非常平稳。稀土元素的球化作用较镁差些，因此稀土球墨铸铁的石墨球不太圆整。

稀土元素的化学性质很活泼。按热力学计算，铈与氧、硫的亲和力比镁还强。稀土氧化物、稀土硫化物都是高熔点化合物，它们的密度较大，为 5.9～7.2g/cm^3，因此不易从铁液中去除。稀土纯化铁液的作用只有在伴有一定的搅动作用时才能发挥，因此与镁同时加入比用单一稀土合金有利。另外，稀土的相对原子质量比镁大很多，故脱硫所消耗的稀土量比镁大，以铈为例，脱硫的消耗量大约是镁的 4 倍。

由于稀土元素的上述作用，使铁液中能保证石墨球化的镁的残留量可适当降低。当铁液中的硫含量不太高，镁含量为 0.03%～0.05%，稀土含量为 0.02%～0.04%时，可保证石墨得到充分的球化。

需注意的是，稀土元素虽有脱硫、去气、净化铁液和使石墨球化等有利作用，但白口倾向很大，而且偏析严重。经研究发现，在晶界上稀土元素的含量比晶内高出几倍，因而常在晶界处形成少量碳化物，降低球墨铸铁的力学性能，特别是塑性和韧性。还有不少资料报道，稀土量过高会恶化石墨形状，降低球化率。因此国内外都主张使用低稀土含量的球化剂，以控制过量稀土元素进入铁液，避免降低性能。

表 1-25～表 1-27 列出了稀土镁硅铁合金和稀土硅铁合金的牌号及化学成分，其中，稀土镁硅铁合金又分为轻稀土镁硅铁合金和重稀土镁硅铁合金，分别见表 1-25 与表 1-26。

表 1-25　轻稀土镁硅铁合金的牌号及化学成分（摘自 GB/T 4138—2015）

产品牌号		化学成分（质量分数,%）									
字符牌号	对应原数字牌号	RE	Ce/RE	Mg	Ca	Si	Mn	Ti	MgO	Al	Fe
						不大于					
REMgSiFe-01CeA	195101A	0.5≤RE<2.0	≥46	4.5≤Mg<5.5	1.0≤Ca<3.0	45.0	1.0	1.0	0.5	1.0	余量
REMgSiFe-01CeB	195101B	0.5≤RE<2.0	≥46	5.5≤Mg<6.5	1.0≤Ca<3.0	45.0	1.0	1.0	0.6	1.0	余量
REMgSiFe-01CeC	195101C	0.5≤RE<2.0	≥46	6.5≤Mg<7.5	1.0≤Ca<2.5	45.0	1.0	1.0	0.7	1.0	余量
REMgSiFe-01CeD	195101D	0.5≤RE<2.0	≥46	7.5≤Mg<8.5	1.0≤Ca<2.5	45.0	1.0	1.0	0.8	1.0	余量
REMgSiFe-03CeA	195103A	2.0≤RE<4.0	≥46	6.0≤Mg<8.0	1.0≤Ca<2.0	45.0	1.0	1.0	0.7	1.0	余量
REMgSiFe-03CeB	195103B	2.0≤RE<4.0	≥46	6.0≤Mg<8.0	2.0≤Ca<3.5	45.0	1.0	1.0	0.7	1.0	余量
REMgSiFe-03CeC	195103C	2.0≤RE<4.0	≥46	7.0≤Mg<9.0	1.0≤Ca<2.0	45.0	1.0	1.0	0.8	1.0	余量
REMgSiFe-03CeD	195103D	2.0≤RE<4.0	≥46	7.0≤Mg<9.0	2.0≤Ca<3.5	45.0	1.0	1.0	0.8	1.0	余量
REMgSiFe-05CeA	195105A	4.0≤RE<6.0	≥46	7.0≤Mg<9.0	1.0≤Ca<2.0	44.0	2.0	1.0	0.8	1.0	余量
REMgSiFe-05CeB	195105B	4.0≤RE<6.0	≥46	7.0≤Mg<9.0	2.0≤Ca<3.0	44.0	2.0	1.0	0.8	1.0	余量
REMgSiFe-07CeA	195107A	6.0≤RE<8.0	≥46	7.0≤Mg<9.0	1.0≤Ca<2.0	44.0	2.0	1.0	0.8	1.0	余量
REMgSiFe-07CeB	195107B	6.0≤RE<8.0	≥46	7.0≤Mg<9.0	2.0≤Ca<3.0	44.0	2.0	1.0	0.8	1.0	余量
REMgSiFe-07CeC	195107C	6.0≤RE<8.0	≥46	9.0≤Mg<11.0	1.0≤Ca<3.0	44.0	2.0	1.0	1.0	1.0	余量

表 1-26 重稀土镁硅铁合金的牌号及化学成分（摘自 GB/T 4138—2015）

产品牌号		化学成分（质量分数,%）									
字符牌号	对应原数字牌号	RE	Y/RE	Mg	Ca	Si	Mn	Ti	MgO	Al	Fe
						不大于					
REMgSiFe-01YA	195301A	0.5≤RE<1.5	≥40	3.5≤Mg<4.5	1.0≤Ca<2.5	48	1	0.5	0.65	1.0	余量
REMgSiFe-01YB	195301B	0.5≤RE<1.5	≥40	5.5≤Mg<6.5	1.0≤Ca<2.5	48	1	0.5	0.65	1.0	余量
REMgSiFe-02YA	195302A	1.5≤RE<2.5	≥40	3.5≤Mg<4.5	1.0≤Ca<2.5	48	1	0.5	0.65	1.0	余量
REMgSiFe-02YB	195302B	1.5≤RE<2.5	≥40	4.5≤Mg<5.5	1.0≤Ca<2.5	48	1	0.5	0.65	1.0	余量
REMgSiFe-02YC	195302C	1.5≤RE<2.5	≥40	5.5≤Mg<6.5	1.0≤Ca<2.5	48	1	0.5	0.65	1.0	余量
REMgSiFe-03YA	195303A	2.5≤RE<3.5	≥40	5.5≤Mg<6.5	1.0≤Ca<2.5	48	1	0.5	0.65	1.0	余量
REMgSiFe-03YB	195303B	2.5≤RE<3.5	≥40	6.5≤Mg<7.5	1.0≤Ca<2.5	48	1	0.5	0.75	1.0	余量
REMgSiFe-03YC	195303C	2.5≤RE<3.5	≥40	7.5≤Mg<8.5	1.0≤Ca<2.5	48	1	0.5	0.85	1.0	余量
REMgSiFe-04Y	195304	3.5≤RE<4.5	≥40	5.5≤Mg<6.5	1.0≤Ca<2.5	46	1	0.5	0.65	1.0	余量
REMgSiFe-05Y	195305	4.5≤RE<5.5	≥40	6.0≤Mg<8.0	1.0≤Ca<3.0	46	1	0.5	0.8	1.0	余量
REMgSiFe-06Y	195306	5.5≤RE<6.5	≥40	6.0≤Mg<8.0	1.0≤Ca<3.0	46	1	0.5	0.8	1.0	余量
REMgSiFe-07Y	195307	6.5≤RE<7.5	≥40	7.0≤Mg<9.0	1.0≤Ca<3.0	44	1	0.5	1.0	1.0	余量
REMgSiFe-08Y	195308	7.5≤RE<8.5	≥40	7.0≤Mg<9.0	1.0≤Ca<3.0	44	1	0.5	1.0	1.0	余量

注：用于高韧性大断面球墨铸铁铸造，适量添加 Ba（<2%）、Bi（<0.5%）、Sb（<0.5%）。

表 1-27　稀土硅铁合金的牌号及化学成分（摘自 GB/T 4137—2015）

产品牌号		化学成分（质量分数,%）							
字符牌号	对应原数字牌号	RE	Ce/RE	Si	Mn	Ca	Ti	Al	Fe
					不大于				
RESiFe-23Ce	195023	21.0≤RE<24.0	≥46.0	≤44.0	2.5	5.0	1.5	1.0	余量
RESiFe-26Ce	195026	24.0≤RE<27.0	≥46.0	≤43.0	2.5	5.0	1.5	1.0	余量
RESiFe-29Ce	195029	27.0≤RE<30.0	≥46.0	≤42.0	2.0	5.0	1.5	1.0	余量
RESiFe-32Ce	195032	30.0≤RE<33.0	≥46.0	≤40.0	2.0	4.0	1.0	1.0	余量
RESiFe-35Ce	195035	33.0≤RE<36.0	≥46.0	≤39.0	2.0	4.0	1.0	1.0	余量
RESiFe-38Ce	195038	36.0≤RE<39.0	≥46.0	≤38.0	2.0	4.0	1.0	1.0	余量
RESiFe-41Ce	195041	39.0≤RE<42.0	≥46.0	≤37.0	2.0	4.0	1.0	1.0	余量
RESiFe-13Y	195213	10.0≤RE<15.0	≥45.0	48.0≤Si<50.0	6.0	2.5	1.5	1.0	余量
RESiFe-18Y	195218	15.0≤RE<20.0	≥45.0	48.0≤Si<50.0	6.0	2.5	1.5	1.0	余量
RESiFe-23Y	195223	20.0≤RE<25.0	≥45.0	43.0≤Si<48.0	6.0	2.5	1.5	1.0	余量
RESiFe-28Y	195228	25.0≤RE<30.0	≥45.0	43.0≤Si<48.0	6.0	2.0	1.5	1.0	余量
RESiFe-33Y	195233	30.0≤RE<35.0	≥45.0	40.0≤Si<45.0	6.0	2.0	1.0	1.0	余量
RESiFe-38Y	195238	35.0≤RE<40.0	≥45.0	40.0≤Si<45.0	6.0	2.0	1.0	1.0	余量

5）用稀土镁合金的球化处理方法。

① 冲入法。稀土镁合金密度较大，与铁液反应平稳，因此国内绝大多数企业皆用此法生产。

图 1-50 为冲入法示意图。处理包一般即为浇包，有堤坝式、凹坑式、复包式等多种形式。铁液分两次冲满，也有不少企业一次冲满的。

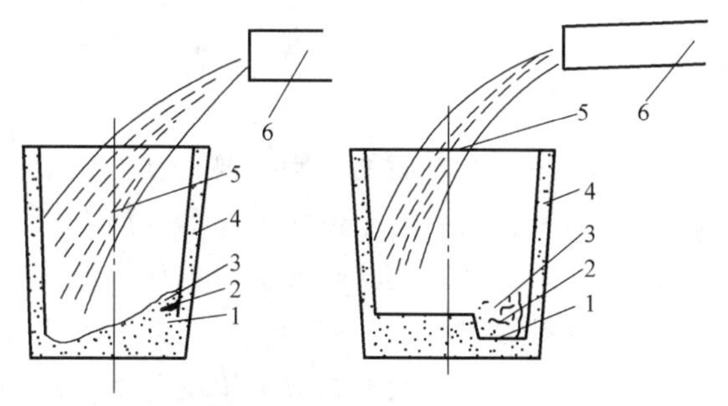

图 1-50　冲入法示意图

1—稀土镁合金　2—铁屑　3—草灰　4—处理包　5—铁液流　6—出铁槽

根据硫含量的高低、铁液温度及铸件壁厚，稀土镁合金的用量大致为处理铁液质量的1.3%~1.8%。

用冲入法处理时，镁的吸收率为40%~45%，处理时仍有闪光和浓烟。为解决此问题及提高镁的吸收率，不少企业采用了密流处理，即在炉前加一辅助处理室，铁液通过处理室（基本密封）后再流入浇包。还有不少企业采用加盖法处理，这样可改善劳动环境及节省球化剂。

② 型内球化法。型内球化法生产球墨铸铁目前在国外大量生产球墨铸铁的铸造流水线上得到广泛应用(大多数用硅铁镁合金)。它是通过把球化剂及孕育剂放置在浇注系统中特设的一个反应室内，使铁液在流经浇注系统时和反应室内的球化剂作用，从而得到球墨铸铁的一种处理方法，如图1-51所示。这种处理方法的优点为球化元素的吸收率高（达80%以上），所得球墨铸铁的性能比普通冲入法的高，特别是在抗拉强度较高的情况下断后伸长率也较高。此外，还克服了孕育衰退和球化衰退的问题。但是为了保证球化稳定，各种工艺因素（如球化剂成分，铁液温度、成分及原材料等）一定要保持稳定，冲天炉铁液因硫含量较高，故不适宜用此法。此外，在浇注系统中应设置良好的挡渣系统，以防止球化处理过程中产生的杂质进入铸型。

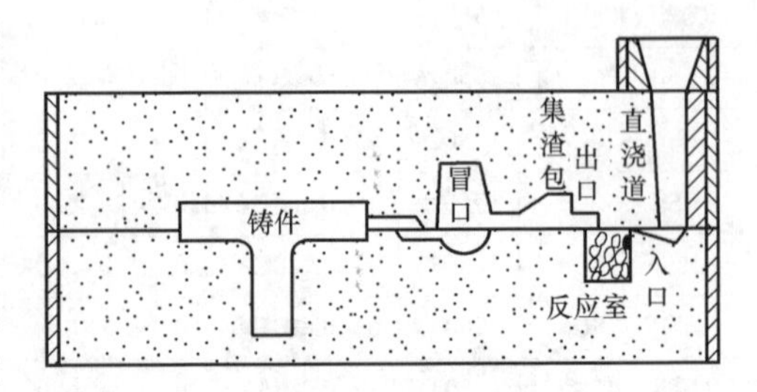

图1-51 型内球化处理工艺的示意图

(3) 孕育处理 孕育处理是球墨铸铁生产中的一个重要环节，至少有以下几个目的：

1) 消除结晶过冷倾向。球墨铸铁铁液的结晶过冷倾向较灰铸铁大，而且球墨铸铁的结晶过冷倾向不随铁液碳硅含量的高低而变化（图1-52)，因此尽管球墨铸铁的碳硅含量比一般灰铸铁高，但仍有较大的白口倾向。在球墨铸铁组织中常发现在共晶团边界上有片状碳化物析出，而在冷却较快条件下，常常会形成局部或全部白口组织。

球墨铸铁与灰铸铁在结晶过冷方面的区别主要是铁液中硫、氧含量不同。灰铸铁铁液中含有较多的硫和氧，因此易于形成大量的异质石墨晶核，促进灰口凝固；而球墨铸铁铁液则经过比较彻底的脱硫和脱氧，使铁液的纯净度提高，加上有球化元素的存在，因此石墨的形核较为困难，孕育处理的作用在于往铁液中引入外来的异质晶核，并在铁液中造成较大的硅的浓度起伏，从而促进石墨晶核的形成。球墨铸铁结晶过冷度大的另一方面原因在于镁和铈降低共晶转变温度（参看图1-45)，从而促使铸铁按照白口方式凝固。由于球墨铸铁铁液的共晶过冷度大，故在球化处理之后，必须进行有效的孕育，否则将导致薄壁和中等壁厚铸件

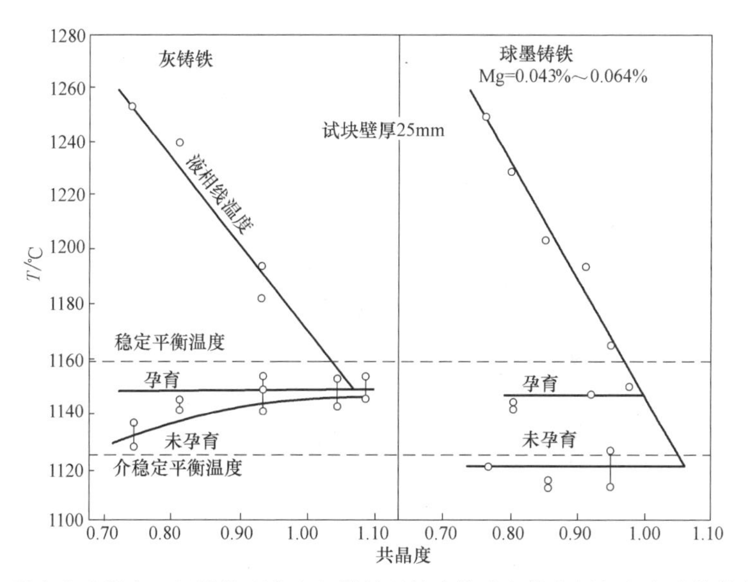

图 1-52 孕育和未孕育、经镁处理和未经镁处理铁液的液相线和固相温度随共晶度变化图

的白口倾向。

2）促进石墨球化。孕育处理能增加石墨核心，细化球状石墨，提高球状石墨生长的相对稳定性，提高石墨球的圆整度。

3）减小晶间偏析。在球墨铸铁共晶团的生长过程中，一些产生正偏析的元素如锰、磷等，均在结晶前沿富集，并于凝固终了时，在晶间处形成脆性相，造成铸铁的塑性和韧性下降。孕育处理使共晶团细化，从而可减小共晶团间的偏析程度，提高铸铁的塑性和韧性。

到目前为止，虽然有各种专用孕育剂作为商品出售，但生产中仍广泛应用 Si = 75%的硅铁做孕育剂，其主要原因是其来源广泛。在球墨铸铁生产中，孕育剂的加入量比孕育铸铁多。由于孕育处理对基体组织的形成也会产生较大的影响，故对不同基体组织的球墨铸铁采用不同的孕育剂加入量。此外，孕育剂的加入量还和孕育处理的方法有关。球墨铸铁在球化或孕育处理中会带入铁液较多的硅，而过高的硅会降低球墨铸铁的塑性和韧性，因此需对铁液孕育后的终硅量加以控制。

孕育效果会极大地影响球墨铸铁力学性能，因此针对球墨铸铁的各种孕育剂及孕育处理方法的研究比灰铸铁进行得更深入。研究和开发工作主要围绕两方面来进行：一方面是对能长时间保持孕育效果的所谓“长效孕育剂”的研究，如近年来发展了各种含钡、锶、锆或锰的硅基孕育剂，表 1-28 列出了这类典型孕育剂的化学成分及用途特点；另一方面的研究开发工作是在孕育处理方法上，主要朝着滞后孕育方面发展。应该说，一种好的且实用的孕育方法应该简便易行，能避免孕育衰退并节省孕育剂。目前采用的主要方法如下：

表 1-28　球墨铸铁常用孕育剂的化学成分及用途特点

名称	化学成分（%）								用途特点
	Si	Ca	Al	Ba	Mn	Sr	Bi	Fe	
硅铁 1	74～79	0.5～1	0.8～1.6	—	—	—	—	其余	常规
硅铁 2	74～79	<0.5	0.8～1.6	—	—	—	—		常规
钡硅铁 1	60～65	0.8～2.2	1.0～2.0	4～6	8～10	—	—		长效、大件、熔点低
钡硅铁 2	63～68	0.8～2.2	1.0～2.0	4～6	—	—	—		长效、大件
锶硅铁	73～78	≤0.1	≤0.5	—	—	0.6～1.2	—		薄壁件、高镍耐蚀铸件①
硅钙	60～65	25～30	—	—	—	—	—	—	高温铁液
铋	—	—	—	—	—	—	≥99.5		与硅铁复合、薄壁件

① 例如 Ni = 14%、Cu = 6%、Cr = 2%、Si = 15%的耐蚀球墨铸铁。

1）炉前一次孕育和多次孕育。与灰铸铁的孕育方法相似，所不同的是孕育剂量使用较多。例如珠光体球墨铸铁一般所需孕育剂为铁液质量的 0.5%～1.0%，铁素体球墨铸铁则需要 0.8%～1.4%。

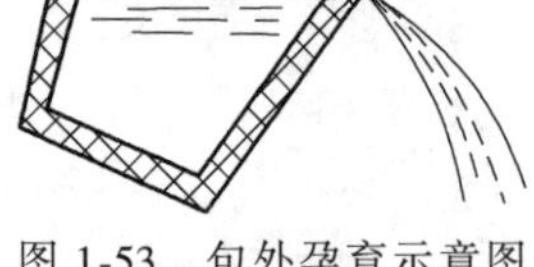

图 1-53　包外孕育示意图

为了改善孕育效果，除在炉前进行一次孕育外，在铁液转包时再进行一次甚至多次的孕育，这种方法较炉前一次孕育法有较好的效果，而且可减少孕育剂总的加入量。

2）瞬时孕育。从孕育效果随时间的变化，可看出瞬时孕育的原理及作用。瞬时孕育的种类有包外孕育（图 1-53）、浇口杯孕育（图 1-54）、硅铁棒浇包孕育（图 1-55）、浮硅孕育（图 1-56）、插丝法孕育和型内孕育等。

瞬时孕育工艺达到了强化孕育效果、改善金相组织（主要是石墨球的细化）、提高力学性能、降低孕育剂消耗（实质上真正的有效需要剂量是很少的）及降低铁液终硅量的目的，因此从事物内在的规律上来认识，现在不少企业采用的一次大剂量孕育工艺并不符合孕育的真正含义，应该加以改进，使之达到既能强化孕育效果，又能提高力学性能的目的。近年来国内外所研究的各种瞬时孕育方法正是按这种指导思想进行的。

3. 球墨铸铁的质量控制技术

在球化和孕育处理后，首先必须对铁液的处理效果进行迅速准确的判断，方能进行浇注，因此必须进行炉前控制检验。常用方法有炉前试块法（可用圆形及三角形试块）、火苗判断法、热分析法及炉前快速金相法等，其中用得较广泛的是炉前试块法和热分析法。

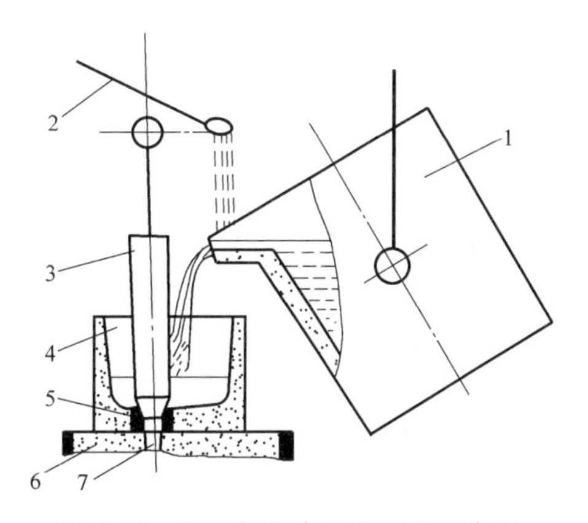

图 1-54　浇口杯孕育处理工艺示意图

1—浇包　2—小勺（加硅铁）　3—石墨塞

4—浇口杯　5—油砂芯　6—铸型　7—直浇道

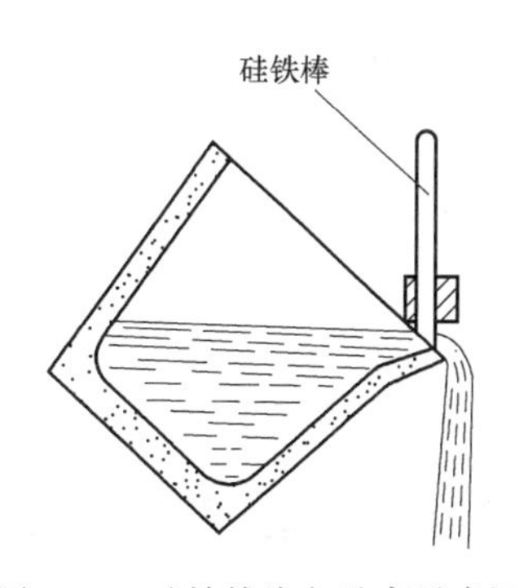

图 1-55　硅铁棒浇包孕育示意图

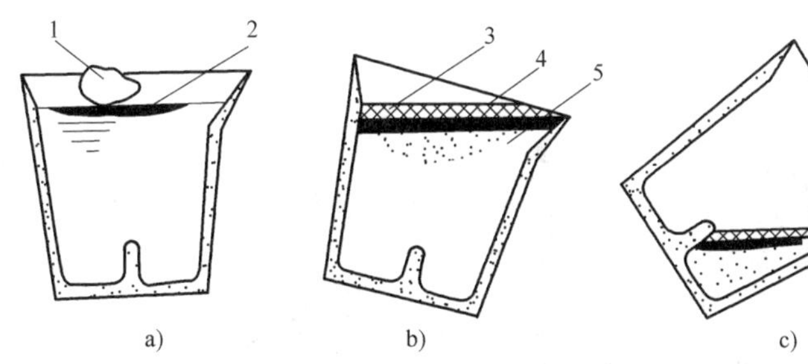

图 1-56　浮硅孕育示意图

a）孕育处理　b）开始浇注　c）浇注终了

1—硅铁块　2—开始形成的富硅层　3—草灰　4—富硅层　5—掺和层

（1）炉前试块法　炉前试块（三角形试块）法是根据试块的断口色泽和敲击时发出的声音来判断孕育和球化效果的好坏。球化良好时，断口晶粒较细，具有银白色光泽，试样尖端有白口，中间有缩松，敲击时发出清脆的、类似于钢的声音。

（2）热分析法　热分析法是将处理好的铁液浇入特定的试样杯中，试样杯中的热电偶将铁液的温度变化信号传送到记录仪器上，仪器绘出冷却曲线，通常曲线形式如图 1-57 所示。根据共晶回升温度 ΔT 来判断球化情况。

此外，由于石墨形状的不同，使得铸铁本身的共振频率及超声波传递速度发生变化，由此通过测定成品铸件的共振频率及超声波速度，可有效地判断球化情况。图 1-58 所示为不同石墨组织铸件的抗拉强度与超声波速度或共振频率的对应关系。超声波速度是直接在直径为 30mm 的试棒上测定的，共振频率是在 ϕ19mm×190mm 上测定的，目前这种方法已广泛应用于球墨铸铁的生产线中进行

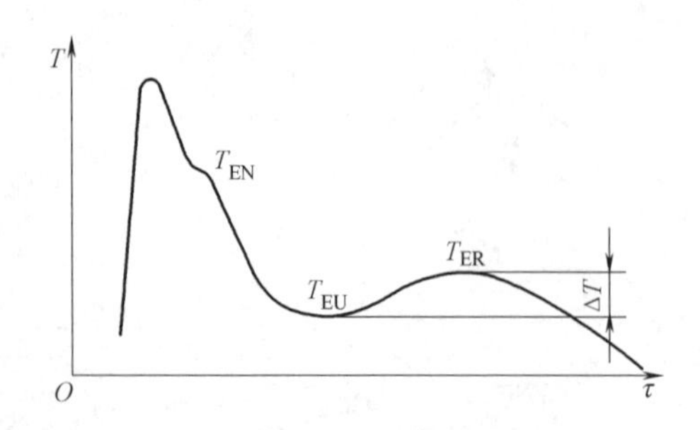

图 1-57 球墨铸铁热分析法记录的冷却曲线形式

ΔT 与球化级别的对应关系：$\Delta T<5$K，球化良好；$\Delta T=6\sim12$K，球化中等；$\Delta T>12$K，球化不良

在线检查，并已有检测仪器产品提供。但需注意的是，音频检测必须事先对合格、不合格铸件进行标定，提供出标定范围。

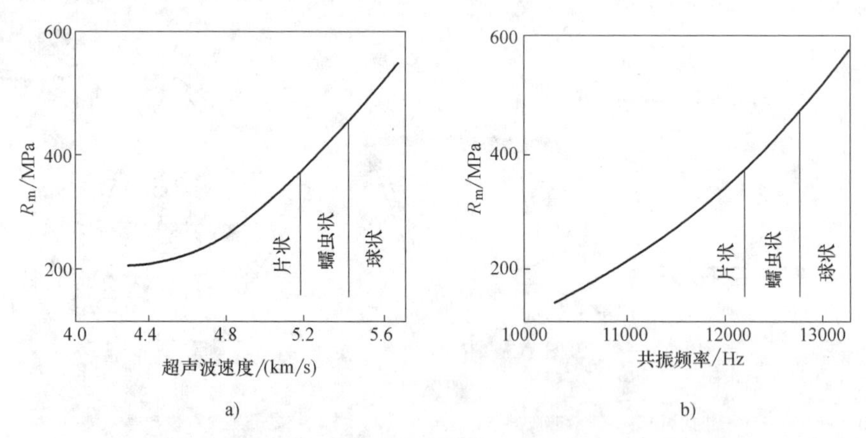

图 1-58 不同石墨组织铸件的抗拉强度与超声波速度或共振频率的对应关系

a）抗拉强度与超声波速度的对应关系 b）抗拉强度与共振频率的对应关系

1.2.3.3 球墨铸铁的铸造性能及常见缺陷

球墨铸铁的铸造性能是与球墨铸铁铁液的凝固特点密切相关的。了解其凝固特点，便可从本质上理解球墨铸铁的铸造性能特点，对于正确制订球墨铸铁的铸造工艺及防止缺陷的产生都是十分有益的。

1. 球墨铸铁的凝固特点

球墨铸铁的凝固特点与灰铸铁有明显的差异，主要表现在：

(1) 球墨铸铁有较宽的共晶凝固温度范围 由于球墨铸铁共晶凝固时石墨-奥氏体两相的离异生长特点，使球墨铸铁的共晶团生长到一定程度后（奥氏体在石墨球外围形成完整的外壳），其生长速度明显减慢，或基本不再生长。此时共晶凝固的进行要借助于温度进一步降低来获得动力，产生新的晶核。因此共晶转变需要在一个较大的温度区间才能完成。据测定，通常球墨铸铁的共晶凝固温度范围是灰铸铁的一倍以上。

(2) 球墨铸铁的糊状凝固特性　由于球墨铸铁的共晶凝固温度范围较灰铸铁宽，从而使得铸件凝固时，在温度梯度相同的情况下，球墨铸铁的液-固两相区宽度比灰铸铁大得多，如图1-59所示。这种更大的液-固两相区范围，使球墨铸铁件表现出具有较强的糊状凝固特性。此外，大的共晶凝固温度范围，也使得球墨铸铁的凝固时间比灰铸铁及其他合金要长。

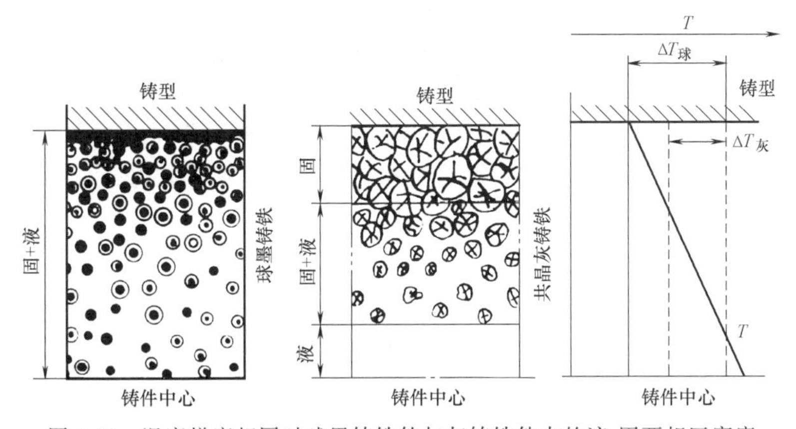

图1-59　温度梯度相同时球墨铸铁件与灰铸铁件中的液-固两相区宽度

(3) 球墨铸铁具有较大的共晶膨胀　由于球墨铸铁的糊状凝固特性以及共晶凝固时间较长，使凝固时球墨铸铁件的外壳长期处于较软的状态，而在共晶凝固过程中，溶解在铁液中的碳以石墨的形式结晶出来时，其体积约比原来增加2倍。这种由于石墨化膨胀所产生的膨胀力可高达 $(5.065\sim10.13)\times10^5$Pa(5~10个标准大气压)，此力通过较软的铸件外壳传递给铸型，将足以使砂型退让，从而导致铸件外形尺寸胀大。值得注意的是，如果采用刚度很高的铸型（如金属型或金属型覆砂），由于铸型抵抗变形的能力增加，则可使铸件胀大的倾向减小，因此对球墨铸铁而言，虽具有较大的共晶膨胀力，但铸件实际胀大量的多少，则直接与铸型刚度有关。

2. 球墨铸铁的铸造性能

(1) 流动性　铁液经球化处理后，因为脱硫、去气和去除了部分金属夹杂物，使铁液净化，对提高流动性是有利的，所以在化学成分和浇注温度相同时，球墨铸铁的流动性较灰铸铁好。但通常由于铁液经球化、孕育处理后，温度降低较多，从而使实际的浇注温度偏低，再加之铁液中含有一定量的镁，会使铁液的表面张力增加，故在实际生产中往往感到流动性较灰铸铁差。因此为改善其充填铸型的能力，应适当注意提高球墨铸铁的浇注温度。

(2) 收缩特性　铸件从高温到低温各阶段中的收缩或膨胀可通过其一维方向的尺寸变化或三维方向的体积变化量来描述，前者称为线收缩量，后者称为体收缩量，它们的大小直接影响铸件的缩孔和缩松倾向以及铸件的尺寸精度。如前所述，球墨铸铁与其他合金不同，其收缩倾向的大小不但与合金本身的特性有关，而且取决于铸型的刚度。图 1-60 所示为在成分、浇注温度和铸型刚度大致相同的条件下灰铸铁和球墨铸铁的自由线收缩曲线，由此可见其收缩过程基本相同，两者的显著差别在于球墨铸铁收缩前的膨胀要比灰铸铁大得多，因此总的线收缩值显得较小，但这只是在其膨胀受阻较小时才是如此。在实际铸件中，若铸型刚度增大，将使这部分膨胀量减小，最终可能会和灰铸铁接近。铸型刚度变化在影响线收缩值和体收缩值大小的同时，也直接影响铸件的致密程度，当铸型刚度较小时，共晶石墨化膨胀使得铸件外壳胀大，增加了铸件内部缩孔和缩松的数量，使铸件致密性下降。图 1-61 所示为铸型刚度对铸件致密性的影响。

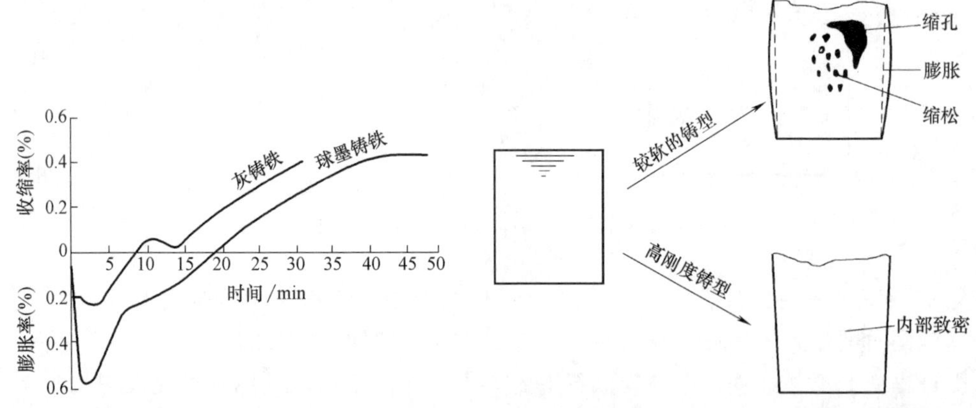

图 1-60　球墨铸铁和灰铸铁的自由收缩曲线

图 1-61　铸型刚度对铸件致密性的影响

(3) 内应力　球墨铸铁的弹性模量（160000~180000MPa）较灰铸铁大，加之其导热系数又较灰铸铁低，因此无论是收缩应力还是温差应力均较灰铸铁大。这样，球墨铸铁件的变形及开裂倾向均高于灰铸铁件，故应在铸件结构设计上和铸造工艺上采取相应的防止措施。

3. 常见缺陷及其防止

在球墨铸铁生产中，除会产生一般的铸造缺陷外，还经常会产生一些特有的缺陷。主要有：缩孔及缩松、夹渣、石墨漂浮、皮下气孔和球化衰退等。

(1) 缩孔及缩松　球墨铸铁形成缩孔及缩松的倾向都很大，这与其凝固特性及共晶团的生长方式密切相关。为了有效地防止缩孔和缩松的产生，采取下列工艺措施是必要的：

1) 加大铸型刚度，以帮助球墨铸铁件较软的外壳抵抗由于石墨化膨胀所产生的使外壳胀大的倾向，从而使铸件外壳保持原有的形状。这样，铸件需要补缩的体积不致因外壳的胀大而增加。这一措施可使石墨化膨胀所产生的巨大膨胀力作用于正在生长的共晶团，从而有效地消除共晶团间的微观缩松。目前生产中常用的高刚度铸型如水泥型、金属型等，对于防止球墨铸铁的缩松都有较好的效果。

2）增加石墨化膨胀的体积。通过适当增加碳含量，并配合以有效的孕育处理，使球墨铸铁中石墨的数量增加而尽量避免自由渗碳体的产生，从而可提高铸件的自补缩能力。

如果上述两条措施配合恰当，实现球墨铸铁件的无冒口铸造是可能的，生产实践经验已充分证实了这一点。

3）采用适宜的浇注温度，以减少液态收缩值。

4）结合生产条件，合理地选用冒口或冒口加冷铁的防止收缩缺陷的工艺。

（2）夹渣　夹渣通常称黑渣，多出现在铸件浇注位置的上平面或型芯下表面部位。根据夹渣形成的时间不同，可将其分为一次夹渣和二次夹渣。前者是由于在球化处理时产生的氧化物及硫氧化物等在浇注之前未清除干净，随铁液浇入铸型所致。后者是在浇铸过程中以及在铁液尚未在铸型中凝固以前的一段时间内产生的渣。一次渣的尺寸较大，二次渣一般很细小，在铸件的加工表面上表现为暗灰色无光泽的斑纹或云片状。夹渣缺陷严重影响铸件的力学性能，特别是硬度、韧性及耐磨性，并能导致耐压铸件发生渗漏。其防止措施主要有：

1）尽量降低原铁液的含硫量。

2）在保证石墨球化条件下，降低铁液的残留镁量和残留稀土量。

3）提高浇注温度，应不低于1350℃。

4）浇注前将铁液表面的熔渣清除干净。必要时可在铁液表面用相当于铁液质量0.1%~0.3%的冰晶石（Na_3AlFe_6）除渣和覆盖。冰晶石能稀释熔渣，使其便于收集和清除。冰晶石受热分解生成的AlF_3气体能保护铁液表面，防止氧化，但这种气体对人体健康有害，故应用时应加强防护。

（3）石墨漂浮　石墨漂浮发生在铁液的碳硅含量过高的情况下。漂浮石墨在铸件上出现的部位与夹渣相同，但颜色有区别，夹渣一般呈暗灰色，而石墨呈黑色，在偏光显微镜下更易于鉴别。此外，夹渣可用磁粉检测法或硫印法显示，而漂浮石墨则显示不出。石墨漂浮使铸铁的力学性能显著降低。防止石墨漂浮的主要措施有：

1）严格控制碳当量。将碳当量控制在4.7%以下。厚壁铸件由于凝固慢，易于发生石墨漂浮，故碳当量应控制在更低的范围内。

2）降低原铁液的硅含量。在碳当量不变的条件下，适当降低硅含量，有助于防止发生石墨漂浮。为此可采用低硅原铁液、改进孕育处理方法、增强孕育效果的措施。

（4）皮下气孔　皮下气孔经常出现在球墨铸铁件的表皮层内，一般位于皮下0.5~2mm处，呈细小的圆形或椭圆形孔洞，其直径多在1~2mm，气孔的内表面常覆有石墨薄膜，因此无光泽。产生皮下气孔缺陷的多是中等壁厚（10~20mm）铸件，极薄或很厚的铸件一般不会产生。

关于球墨铸铁件形成皮下气孔的原因，有不同的解释，比较公认的解释是铁液中的残留镁与砂型中的水分进行反应而释放出氢气

$$Mg+H_2O \rightarrow MgO+H_2\uparrow$$

也有一种论点认为是铁液中夹带的黑渣MgS与水蒸气进行反应而释放出硫化氢气体

$$MgS+H_2O \rightarrow MgO+H_2S\uparrow$$

这些释放出来的气体侵入铸件内，即形成气孔。防止球墨铸铁件产生皮下气孔的主要措施是严格控制铁液的残留镁量及型砂的水分含量。在采用湿型铸造时，可在型砂中加入适量的煤粉，利用煤粉在高温作用下发生汽化和燃烧产生惰性气体，在铸型表面与铸件之间建立一定的气体压力，形成气体隔层，这对防止产生皮下气孔有一定的效果。

（5）球化衰退　球化衰退的特征：处理过的同一包铁液，先浇注的铸件球化良好，而后浇注的球化不良；或是炉前检验球化良好，但在铸件上出现球化不良。这说明球化处理后的铁液在停留一定时间后，球化效果会下降甚至消失，这种现象称为球化衰退。产生这一现象的原因：一方面和镁、稀土元素不断由铁液中逃逸减少有关，另一方面也和孕育作用不断衰退有关。这两种原因引起的现象有所不同，在金相组织上也可加以区别。

铁液中球化元素的逃逸通常可通过氧化损失、回硫及燃烧损失几种方式进行。防止球化衰退的措施如下：

1）铁液中应保持有足够的球化元素含量。

2）降低原铁液中的含硫量，并防止铁液氧化。

3）缩短铁液经球化处理后的停留时间。

4）铁液经球化处理并扒渣后，为防止镁及稀土元素逃逸，可以用覆盖剂将铁液表面覆盖严，以隔绝空气。

1.2.3.4　球墨铸铁的热处理

热处理对于球墨铸铁具有特殊的作用。由于石墨的有利形状，使得它对基体的破坏作用减小到了最低程度，因此通过各种改变基体组织的热处理手段，可大幅度地调整和改善球墨铸铁的性能，满足不同服役条件的要求。与钢相比，球墨铸铁的热处理有相同之处，也有不同之处，其不同之处是由于球墨铸铁的成分及组织特点造成的，是属于铸铁的共性。了解了这些共性不仅对球墨铸铁，而且对其他铸铁的热处理工艺参数的制订都是十分有益的。这里，首先介绍铸铁热处理

的特点，再分别阐述球墨铸铁的主要热处理工艺。

1. 铸铁热处理的特点

从铸铁金相组织特点看，下列各点是铸铁所特有的：

1）铸铁是 Fe-C-Si 三元合金，其共析转变有一较宽的温度范围。在此温度范围内有铁素体、奥氏体和石墨的稳定平衡及铁素体、奥氏体及渗碳体的介稳定平衡。在此范围内的不同温度都对应着铁素体和奥氏体的不同平衡数量。这样，只要控制不同的加热温度和保温时间，冷却后即可获得不同比例的铁素体和珠光体基体组织，因而可较大幅度地调整铸铁的力学性能。

2）铸铁组织的最大特点是有高碳相，它在热处理过程中虽无相变，但却会参与基体组织的变化过程。在加热过程中，奥氏体中碳的平衡浓度要增加，碳原子会从高碳相向奥氏体中扩散并溶入。当冷却时，由于奥氏体中碳的平衡浓度要降低，因此又会伴随碳原子向高碳相沉积或析出。因此在热处理过程中，高碳相相当于一个碳的集散地，如果控制热处理的温度及保温时间，就可控制奥氏体中碳的浓度，再依照不同的冷却速度，就可获得不同的组织及性能。

3）铸铁中的杂质含量比钢高，在一次结晶后共晶团的晶内和晶界处成分往往会有较大差异，通常晶内硅含量偏高，而晶界处则锰、磷、硫含量偏高，此外，由于凝固过程的差异，即使同样在共晶团晶界处，也会产生一些成分的差异。这种成分的偏析，使热处理后的组织在微观上产生一些差异。

2. 球墨铸铁的退火处理

退火的目的是去除铸态组织中的自由渗碳体及获得铁素体球墨铸铁。根据铸态组织中有无自由渗碳体，可分别采取高温石墨化退火和低温石墨化退火。高温石墨化退火是将铸件加热到 Ac_3 以上 50~100℃（通常为 900~950℃），保温时间依自由渗碳体分解速度而定，通常为 2~4h。高温石墨化退火终了时，铸铁组织由球状石墨和奥氏体组成。

为使珠光体分解成为铁素体和石墨，需进行低温石墨化退火。可采取两种不同的方式：一种为加热到 Ac_1 以上温度获得奥氏体基体后，让铸件缓慢通过共析转变温度区，使奥氏体直接按稳定系进行共析转变，形成铁素体和石墨。另一种为在 Ac_1 温度以下加热并保温，使珠光体分解成为铁素体和石墨。硅使 Ac_1 温度提高，因此在选择退火温度时应依据不同的硅含量来确定加热温度。此外，保温时间的长短完全取决于珠光体的分解速度，故当铸件的锰含量偏高，且含有如铬、铜、钛、锡等稳定碳化物元素时，退火时间应相应延长。退火完成后，铸件随炉冷至 550~600℃后出炉空冷，以免产生缓冷脆性。已经产生缓冷脆性的铸件可通过加热到缓冷脆性形成温度以上再速冷的方式来消除。

3. 球墨铸铁的正火处理

正火处理的目的在于增加金属基体中珠光体的含量和提高珠光体的分散度。

当铸态存在自由渗碳体时，在正火前必须进行高温石墨化退火，以消除自由渗碳体，此时的退火温度应比铁素体球墨铸铁的退火温度高10~20℃。这种差别的原因在于珠光体球墨铸铁的锰含量较铁素体球墨铸铁高，因而铸态组织中的渗碳体较难分解。

根据正火温度的不同，可分为高温完全奥氏体化正火（Ac_1 上限加30~50℃）和部分奥氏体化正火（Ac_1 上、下限之间）。前者是以获得尽可能多的珠光体组织为目的。这种球墨铸铁的强度、硬度较高，但塑性、韧性一般较低。后者因加热温度处于奥氏体、铁素体和石墨三相共存区域，仅有部分基体转成奥氏体，而剩下的部分铁素体则以分散形式分布，故称部分奥氏体化正火。转变成奥氏体的部分在随后的冷却过程中转变成珠光体，因此正火后的组织特征为铁素体被珠光体分割呈分散状或破碎状。这种铸铁组织使球墨铸铁在具有良好强度性能的同时，具有较高的断后伸长率和韧性。

为了获得珠光体基体，还可采用淬火-高温回火的调质处理，得到回火索氏体组织。这种基体组织使球墨铸铁具有高的强度及良好的韧性。其热处理制度通常为加热到完全奥氏体化温度后油淬，然后再加热到620℃左右回火。

4. 球墨铸铁的等温淬火处理

得到贝氏体或奥氏体-贝氏体基体组织的球墨铸铁需进行等温淬火处理。前者淬火液的温度较低，通常所得产物为下贝氏体。后者一般采用较高温度的淬火液，通常所得组织为奥氏体加上贝氏体。此外，通过合金化等工艺措施，在铸态获得具有奥氏体-贝氏体基体组织的球墨铸铁，国内外也进行了初步的研究。

图1-62所示为含有钼、铜合金球墨铸铁的奥氏体等温转变曲线。图1-63所示为等温淬火工艺与奥氏体等温曲线的关系。采用等温淬火的必要性在于奥氏体-贝氏体相变温度很低（260~370℃），在这样的温度条件下原子的活动能力很低，相变需要较长的时间，而铸件在铸型内冷却或连续冷却的热处理过程中通过这一温度区间的时间短暂，奥氏体-贝氏体相变来不及完成，故需要在固定的相变温度下进行淬火处理。等温淬火时间一般为60~90min，依铸件壁厚而定。铸件的加热可在盐浴炉或一般的热处理用电炉中进行，而等温淬火则是在盐浴炉中进行，以保证淬火温度准确和稳定，并使铸件各部位的温度均匀。

球墨铸铁经过等温淬火后，在贝氏体基体中常出现一些淬火马氏体和残留奥氏体。淬火马氏体的存在增加了球墨铸铁的脆性。为了消除脆性，可通过低温（250℃左右）回火，使淬火马氏体转变为回火马氏体。回火温度应不超过300℃，以免贝氏体发生分解。等温淬火后回火温度对力学性能的影响如图1-64所示。

奥氏体-贝氏体球墨铸铁的组织性能在很大程度上取决于等温处理工艺，而等温温度和等温时间是两个最主要的影响因素。等温温度高时，材质的韧性要好

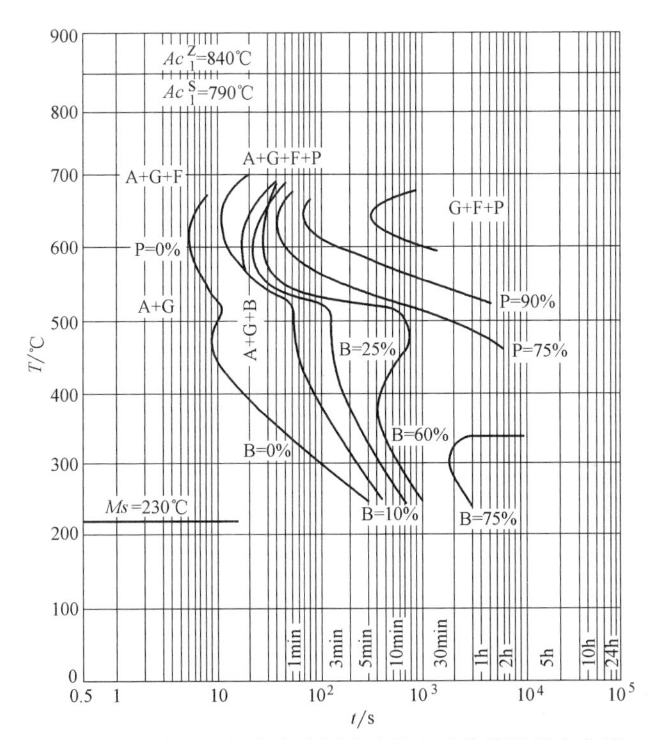

图 1-62　含有钼、铜合金球墨铸铁的奥氏体等温转变曲线

铸铁成分：C = 3.5%、Si = 2.9%、Mn = 0.265%、P = 0.08%、

Mo = 0.194%、Cu = 0.62%、RE = 0.028%、Mg = 0.039%

曲线注释中 B = 0%、10%、25%、60%、75%和 P = 75%、90%等分别表示

奥氏体-贝氏体转变和奥氏体-珠光体转变完成的百分数

些，但强度和硬度有一些损失，如图 1-65 所示。等温温度为 330～350℃时，基体组织主要为上贝氏体和奥氏体（习惯上称奥贝球墨铸铁）；等温温度为 300～330℃时，基体组织中的贝氏体主要为下贝氏体（习惯上称贝氏体球墨铸铁），对应的贝氏体球墨铸铁的强度及硬度较高，耐磨性较好。奥贝球墨铸铁常用的等温处理温度为 350～370℃，等温温度除造成贝氏体形貌不同外，还使基体中残留奥氏体的数量不同，这也是造成其性能差别的原因之一。

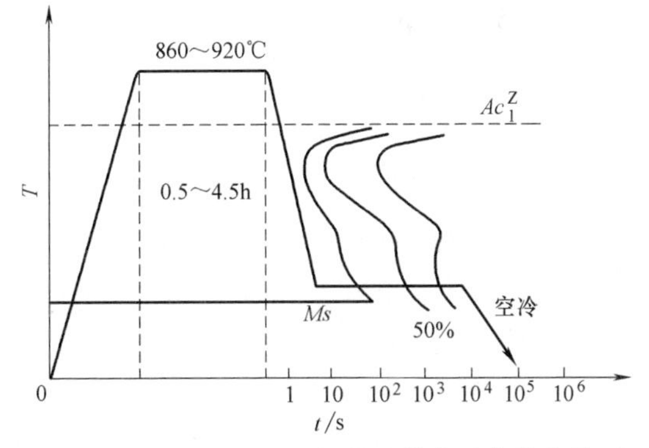

图 1-63　等温淬火工艺与奥氏体等温曲线的关系

（曲线注释中 50%表明奥氏体等温分解完成的百分数）

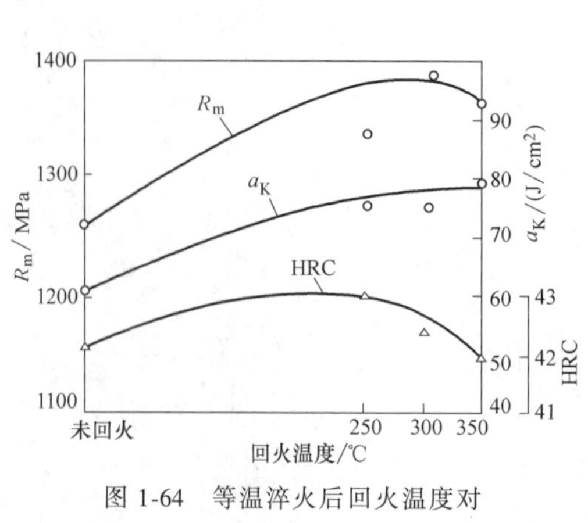

图 1-64 等温淬火后回火温度对力学性能的影响

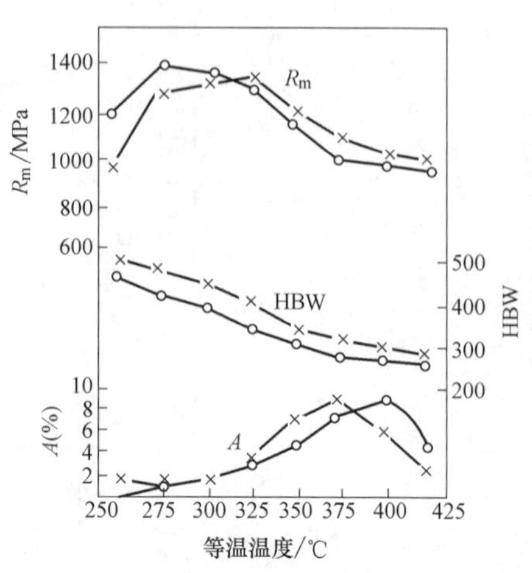

图 1-65 等温温度对抗拉强度、硬度和韧性的影响

（图中×和○表示化学成分稍有不同的两种球墨铸铁）

奥氏体-贝氏体球墨铸铁的组织还受等温时间的影响。等温时间短时，奥氏体转变为贝氏体的量较少，未转变奥氏体的富碳量还不够，从而使奥氏体在随后的冷却过程中稳定性不够，会分解形成马氏体，严重影响材质的韧性。等温时间过长，又会使形成的贝氏体型铁素体间析出碳化物，且残留奥氏体数量减少，从而影响其韧性。为了获得适当的奥氏体-贝氏体比例，并避免组织中出现马氏体或碳化物，应使等温处理时间适当，有人将这段合适的等温时间区间称为“窗口”，如图 1-66 中的 t_1 ~ t_2 阶段。在这一阶段时间内等温将获得最好的性能。据此，把等温过程分为三个阶段，t_1 以前为第一阶段，这一阶段中随贝氏体型铁素体量增加，奥氏体中碳的富集度增加，稳定性逐渐增加；当奥氏体的 *Ms* 点降到室温以下时，进入第二阶段，这一阶段是最佳等温时间阶段；t_2 以后为第三阶段，这一阶段由于贝氏体型铁素体间碳化物的析出，贝氏体数量进一步增加，奥氏体量降低，使韧性变差。经不同时间等温后奥氏体-贝氏体球墨铸铁的室温组织与等温时间的关系如图 1-67 所示。显然，获得最佳性能的等温时间间隔（t_1 ~ t_2 段）越长，对于热处理的控制越方便，而在非合金球墨铸铁的条件下，这一时间间隔大约只有 10min，这在实际生产上是很难控制的。特别是对于壁较厚的铸件，要达到铸件的均热，需要一个较长的时间，因此拓宽等温处理的时间范围是很重要的，而解决问题的关键在于推迟或完全抑制从奥氏体中析出碳化物的过程。在铸铁化学成分中加入适量钼、镍和铜，不仅能为等温淬火创造条件，而且可有效地抑制析出碳化物的过程，从而显著拓宽合适的等温处理时间范围（t_1 ~

t_2 段)。通常，这三个元素配合使用能获得更好的效果，它们的具体加入量视铸件的具体情况（主要为壁厚）而定。

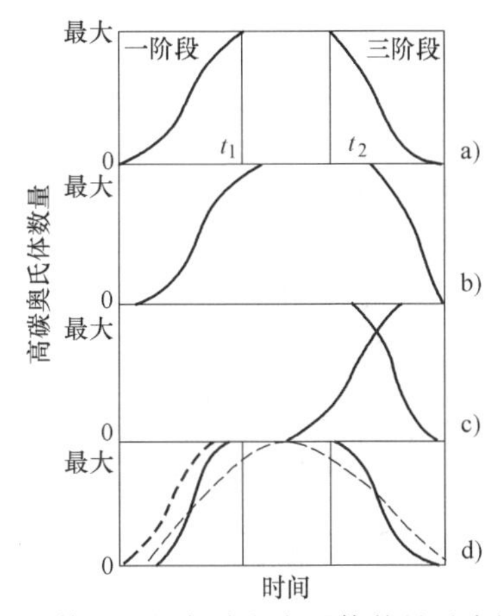

图 1-66　等温时间与残留奥氏体数量示意图
a）宽的窗口　b）窗口进一步加宽
c）封闭的窗口　d）宽的窗口
------由于元素偏析使窗口闭合
------低的奥氏体化温度使窗口打开

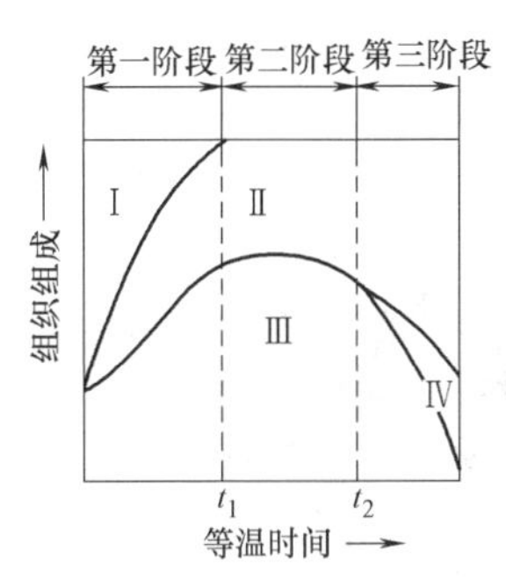

图 1-67　经不同时间等温后奥氏体-贝氏体球墨铸铁的室温组织与等温时间的关系
Ⅰ—马氏体　Ⅱ—贝氏体
Ⅲ—奥氏体　Ⅳ—碳化物

5. 球墨铸铁的表面处理

为了提高球墨铸铁件的各种表面性能，如硬度、耐磨性、耐蚀性等，可对球墨铸铁件进行各种表面热处理。根据处理过程是否改变表层组织的成分，大致可分为两类：

（1）不改变表层成分的热处理　在这一类表面热处理中，以往用得最多的方式是表面感应淬火和火焰淬火，而近年来随着大功率激光器的工业化，又出现了激光表面硬化的热处理。这一类表面热处理的共同特点：采用不同形式的加热源，使铸件表层一定深度内的组织被加热到相变温度以上，再以较快速度使表层冷却，从而使表层一定深度内的组织产生相变而达到硬化的目的，而铸件心部则由于加热温度低或根本未被加热，而保持其原有组织与性能。

（2）改变表层成分的热处理　各种化学热处理如渗氮、碳氮共渗、氮碳共渗等，通过对铸件表面渗入一定量的强化元素，而使表层的组织与性能得到改善。近年来使用大功率激光器对铸件某些工作表面进行熔覆处理，也可认为是一种表面的热处理，但其原理和前述在固态下的化学热处理有所不同，后者是通过大功率激光束照射在表面涂有待渗粉末的工件上，使表层一定深度熔化，此后快速凝固而得到表面具有一定厚度涂层的冶金过程，也即快速凝固而得到具有和心部不同成分和组织的铸件表面。随工艺参数的改进，有些激光处理已可使表层形成非晶层，从而大幅度地改善表层组织和性能。

1.2.3.5 球墨铸铁生产中的几个特殊问题

1. 关于大断面球墨铸铁件的生产

通常把壁厚为100mm以上的球墨铸铁件称为大断面球墨铸铁件。由于断面厚大，使铸件的凝固冷却速度缓慢，共晶转变时间长，由此而造成的组织特点是石墨数量少，石墨的形状差（易出现碎块状石墨），而且直径大（如ϕ300mm试块，石墨只有10~20个/mm^2，直径达100~300μm，有的甚至到400μm）。此外，基体组织中易产生铁素体，成分偏析严重，由于成分偏析所产生的碳化物，经长时间的热处理也很难消除，并且晶粒粗大、缩松及黑斑等缺陷也经常出现。由于上述原因，使其力学性能内外相差较大，性能总体水平低，且波动很大。

近年来通过大量研究工作，一些工业发达国家已基本解决了上述问题。主要采取严格控制化学成分，加强工艺措施，特别是采取了强制冷却等措施，取得了良好的效果。

在化学成分上，除严格控制低的磷（<0.04%）、硫（最好<0.01%）以及其他杂质元素含量外，希望有适中的碳当量（4.1%~4.4%）及偏低的硅含量（2.0%~2.4%），因为硅含量高易生成异形石墨，降低力学性能。

近期研究表明，添加微量Sb及控制RE的加入并强化孕育处理工艺是消除碎块状畸形石墨、获得满意的球状石墨的有力措施。这是因为Sb作为添加剂适量加入时，有强烈的表面吸附特性，富集在石墨界面处，而强化孕育可使石墨细化，因而有利于获得球状石墨，该经验已在大断面球墨铸铁的生产中得到证实。

在铸型条件上，为提高冷却速度，各种型砂均难以满足大断面球墨铸铁的要求，因此提高冷却速度的方法是大量使用冷铁、金属型或型内通气及通水的强制冷却方法。

2. 关于薄壁铸态球墨铸铁件的生产

机械零件的轻量化是节约资源、节省能源的有效对策之一，因此对于薄壁球墨铸铁件的开发正日益引起人们的重视。

薄壁球墨铸铁件通常指壁厚仅为几毫米的球墨铸铁件。由于壁薄，共晶凝固时冷却速度极快，因此如何抑制白口组织的出现就成为薄壁球墨铸铁件要解决的首要问题。

在铸铁凝固时，存在石墨共晶与渗碳体共晶两种共晶形式，在平衡状态图中，前者的温度较后者高。为了避免白口的产生，应使石墨共晶凝固过程在温度到达渗碳体共晶以前完成，这就需要提高石墨共晶的凝固速率，而在一定的冷却速度下，球墨铸铁共晶团的生长速度是一定的，因此为了提高石墨共晶的凝固速率，就必须增加共晶团数量。由此，为了防止产生白口，提出了对球墨铸铁的某一冷却速度存在一个对应的临界共晶团数，也即临界石墨球数。只有当石墨球数大于该临界数时，才能避免出现白口。图 1-68 所示是日本岩手大学堀江皓教授的研究结果，可以看到，当铸件越薄（冷却速度越大）时，所需的临界石墨球数越多。

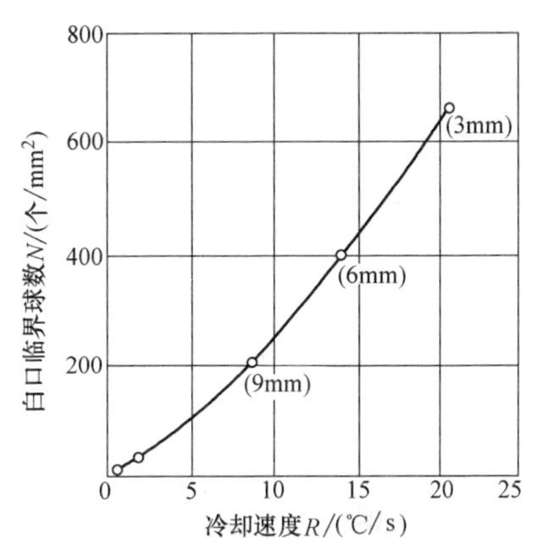

图 1-68　各种壁厚试样的冷却速度与白口临界球数的关系

试验研究还指出，为了增加石墨球数目，除正确制订球墨铸铁的化学成分（C、Si 含量在 CE<5.0 的情况下尽量高以及降低 C 活度的元素如 Mn、Cr、V 等尽量低）外，添加稀土元素或微量的铋还是十分有效的。表 1-29 列出了增加薄壁球墨铸铁石墨球数的方法与条件，这些方法和经验经生产实际验证是有效的。

表 1-29　增加薄壁球墨铸铁石墨球数的方法与条件（壁厚 3mm）

元　素	加入量及加入方法	其他条件	说　明
稀土元素（RE）	对原铁液 S 含量要求满足关系：3<RE/S<6 要求与 Ca 同时加入，0.02%<Ca<0.08% 在球化处理时加入	C、Si 含量在 CE<5.0 的范围内尽量高 Mg 加入量在保证球化必要范围内尽量低 Mn、Cr、V、Ti 等是降低 C 活度的元素，含量尽量少	RE 加入量过多会减少石墨球数，产生白口，因此加入量不宜过高
铋（Bi）	0.003%<Bi<0.01%，避免与 RE 同时添加，宜在球化处理时加入	C、Si 含量在 CE<5.0 的范围内尽量高 Mg 加入量在保证球化必要范围内尽量低 Mn、Cr、V、Ti 等是降低 C 活度的元素，含量尽量少	Bi 含量的最佳范围窄，加入过量会阻碍石墨球化

3. 关于铸态球墨铸铁件的生产

设法不用热处理而直接获得不同要求的球墨铸铁件，具有很大的实际意义，也是近年来发展较快的一个方面。

国内外已在铸态高韧性铁素体球墨铸铁的生产方面取得了不少经验。主要有：严格选择化学成分，如选高的碳当量，限制锰、磷及硫的含量（Mn<0.4%、P<0.08%），防止在炉料中带入铬、钨、钼、铜、锡、锑等合金元素；限制球化剂中稀土元素的含量及防止球化元素过高；加强孕育处理，细化石墨球等。并强调采用瞬时孕育处理增加石墨球数是极为有力的措施。

在铸态珠光体球墨铸铁方面，也取得了一些生产经验。在成分设计上主要考虑添加并提高一些有利于珠光体形成的元素，如适当提高锰含量（Mn=0.7%~1.0%），适量添加一些铜或利用含铜生铁，以及锰、锡并用等。此外，为加大共析区间的冷却速度，采用高温开箱等工艺措施均取得了较好的结果。

近年来，国内外对铸态奥氏体-贝氏体球墨铸铁也进行了大量研究，合金化是其主要手段之一。一般采用低锰成分并适量添加镍、钼等有助于贝氏体转变的元素，以及添加促进石墨化的元素，以使石墨细化，并获得被镍、硅强化的基体组织。有关铸态奥氏体-贝氏体球墨铸铁，目前尚无成熟的生产经验，主要以实验室工作为主，而且要达到与热处理态的奥氏体-贝氏体球墨铸铁相同的性能水平还尚不可能，这有待于今后进一步努力。

不管要获得什么基体的铸态球墨铸铁，共同的、首要的任务都必须要避免铸态组织中有残留的自由渗碳体，因此一定要重视孕育处理，否则即使得到了一定比例的所需要的基体组织，其性能也不一定能满足要求。

4. 关于高强度高韧性球墨铸铁件的生产

依目前球墨铸铁的标准，通常可将球墨铸铁分成两大类：一类是珠光体球墨铸铁，其具有高强度、低断后伸长率的特点；另一类是铁素体球墨铸铁，其具有高断后伸长率而强度较低的特点。随着工业的发展，希望球墨铸铁在具有高强度的同时也具有高的断后伸长率，这不仅可提高机械产品的整体品质，增加可靠性，而且也为扩大球墨铸铁的应用范围创造条件。

国内外在上述方面做了不少研究工作，如某企业引进产品中有QT600-10的材质要求，如何满足这样的性能要求呢？首先在组织中必须保持有足够的铁素体量，其次铁素体必须有溶质元素的溶入，以充分强化，否则就难以达到既有高强度又有高断后伸长率的要求。因此从原则上说，这是一种含有能强化铁素体的合金元素的珠光体-铁素体混合基体的球墨铸铁。试验研究表明，采取下述措施能成功地获得这种性能的球墨铸铁：首先必须有强化孕育、细化石墨球的孕育工艺措施；在此基础上适当提高锰含量，以期利用锰强化铁素体的能力（由于石墨球细化，其偏析危害可降低至较轻的程度）；同时适当提高硅含量与之配合，目的是进一步强化铁素体；在工艺上要在浇道中配置除渣过滤网。这样在组织上得到了既具有细小的石墨球（直径为20μm左右），又保持有足够量的铁素体（50%~55%）的混合基体球墨铸铁，性能指标达到了QT600-10的水平。这种高硅（3.0%~3.2%）、低碳（3.1%~3.3%）、锰合金化（1.0%~1.2%）的方案是经济而可行的，问题的关键是必须严格控制化学成分，充分孕育处理，以合理的方式充分发挥锰、硅合金化的作用。

第 2 章　铸铁水平连铸的发展

2.1　连铸的发展概况

连续铸造（简称连铸）是将金属液注入一种称为结晶器的特制水冷金属型或石墨型中而连续形成等截面“铸件”的铸造方法。连铸中，进入结晶器的金属液在凝固的同时向结晶器的另一端移动，凝固（结壳）的金属被连续地从结晶器的出口拉出，拉出的金属经进一步冷却凝固成完全固态的连铸产品。连铸产品的长度可根据需要确定，不受结晶器尺寸限制。

连铸的产品主要为铸管、铸锭、具有特殊用途的连铸线材以及可用作机械加工原材料的连铸型材。钢、铁、铜、铝及其他一些合金，均可采用连铸方式成形。

2.1.1　国外连铸发展概况

液体金属连铸的概念早在 19 世纪中期就已提出，但因当时科技水平的限制，未能用于工业生产。直到 1933 年，现代连铸的奠基人容汉斯（Junghans）提出并发展了结晶器振动装置之后，才奠定了连铸在工业上应用的基础。20 世纪 30 年代，连铸首先成功地用于有色金属连铸产品的工业生产，随后，美国、英国、奥地利、日本、苏联等国相继建成一批半工业性的试验设备，进行连铸钢的研究。1950 年容汉斯和曼内斯曼（Mannesmann）公司合作，建成世界上第一台能浇注 5t 钢液的连铸机。

从第一台连铸机问世，迄今已有 60 余年的历史。在此期间，世界范围内连铸的发展，大体上经历了以下几个阶段：

1. 20 世纪 50 年代工业应用时期

从 20 世纪 50 年代起，连铸开始用于钢铁工业。在此期间，连铸装备水平低，发展速度慢，铸机多为立式单流，铸坯断面小而且主要为方坯，生产规模较小，盛钢桶容量多为 10~20t。到 20 世纪 50 年代末，世界各地建成的连铸机不到 30 台，连铸比约为 0.34%。值得指出的是，1952 年，容汉斯和曼内斯曼公司组建了连铸共同体（即后来的德马克公司），与此同时，奥地利成立了以百禄公司（Bohler）为中心的连铸利益共同体，1954 年，罗西（Rossi）在瑞士建立了康卡斯特（Concast）连铸公司。这些专门从事连铸技术开发集团的形成，对于后来连铸技术的发展和连铸的推广应用，起了重大的推动作用。

2. 20世纪60年代稳步发展时期

20世纪60年代以后，连铸进入稳步发展时期。在机型方面，20世纪60年代初出现了立弯式连铸机，特别是在1963—1964年期间，曼内斯曼公司相继建成了方坯和板坯弧形连铸机。这种机型由于高度低、操作方便并能生产工业上急需的厚板、热轧和冷轧带钢，很快就成为发展连铸的主要机型，有力地促进了连铸技术的推广应用。在改善铸坯质量方面，这个时期已研制成功了保护渣浇注、浸入式水口和钢流保护等新技术，为连铸的进一步发展创造了条件。此外，由于氧气转炉开始用于钢铁生产，原有的模铸工艺已不能满足炼钢的需要，这也促进了连铸的发展。1965年以后，连铸发展速度显著加快。至20世纪60年代末，全世界连铸机已达200余台，年生产铸坯能力达4000万t以上。在此期间，已出现了旋转式圆坯铸机、空心圆坯铸机和工字型断面铸机。

3. 20世纪70年代以后的迅猛发展时期

20世纪70年代，连铸进入迅猛发展时期。在此期间，世界各主要产钢国家的粗钢产量增长得不多，但连铸坯产量和连铸比发生了重要变化：从1975—1985年的十年间，连铸比由13.5%上升到49.9%，连铸坯年产量由8700万t增加到3.3亿t。各类连铸机由20世纪70年代初的300余台增加到1400余台。应当特别指出的是，从20世纪70年代至21世纪初，世界粗钢年产量一直徘徊在7亿t左右，而连铸坯产量却持续增长。在几个产钢大国中，日本的连铸发展最快，不论是生产能力或技术水平都处于领先地位。1970年日本的连铸比低于10%，但到1985年已突破90%。工业发达的美国在20世纪70年代连铸发展较慢，连铸比在20%以下，这是因为美国拥有较大的初轧开坯能力，建设连铸机较少。自20世纪80年代以后，美国开始重视连铸技术发展，到1990年，连铸比已达67.1%。苏联是研究连铸较早的国家之一，20世纪60年代，它的连铸生产处于世界领先地位，但是后来就停滞不前，连铸比远远低于世界平均水平。这是因为它的炼钢设备以平炉为主，不适应连铸生产的特点，此外它的连铸机立式较多，生产能力低，也影响连铸的发展。

20世纪70年代以来，连铸生产技术围绕提高连铸生产率、改善连铸坯质量、降低连铸坯能耗这几个中心课题，已有长足的进展。先后出现了结晶器在线调宽、带升降装置的盛钢桶回转台、多点矫直、压缩浇注、气水冷却、电磁搅拌、无氧化浇注、中间包冶金、上装引锭等一系列新技术新设备。与此同时，增大连铸坯断面，提高拉速，增加流数，涌现出一批月产量在25万t以上的大型板坯连铸机和一大批全连铸车间。

20世纪70年代以来，连铸之所以迅猛发展，除了连铸设备和操作技术不断完善的一些内在因素外，还和客观条件有关。西方国家多次出现的能源危机，使连铸具有更大的吸引力。转炉复吹技术、超高功率电炉、各种炉外处理钢液技术，以及钢铁工业朝着大型化、高速化、连续化的方向发展，都为连铸的发展创造了条件。

4. 20 世纪 80 年代连铸完全成熟时期

20 世纪 80 年代以来，连铸进入完全成熟的全盛时期。在此期间有以下一些突出的特点。

1）在世界范围内连铸比以每年 4%的速度增长。其中，1981—1990 年，世界连铸比由 33.8%上升到 64.1%，这是一个具有重大意义的百分数，它意味着传统的模铸和现代化的连铸平分秋色的局面已被打破，连铸在铸钢领域占统治地位的时代已经到来。此时，以日本为代表的一些工业发达国家，已接近或基本上实现了全连铸化。以阿根廷、韩国为代表的市场经济国家，也都有较高的连铸比。这一重大技术成就，不仅改变了钢铁工业的生产流程，而且对炼钢轧钢的生产体系，产生了深远的影响。

2）生产高质量铸坯的技术和体制已经确立。20 世纪 80 年代连铸技术的进步，主要表现在对铸坯质量设计和质量控制方面达到一个新水平。从钢液的纯净化、温度控制、无氧化浇注、初期凝固现象对表面质量的影响；保护渣在高拉速下的行为和作用；结晶器的综合诊断技术；冷却制度的最佳化；铸坯在凝固过程的力学问题；消除和减轻变形应力的措施；控制铸坯凝固组织的手段等一系列冶金现象的研究，直到生产工艺、操作水平和装备水平的不断提高和完善，总结出完整的对铸坯质量控制和管理的技术。使铸坯的不精整率不断提高，直至实现不精整轧制。

在此基础上，连铸钢的品种已增加到 500 多个，几乎所有的钢种都可进行连铸。过去认为只能用模铸的高牌号硅钢、高合金钢、高碳钢，现在可连铸；即使沸腾钢，现在也可以用低硅低铝低碳镇静钢代替。目前，除了某些大型锻件、大口径无缝钢管和冷镦钢由于特殊原因还必须模铸外，其他各种钢基本上都可以使用连铸。

3）已逐步实现连铸坯热送和直接轧制。20 世纪 80 年代初期，美国和日本的一些连铸工厂，已开始实行铸坯热送。20 世纪 80 年代中期，又发展到直接热装和直接轧制。这一新工艺先是在日本发展起来，随后在其他国家也相继实现。由于这一新工艺能够大幅度地降低能耗，缩短生产周期，因而已成为连铸发展的主要方向。

4）薄板坯（带）连铸的兴起。20 世纪 80 年代以来，接近成品形状的连铸技术已形成一股热潮。利用传统的连铸机，仅改造其结晶器部分用来浇注薄板坯的工艺已取得突破性进展，并进入实用化阶段。其他各种类型的同步结晶器连铸机，也都取得不同程度的进展。毫无疑问，由于薄板坯（带）连铸工艺具有许多优越性，它代表着连铸技术的一个重要发展方向。

2.1.2 我国连铸发展概况

我国从20世纪50年代开始研究连铸技术。1957—1959年期间先后生产了3台立式连铸机。1964年，在重钢三厂生产1台断面为180mm×1500mm的板坯弧形连铸机，这是世界上工业应用最早的弧形连铸机之一。随后全国各地相继出现20多台连铸机。在我国设计的连铸机上，很早就使用了钩头式永久引锭杆、钳式结构拉矫机和大型机械液压剪，这些设备在当时都是比较先进的。但是在以后的十余年间，除个别地区外，连铸生产基本上处于停滞状态。到1978年，全国用于生产的连铸机只有21台，连铸坯年产量仅112.7万t，连铸比为3.5%。

1979年以来，我国确定以经济建设为中心，冶金工业部把发展连铸生产作为重大技术政策，并在总结我国连铸生产经验的基础上，提出“以连铸为中心，炼钢为基础，设备为保证”的生产技术路线。从此，我国连铸进入新的发展时期，取得举世瞩目的成就。

1. 连铸机台数、连铸坯产量、连铸比逐年上升

1991年和1978年相比较，连铸比由3.5%提高到26.53%；已投产的连铸机台数由21台增加到130台（其中合金钢连铸机13台）；连铸坯年产量由112.7万t增加到1883.5万t。在此期间，我国连铸比提高7.47倍，连铸坯年产量增加16.7倍，连铸机台数增加6.2倍。这一发展速度对于我们这样工业基础薄弱的国家来说，是一个巨大的进步，也为连铸机随后的进一步发展奠定了良好的基础。

2. 机型齐全、连铸机布局和产品结构日趋合理

据1992年5月统计资料，我国当时已投产的连铸机共130台370流，年生产能力2641万t。从已有连铸机的机型来看，基本上拥有世界上所有连铸机机型。从铸坯断面来看，小方坯铸机台数最多，这是由我国钢铁工业具有三小（小转炉、小电炉、小轧机）的特点所决定的。但是，大型板坯连铸机的生产能力最大。从连铸钢种来看，我国连铸机已能浇注高牌号硅钢、含Ti不锈钢、弹簧钢、碳结构钢、合金结构钢等。1989年，重庆特殊钢厂合金钢连铸比达到81.47%，结束了我国长期以来不能连铸合金钢的历史。

目前除少数边远地区外，大都有连铸机在生产。形成了以上海宝山钢铁总厂、武汉钢铁公司、鞍山钢铁公司等企业为代表的板坯连铸系统；以首都钢铁公司、唐山钢铁公司等企业为代表的方坯连铸系统；以太原钢铁公司、上海第三钢铁厂等企业为代表的特钢连铸系统。

3. 引进、消化、移植国产化工作成绩斐然

30余年来，我国在改造发展原有国产铸机的基础上，先后从国外以多种形式引进与生产了多种连铸机。在此过程中积极消化移植国外连铸新技术，推进国产化，培养了一支从设计、制造、安装到生产科研的连铸队伍，取得了显著的成就。我国自行设计制造的武汉钢铁公司第二炼钢厂四号板坯连铸机和南京钢铁厂的超低头连铸机，国产化率都超过 80%。由北京钢铁研究总院设计、上海东风机器厂制造的 CB-1 型小方坯连铸机已出口到印度尼西亚巴拉瓦加钢厂。该连铸机综合了国外新机型的优点，吸收了国内小方坯连铸机的生产经验，结构合理，性能先进，1990 年 4 月完成，经过热试证明设备运转良好。至此，我国小方坯连铸机从引进消化移植，走向提高、出口的道路。

4. 连铸新技术逐步推广应用，科研成果不断涌现

30 多年来，一些连铸新技术如钢包吹 Ar、中间包使用绝热板、结晶器液面控制、气水喷雾冷却等，已逐步在我国推广应用。一些科研成果不断涌现，如不同系列保护渣和各种类型电磁搅拌装置的研制、新型连铸功能耐火材料的应用；其他如二冷区计算机自控技术、结晶器漏钢预报装置、中间包过滤夹杂物、薄板坯和薄带钢的连铸也都取得了阶段性成果。出现了武汉钢铁公司第二炼钢厂和无锡锡兴钢铁公司炼钢厂等已实现全连铸和铸坯热送的先进企业。上述成果对于我国进一步发展连铸打下了良好的基础。

2.1.3 铸铁水平连铸的发展概况

铸铁连铸的出现晚于铸钢连铸。1952 年，米亚斯索伊多夫（A. N. Myassoydov）和杜德尼克（I. D. Dudnik）提出在垂直式连铸设备上进行灰铸铁型材和管材连续生产的方案。1954 年，Harold Andrews 公司解决了水冷结晶器的密封系统，成功地用于垂直连铸机上。然而，由于垂直式系统的连铸设备对厂房设计要求高，且投资大，因此后来开发工作转向水平连铸。1958 年，瑞士的 Wertli 公司设计并制造出第一台短结晶器密封式水平连铸机，此后美、日、苏等国相继引进了此项技术，铸铁连铸技术得到了迅速的发展。1958—1962 年期间，Wertli 公司生产的 130 台水平连铸机先后出口到 20 多个国家用于生产铸铁型材。20 世纪 70 年代，德国 Technica Guss 公司生产了 54 个品种的水平连铸机，分布在 30 多个国家。

铸铁型材的种类已由当初的灰铸铁发展到合金灰铸铁、球墨铸铁、奥氏体球墨铸铁、白口抗磨铸铁及耐蚀铸铁等。

铸铁型材的形状由当初的圆形、方形、矩形简单截面向异形发展，同时其尺寸也由小到大发展起来。例如，德国 Technica Guss 公司可生产圆形 $\phi16$ ~ $\phi500$mm，方形 40mm × 40mm ~ 400mm × 400mm，矩形 20mm × 45mm ~ 180mm × 290mm 的各类铸铁型材。

日本是铸铁连铸较为发达的国家，其特点之一是重视形成经济规模生产。例如，神户制铁所有 10 条生产线，年产铸铁型材 3.6 万 t，占日本铸铁型材总产量的 60%。其主要生产灰铸铁型材、球墨铸铁型材及部分镍铬特种铸铁型材，圆型

材的截面尺寸为 ϕ16~ϕ500mm，方型材的截面尺寸可达 400mm×400mm，矩形型材的截面尺寸可达 150mm×910mm，以及相应截面尺寸范围的其他异形或厚壁铸铁管材。

我国铸铁水平连铸技术的研究在“七五”前还是空白的。“七五”期间，沈阳球墨铸铁厂从瑞士引进了一条铸铁水平连铸生产线，但由于种种原因，很长时间内未能正式投产。与此同时，国家“七五”科技攻关项目中安排由西安理工大学负责，与西安交通大学、清华大学、青海山川机床铸造厂一起研究开发我国自己的铸铁水平连铸生产技术。该项攻关任务于 1990 年完成并建成中试生产线两条，研究成果通过国家鉴定，填补了我国铸铁水平连铸技术的空白，达到国际同期先进水平。1992 年，此项成果先后获机电部科技进步一等奖和国家科技进步二等奖。从 1990 年我国自行设计的铸铁型材水平连铸机投放市场至今，已在山西、河北、河南、江苏、陕西、辽宁、上海等地建成十余条生产线，形成了 10 万 t/年铸铁型材的生产能力，为我国铸铁型材生产打下坚实的基础。

目前，我国的铸铁水平连铸技术可生产出 ϕ30~ϕ650mm 的圆形及相应截面面积的等截面异形型材，型材的种类包括球墨铸铁、灰铸铁、合金铸铁等，型材的质量与国际同期水平相当，被广泛地用于机床、汽车、动力机械、工程机械、冶金机械、液压与气动、制冷压缩机、纺织机械、印刷机械及模具制造等行业中。例如：无锡纺织机械厂引进德国的强力绞丝机上的槽筒轴，西安东方机械厂、南京金陵机械厂引进美国冰箱压缩机上的滚子、滚套；东风汽车集团有限公司引进美国发动机上的 ADI 齿轮等，应用国产铸铁型材均获得满意的使用效果，并节约了大量外汇，产生良好的社会和经济效益。同时，由于我国铸铁型材价格优势突出，出口的数量也在逐年增加。

2.2 铸铁水平连铸的优越性

铸铁水平连铸技术在我国之所以能够从无到有，并得到迅速发展，是因为它与传统的铸造相比，具有很大的技术经济优越性。主要表现在以下几个方面。

2.2.1 铸铁型材的品质优于普通铸件

1. 铸铁水平连铸避免了常规铸造方法经常产生的铸造缺陷

铸铁水平连铸中，由于采用的是封闭式结晶器，实现了铁渣分离，铁液不接触砂子，故铸铁型材不会出现夹渣、夹砂、砂眼和气孔等缺陷。同时，由于结晶器内的铁液与保温炉内的铁液始终连通，在较高的静压力下结晶凝固，补缩充分，因此型材也不会产生缩孔和疏松等缺陷。

2. 铸铁型材晶粒细小，组织致密，力学性能好

铸铁水平连铸中，由于铁液是在水冷结晶器内冷却凝固，冷却速度高，形核能力强，使得型材晶粒细小、组织致密、力学性能好（国外之所以将其称为“致密棒”，正是基于组织致密这一显著特点）。

3. 铸铁型材表面光洁，尺寸精确，加工余量小

铸铁型材是在石墨套内成形的。石墨的耐火度很高，不与铁液浸润，并且石墨套的内孔通过机械加工而成，可以有很高的精度，因此，铸铁型材表面光洁，尺寸精确，易于直接加工成零件。

4. 铸铁型材硬度均匀，加工性能好

与砂型铸件相比，铸铁型材具有高强度、低硬度的特点，并且组织均匀致密，因此具有优良的切削加工性能。

2.2.2 生产工艺简单

铸铁水平连铸中，不需要普通铸造中的砂型，因此省去了与砂型相关的许多材料和工艺过程，如省去了砂箱、铸模、型砂、涂料等材料（工装），也省去了造型、合箱、打箱、砂处理、铸件清理等工艺过程，从而，使生产工艺大为简化。

2.2.3 成品率高

铸铁水平连铸中，由于没有普通铸造中的浇注系统和冒口，节约了大量金属。同时，由于铸铁型材不接触砂型，工艺环节少，避免了许多与砂型相关的铸造缺陷，质量稳定，容易控制。因此，铸铁水平连铸的成品率很高，正常生产情况下，可保持在90%以上。

2.2.4 机械化、自动化程度高，改善了劳动条件

普通铸件生产是一项劳动强度大、生产条件差、环境温度高的艰苦工作，而铸铁水平连铸由于其自身设备和工艺的特点，机械化、自动化的程度很高。这不但可以使操作者从普通铸造繁重的体力劳动中解脱出来，而且有利于提高劳动生产率。

除上述一些突出优点外，铸铁水平连铸还有占地面积少、生产成本低、生产周期短、节约能源消耗以及经济效益显著等重要优点。

2.3 铸铁水平连铸正常生产应具备的基本条件

铸铁水平连铸是一种先进的生产技术，要充分发挥铸铁水平连铸的优越性，保证铸铁水平连铸的正常生产，必须满足一些基本的前提条件。

2.3.1 完好的设备状态

铸铁型材是在边浇注、边凝固、边拉拔的动态情况下形成的。连铸设备在极为恶劣的高温环境中工作。在此情况下，铸铁型材质量的好坏、连铸生产率的高低，都受到连铸设备状态的制约。为此，在连铸生产中，必须处理好设备与生产的关系，加强设备的计划检修和备件的计划管理，建立岗位点检和专检制度，使连铸设备经常处于完好状态，从而才能稳定、可靠、正常地运转。这是实现铸铁水平连铸生产正常化的根本保证。

2.3.2 完善的铁液熔化工艺

铸铁水平连铸与普通铸造相比，对铁液质量（温度、化学成分等）有更为严格的要求。在一定程度上，铁液质量直接影响铸铁型材的质量和铸铁水平连铸的生产率。因此，完善铁液熔化工艺、设置各种不同类型的炉外铁液处理装备、定时定量定品质地向连铸生产线提供合乎要求的铁液，是铸铁水平连铸生产正常化的基础。

2.3.3 科学的管理方法

现代化的铸铁水平连铸生产是由多工序组成、时间节奏性很强的生产作业线。在这个生产流程中，必须解决好各个环节的协调配合问题，为此，应有一整套科学的管理方法，诸如强化生产调度指挥系统，建立有效的生产组织网络，处理好铁液熔化与连铸以及连铸自身各工序、各作业班相互之间的协调关系等。只有如此才能保证铸铁水平连铸生产的连续性和稳定性。

2.3.4 高水平的人员素质

铸铁水平连铸生产线是机械、电气、仪表、自动化控制等技术高度密集的设备。铁液的凝固又是极为复杂的相变和传热过程。因而，要有效地掌握铸铁水平连铸生产技术，就必须有一支知识面广、操作技术和管理水平高、能适应铸铁水平连铸生产和维修的职工队伍。因此，按照铸铁水平连铸工艺要求，坚持不懈地做好职工培训和知识更新工作，提高连铸工作者的素质，是搞好铸铁水平连铸生产的重要条件。

2.3.5 同步发展相关技术

铸铁水平连铸是一项复杂的系统工程。为保证铸铁水平连铸设备的高生产率、铸铁型材的高质量和低成本，在发展铸铁水平连铸的同时，必须同步发展其他相关技术。这些相关技术包括铁液熔化处理技术、耐火材料技术、自动控制与检测技术、循环水处理技术以及液压技术等。否则就难以满足铸铁水平连铸生产发展的需要。

2.4　铸铁水平连铸在国民经济建设中的地位和作用

随着现代化工业的发展，机械产品对一些铸铁零件的质量和性能指标的要求越来越高，由传统铸造方法生产的一部分铸件其内在质量和综合力学性能已不能满足现代化机械零件和机械产品整机性能指标的要求，因此快速兴起的铸铁型材水平连铸技术已发展成为一种高技术产业。用水平连铸方法生产的铸铁型材内在质量优良，无缩孔、缩松、夹渣等铸造缺陷，是一种新兴的基础工程材料，在工业发达国家中，铸铁型材与钢型材、铜型材、铝型材等具有同等重要的地位，被广泛地应用于机床、液压、汽车制造、铁路运输、冶金、纺织、印刷机械、通用机械及模具制造等行业。据工业发达的国家统计，铸铁型材的需求量为铸件总产量的2%左右。实践证明，采用铸铁型材制造基础零件具有传统铸造方法生产的铸铁件无法比拟的优良性能。从以下几例即可看出，铸铁型材对于提高基础零件内在质量、促进机械工业上水平所具有的十分重要的作用。

采用ADI齿轮是国际上20世纪70年代发展的新技术，ADI齿轮兼有高强度和高韧性以及优良的减摩和减振性能，无须齿面渗碳即可得到高的硬度，它的运用被誉为铸铁冶金史上第三个里程碑。但由于砂型铸造工艺提供的铸件毛坯难以克服其内在的铸造缺陷，成品率又很低，使ADI齿轮新技术的推广应用受到很大限制。连铸球墨铸铁型材的技术使大批量制造ADI齿轮成为可能。球墨铸铁型材经适当热处理，在强度大于1000MPa时断后伸长率仍可达到10%，且抗疲劳性能较传统砂铸球墨铸铁提高约50%。东风汽车集团有限公司曾经试验利用球墨铸铁型材制造引进的康明斯发动机中部分齿轮，已取得可喜进展。在机床、纺织机械及印刷机械上广泛采用铸铁型材制造的齿轮可延长使用寿命，降低整机的工作噪声，提高产品的出口竞争能力。

液压零部件及集成块采用铸铁型材制造，由于组织致密，完全杜绝了渗漏，使液压基础零件的质量提高到一个新水平。利用铸铁型材制造油缸导向套、活塞、阀体以及叶片泵及柱塞泵的转子，成品率可由原来的40%~60%提高到95%以上。

从20世纪70年代起，工业发达国家就已广泛运用铸铁型材制造各种机械零件。据文献报道，20世纪80年代中期，美国已用铸铁水平连铸方法生产出机床导轨、滑枕、燕尾导轨、刀架滑板、镶条等26种零件。铸铁型材也可用于制造丝杠、油缸及轴承座等。日本在20世纪80年代已生产出910mm×150mm铣床工作台板坯。铸铁水平连铸技术在机床制造上运用，由于无须木模，简化了生产过程，大大缩短了生产周期，降低了成本，也提高了整机的质量水平。有资料认为，铸铁型材的应用已经使传统的机床设计发生了变革。

我国引进技术生产的机械产品上大量采用铸铁型材。例如：引进美国斯太尔摩高速线材轧机，每台轧机上装有400根球墨铸铁型材制造的风冷传送辊，重达200余t；我国引进的毛纺粗梳机所需要的滑道传动轴，只有采用铁素体基体的D型石墨灰铸铁型材才能满足要求；引进的日本日立公司空调机，年产量约400万台，其旋转式压缩机的主要耐磨铸件就是用铸铁型材制造的；在铁路运输上由于列车运速的提高，为保证车厢转向架衬套零件的寿命和安全性对材质提出了更高的要求，经铁道部组织试用证明，铸铁型材完全能够满足要求并开始批量使用。在工业发达的国家，地下管道的连接紧固螺栓、螺母已用高韧性、抗腐蚀球墨铸铁型材替代昂贵的不锈钢，我国目前也已开始试用。另外，对于量大面广的通用零件的生产，铸铁型材也有广泛的使用场合，如轴、轮、销、六角螺母等采用铸铁型材成品率可大幅度提高。

上述事例表明，在相关工业现代化发展中，铸铁型材已成为一种必不可少的基础工业材料，占有非常重要的地位。

2.5 铸铁水平连铸技术的现状及其发展趋势

国际上铸铁型材水平连铸技术和装备的发展已有50余年的历史。在成套装备生产技术上，以德国德马格、Technical Guss和瑞士Wertli公司为代表，他们生产了系列化的铸铁型材连铸设备，以适合不同尺寸和形状铸铁型材的生产要求。日本神户制铁所铸铁型材连铸车间有10条不同规模的水平连铸生产线，形成了规模化生产，可以生产ϕ16~ϕ500mm的圆截面型材及其他异形截面铸铁型材，其最大尺寸连铸机可生产750mm×150mm的厚板材。在材质方面，除了一般灰铸铁和球墨铸铁之外，还能生产合金铸铁和白口铸铁型材，以满足工业化对铸铁型材的各种要求。

在国内，铸铁型材水平连铸技术进入工业应用经历了20余年的时间。前十年，在多省市建立起了近十条生产线，可生产ϕ30~ϕ250mm的圆型材及相应尺寸的其他形状等截面型材。型材种类涵盖了灰铸铁、球墨铸铁及合金铸铁。铸铁型材的工业生产与应用填补了国内空白，实现了从无到有的突破，并为后续发展奠定了坚实的基础。近十余年来，铸铁型材的尺寸规格又有了大幅度的扩展，目前，可生产ϕ30~ϕ650mm的各类型材。在市场竞争、优胜劣汰的过程中，出现了具有一定生产规模的铸铁型材连铸生产企业，如河北某企业具备年产铸铁型材5万t以上的能力，当生产规模达到一定的程度后，铸铁水平连铸的技术经济效益更加显著。生产线的种类在原有单一类型的基础上发展出了既有造价低、结构简单的简易生产线，也有自动化程度高、功能相对完善的大型生产线。为了提高生产率和平衡铁液，发展出了多流连铸生产线，最多的可同时六流连铸。连铸生产的工艺监测与相应的控制操作也更加稳定、便捷而易于进行。目前，我国铸铁水平连铸技术已经跻身于世界先进水平的行列。

从铸铁水平连铸作为一种新兴产业仍在不断发展的角度看，我国铸铁水平连铸技术今后一段时期在下列一些方面将会取得进一步发展。

1）生产设备的系列化、机械化和自动化。目前，多数企业只有一条或两条铸铁水平连铸生产线，没有形成生产设备的系列化，受此限制，仅能生产部分规格的产品。有些企业的生产线其机械化、自动化程度低，导致生产不稳定、产品质量波动大、工人劳动强度高，难以有效降低生产成本，使得铸铁水平连铸技术的经济效益未能得到应有的体现。

2）小直径型材的稳定生产和大直径型材的质量控制。目前，小直径（小于ϕ30mm）型材和大直径（大于ϕ250mm）型材的生产都存在着一些问题。小直径型材的问题主要是生产不稳定（易“拉断”）及产品难免有“白口”；大直径型材的问题主要是产品截面上的组织、性能有差异。针对这两方面的问题，还需要进行深入、广泛的研究和探索。只有这两方面均有所突破，才能有效提高铸铁型材的市场覆盖能力，以更好地适应相应工业领域的发展要求。

3）异形截面型材的生产。除圆形截面型材之外的其他形状截面的型材统称为异形型材。在异形型材中，方形（包括扁形）截面型材是形状最简单的异形型材。然而，即使这种最简单的异型材，其生产难度也远大于圆型材。当用圆形结晶器（“铁套”）生产异形型材时，由于石墨套不同部位处壁厚不同其导热能力不同，致使异形型材平面处易于鼓起而棱角处易于出现裂纹。与此同时，型材内部不同部位的组织、性能也不一致。这些问题，已成为影响异形型材生产与应用的阻碍因素。

4）进一步开发铸铁型材的应用市场。从已有统计数据分析，仅国内铸铁型材的潜在市场可达约100万t（2016年全国铸件总产量4720万t，依国外应用情况，铸铁型材占铸件总产量的2%～3%）。目前，国内铸铁型材总产量仅10万t左右。显而易见，铸铁型材的市场前景依然潜力巨大。然而，就现阶段而言，存在着两个问题：①铸铁型材从无到有，是一种新材料，尚未被人们广泛认识。虽然用了都说好，但也仅仅是谁用谁知道，要让大家都知道，还需要一个过程。②用铸铁型材加工的绝大多数零件过去长期用铸件加工，在零件设计者和生产制造者的思想中已成思维定式，其惯性的扭转也需要一个过程。现阶段，通过有效的方式和渠道介绍铸铁型材的特点和优势，大力推广铸铁型材，依然十分重要。

5）从业人员的业务素质和企业文化。我国的铸铁型材生产企业，大部分是民办企业，并且因铸铁水平连铸技术的项目建设而诞生。企业的生产员工大多数缺乏专业基础知识的系统学习和训练。企业创办初期，急于回收投资注重产品销售和生产成本而往往没有把产品质量放在应有的位置。这在企业发展之初似乎可以理解，但在市场激烈竞争的过程中，想要做大做强、长盛不衰，显然不能适应。因此，建立高素质的职工队伍和良好的企业文化，是每个优秀企业都必须面对的问题。

6）高性能铸铁型材的研究。ADI 被誉为铸铁冶金史上的第三个里程碑，连铸球墨铸铁型材被视为生产 ADI 的最佳材料而被人们普遍看好，但由于相关内容的应用基础研究尚未广泛深入进行，影响了连铸型材在这一方面的推广应用。另外，针对不同行业、工况，生产出具有不同性能的铸铁型材，也是需要连铸企业长期、不断进行的研究课题。

今后一段时间内，上述方面的发展，将为我国铸铁水平连铸工作者所关注，它的研究进展代表着铸铁水平连铸的发展趋势。

第3章　铸铁水平连铸设备

铸铁水平连铸设备是保证铸铁水平连铸工艺过程顺利进行的一系列装置。我国铸铁水平连铸设备经过了由单流连铸到双流连铸再到单双流互换式连铸设备的发展过程，目前，生产中使用的铸铁水平连铸设备以单双流互换式为主。单双流互换式铸铁水平连铸设备可根据需要方便地进行单流连铸生产或双流连铸生产。一般来说，当生产较大直径型材（如 $D>60$mm）时采用单流生产，生产较小直径型材（如 $D<60$mm）时采用双流生产。近期，为了进一步提高生产率和平衡铁液，发展出了多流连铸生产线，最多的可同时六流连铸。铸铁水平连铸设备主要包括保温炉、结晶器、炉前冷却装置、牵引机、切割机、压断装置、接料与出线装置、液压系统、电气控制系统、辅助装置等。本章以国产 ZSL-02 型单双流互换式铸铁水平连铸设备为例，介绍上述装置的结构特点、工作原理、技术规格以及保养和维护等方面的内容。

3.1　保温炉

保温炉的作用是接纳铁液、保持铁液温度并将铁液引入到结晶器的石墨套内。由保温炉进入结晶器石墨套内的铁液应有足够的流动性及良好的补缩能力，为此，保温炉的炉壁有多层保温材料，同时内衬材料要求有足够的耐火度。

保温炉的外观如图 3-1 所示。

图 3-1　保温炉的外观

3.1.1　结构特点

保温炉的炉体外壳是由钢板焊制而成的箱体结构。为了便于砌炉和修炉，炉体外壳由上炉体、中炉体、下炉体三部分组成，三部分通过螺栓连接在一起。

为了保证良好的保温效果，保温炉内壁由多层耐火材料和保温材料组成。保温炉内膛采用酸性或中性耐火材料打结而成，外侧采用轻质耐火砖，四壁用保温材料如硅藻土、膨胀珍珠岩及硅酸铝纤维棉等材料构筑。保温炉炉膛结构如图

3-2 所示。

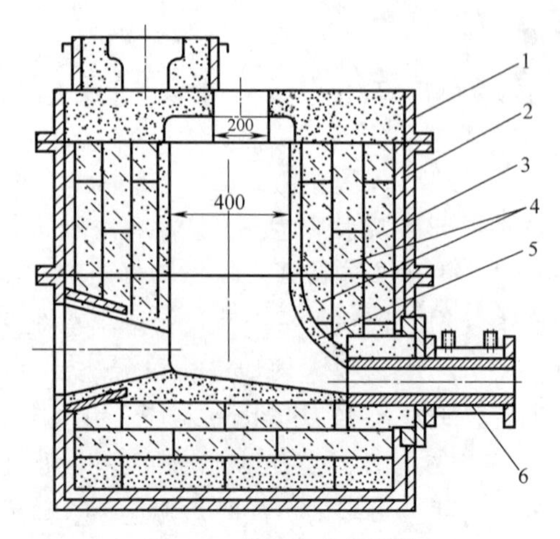

图 3-2 保温炉炉膛结构

1—炉壳 2—硅酸铝纤维板 3—硅藻土砖 4—轻质耐火砖 5—打结材料 6—结晶器

保温炉前壁安装结晶器，并承受与前壁垂直的拉力。在设计制造时应充分考虑到这一工作特点，使其定位精度和结构强度得到保证。

必要时保温炉可向前倾出炉中铁液，以保护设备安全；保温炉的高度可在一定范围内调整，以适应拉制不同截面尺寸型材。为了实现上述两方面的要求，保温炉由炉体和底座两部分组成。底座固定在地基上，底座上有前后两对可升降并能锁定的丝杠。前面的一对丝杠（位于保温炉前壁附近）以铰链形式与保温炉连接；后面的一对丝杠（位于保温炉后壁附近）仅作为支点对保温炉起支承作用。另外，底座上还设置有顶丝、拉杆螺栓等，以保证炉体与底座的相对固定关系。

3.1.2 主要技术规格

1）可用于单、双流型材生产。

2）炉膛容量为 500kg 铁液。

3）保温炉的结晶器中线距地平面约 850mm。

4）保温炉高度可调范围约 100mm。

5）适用拉制型材的范围：ϕ30～ϕ250mm。

6）保温炉的外形尺寸（长×宽×高）：1955mm×1660mm×1750mm。

7）保温炉整体（包括底座）质量约 2500kg。

3.1.3 维修注意事项

1）运行过程中，应定期打开炉盖清除熔渣。

2）每次开炉结束后，应检查保温炉壁，剔除积渣、冷铁。

3）如果炉底集渣过多，则可拆开中炉体进行维修。

4）应经常检查炉膛尺寸，使其维持在正常范围之内。

5）倾炉铰链应经常清理积砂，并注意上润滑油。

3.2　结晶器

结晶器是铸铁水平连铸设备中的关键部件，铁液经过它变成固态（或部分变成固态）并具有确定的形状，它的性能对连铸机的生产能力和铸坯质量都有着十分重要的影响，人们称它为连铸机的心脏。

铸铁水平连铸工艺要求结晶器必须具备以下性能：

1）有合适的导热性能，能使铁液流经它时形成足够厚度的初生坯壳而又不至于产生白口组织。

2）有良好的耐热性及与铁液的不浸润性，能够承受铁液的高温烘烤并易于与铸坯脱模。

3）有良好的结构刚性和结构工艺性，易于制造和安装，能够承受比较严重的热应力、机械应力，可长期使用而不发生变形。

4）有较好的耐磨性、较高的抗氧化性及寿命，能够较长时间保持尺寸稳定性。

5）重量要轻，造价要低。

3.2.1　结晶器的类型

为了满足上述要求，铸铁水平连铸中的结晶器均由两部分组成。一部分是能够通循环水冷却的铁套，它由普通结构钢经焊接、热处理、机械加工而成；另一部分是由高纯石墨加工成的石墨套。石墨套与铁套装配在一起，成为铸铁水平连铸用的结晶器。

按结构形式，铸铁水平连铸中的结晶器可分为整体式结晶器和组合式结晶器。

1. 整体式结晶器

整体式结晶器主要用来拉制圆形铸坯和小截面的方坯及边长相等或接近的多边形铸坯。这种结晶器有单级与双级之分，其结构如图 3-3 所示。

单级结晶器主要用在较小截面积型材的连铸生产中，它能够满足这种情况下的散热要求。

在生产较大截面积型材时，通常须采用双级结晶器。双级结晶器相当于将两个单级结晶器中的铁套串接在一起，但有主副之分，主套长，副套短。生产中，

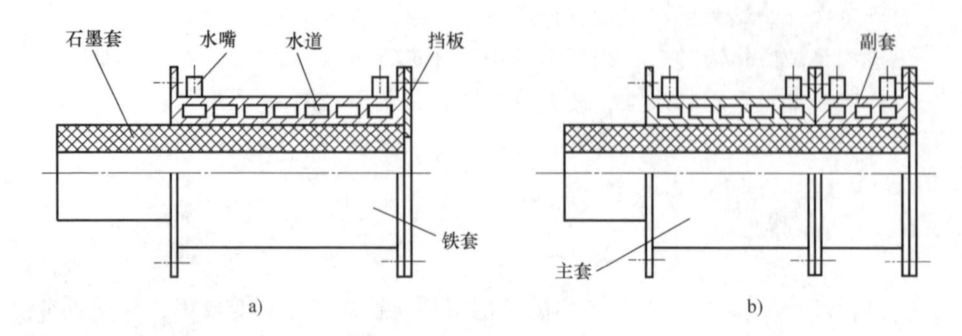

图 3-3　整体式结晶器
a）单级结晶器　b）双级结晶器

往往使主套的水流量适中，而副套的水流量较大。双级结晶器的冷却强度大于单级结晶器，并且更有利于建立型材轴向温度梯度。在较大截面积型材的连铸生产中，采用双级结晶器能够有效地提高生产率、改善铸坯质量、防止拉漏事故等。

整体式结晶器的刚性大，使用中不易变形；整体式结晶器是圆筒类结构，石墨套易于加工并易于实现石墨套与铁套之间的过盈配合；整体式结晶器仅与一路或两路循环冷却水相连（因单、双级而不同），重量较轻，与保温炉的连接操作比较简便。因此，整体式结晶器是铸铁水平连铸中的主要结晶器，一般情况下，应尽可能选用整体式结晶器。

2. 组合式结晶器

当欲生产的型材是非圆形截面，并且边长相差很大（如长宽比大于 3 的扁方型材）时，整体式结晶器便不再适用。若此时采用整体式结晶器，则石墨套周向不同部位壁厚差很大，会致使型材凝固过程中各方面冷却不均，而严重影响型材质量甚至使连铸生产无法进行。这种情况下应采用组合式结晶器，如图 3-4 所示。

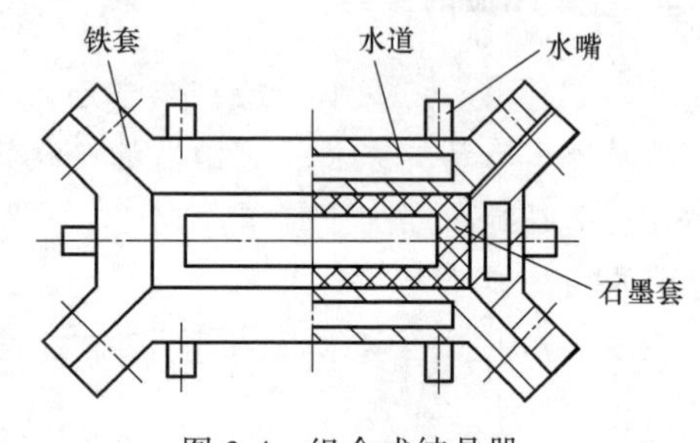

图 3-4　组合式结晶器

组合式结晶器的铁套通常由 4 个相互独立的通水冷却系统组成（如拉制较大尺寸的长方形截面的铸铁型材时所用的结晶器），每个通水冷却系统都有自己的进、出水嘴。组合式结晶器能够较好地满足非圆形截面铸铁型材凝固过程中各个方面均匀散热的要求。但这种结晶器重量较大，加工较困难，并且由于有较多组循环水管路（通常为四组）与其相连，使得结晶器与保温炉连接的安装操作也比较困难。因此，组合式结晶器在铸铁水平连铸生产中应用较少。

3.2.2　结晶器的结构特点

1. 倒锥度

铁液进入结晶器后，由于受到冷却而形成一定厚度的坯壳，铸坯在不断移向结晶器出口端的过程中，温度也在不断下降而收缩，若石墨套内孔没有锥度，就会在坯壳与结晶器之间形成间隙，称为气隙。由于气隙的存在，降低了冷却效果。这不仅影响了生产率，而且结晶器出口端冷却效果的降低，与水平连铸中所希望的温度梯度的要求相反，也影响了型材的质量。因此，结晶器石墨套的内孔通常都要做成倒锥度，即出口端直径小于入口端直径，以避免或缓解上述情况。结晶器倒锥度的大小应与铸坯冷却收缩程度等因素相适应，倒锥度过小会形成气隙，但过大的倒锥度会增加拉坯阻力。根据经验，倒锥度一般取0.5%~1.0%。

2. 水道

水道是结晶器铁套内部封闭的螺旋槽，它经进、出水口与外界相通，循环水通过水道对结晶器进行冷却。水道要能够经5kg/cm^{2}的液压而不发生渗漏。水道的截面是长方形，高度尺寸小于宽度尺寸，其高宽比一般在1/3~1/2之间。

水道的高宽比对结晶器的冷却能力有一定影响。当水道的高宽比大于1/2时，高宽比减小可明显增加水套的冷却能力；当高宽比在1/3~1/2的范围内时，水套的冷却能力随水道高宽比减小而增加的幅度逐渐减小；当高宽比小于1/3后，随着高宽比减少，水套的冷却能力几乎不再增加。

在设计结晶器铁套时，对需要强冷却能力的结晶器，水道应取较大截面积，其高宽比应在1/3~1/2的范围内取值。而对于要求弱冷却能力的结晶器，水道高宽比应在大于1/2的范围内取值。

3. 水嘴

结晶器的水嘴是把外部冷却水管路与结晶器的水道连通起来构成循环水系统的重要环节。它要求装、卸操作简便易行，安装后牢靠稳固，不会脱落，并且要有很好的密封性，在5kg/cm^{2}压力下不会有泄漏。为此，结晶器的水嘴通常采用如图3-5所示的结构。

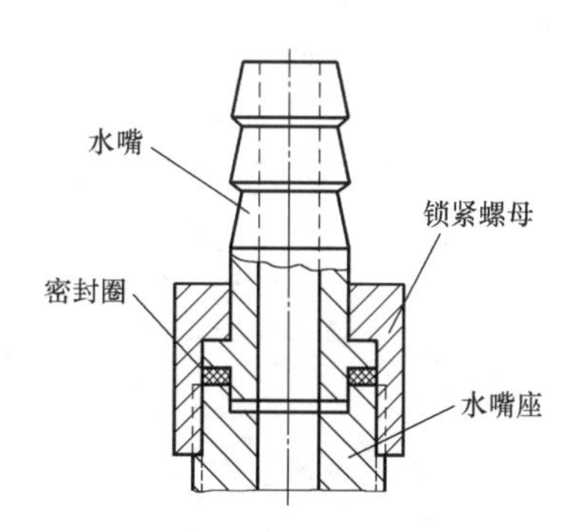

图3-5　结晶器水嘴结构

4. 铁套的长度、石墨套的厚度及其伸出端的长度

结晶器的长度对于连铸生产率和型材质量会产生重要影响。较长的结晶器冷却能力较强，有利于提高连铸生产率，但较短的结晶器易于在连铸生产中使铸坯沿轴向建立起较大的温度梯度，有利于提高铸铁型材的质量。根据经验，铁套的长度一般按下式取值：

$$L_{铁套}=(1.5\sim2.5)D_{铁套}$$

式中 $L_{铁套}$——铁套的长度；

$D_{铁套}$——铁套的内孔直径。

石墨套的厚度应在10~15mm之间取值。较厚的石墨套可以多次利用，利于降低生产成本，但较厚的石墨套会影响结晶器的导热效果，尤其不利于铸坯沿轴向建立大的温度梯度，从而对于生产率和型材质量均有不利影响。

伸出端的主要作用在于通过它可以把结晶器与保温炉连接起来，同时，伸出端的存在也有利于铸坯建立轴向温度梯度。伸出端的长度与保温炉的结构有关，一般在70~110mm之间选取。

3.2.3 结晶器的装配要求

1. 石墨套与铁套之间的装配

为了把石墨套与铁套装配在一起，并尽可能减小石墨套与铁套之间的界面热阻，石墨套与铁套之间采用过盈配合。根据经验，石墨套的过盈量应在0.05~0.15mm之间取值。

2. 石墨套隔离环的装配

石墨套的伸出端可以是整体形式，也可以是组合形式。当石墨套较薄时，应采用整体形式，如图3-6a所示。当石墨套较厚时，应采用组合形式，如图3-6b所示，即伸出端包括了隔离环。采用隔离环可以有效地削弱石墨套内部的轴向热流，有利于铸坯沿轴向建立温度梯度。

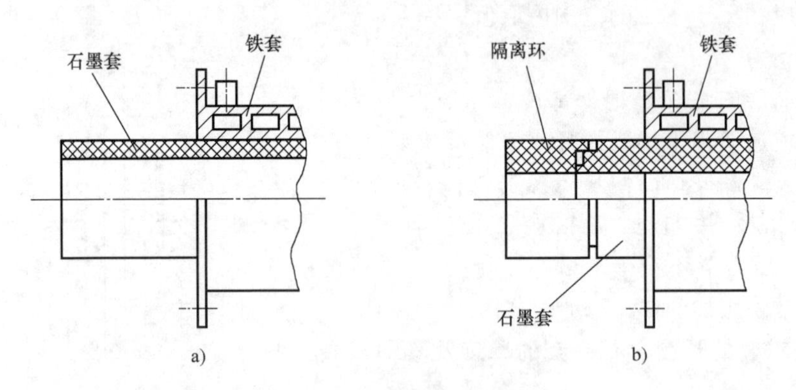

图3-6 石墨套伸出端的形式

a）整体式伸出端 b）组合式伸出端

当采用隔离环时，除隔离环自身需要有一定的工艺结构以保证隔离环的准确定位之外，还要求有相应的砂套来固定隔离环。

3.3　牵引机

牵引机是铸铁型材水平连铸生产线中牵引铸坯的动力设备。它不仅可以给铸坯施加牵引力使其在连铸线上移动，而且根据被拉制铸坯的品种、规格和材质的不同还可以实现不同的拉拔速度、拉拔周期和拉停比例等，以满足生产上对拉拔工艺的要求。

牵引机的外观如图3-7所示。

3.3.1　结构简述

牵引机主要由相互平行的前后两对牵引辊组成（图3-8），该牵引辊是由直流电动机通过二级摆线针轮减速器和分动箱最后经双万向联轴器驱动的，如图3-9所示。其中，两个下牵引辊的支承是相对固定的，两个上牵引辊在压紧油缸的带动下可沿垂直导轨运动，压向被牵引的铸铁型材，实现摩擦牵引。

图3-7　牵引机的外观

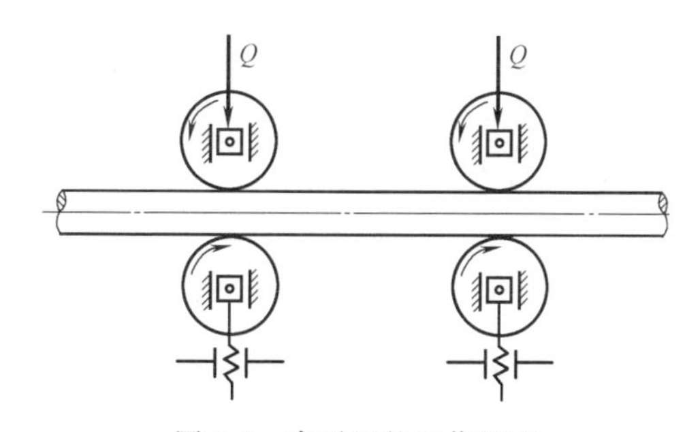

图3-8　牵引机的工作原理

压紧油缸向下的压紧力 Q 设定为两个数值。正常牵引时较小，油压为2MPa；当发现牵引力不足而打滑时，可立即增压，供给4~6MPa的油压，以保证摩擦牵引的顺利进行。牵引机的电动机转速是通过可控直流调速电路进行调整的。通过控制电路还可以进行拉拔周期及拉停比例的调整，实现预定的拉拔工艺。

两个下牵引辊的高低，可通过转动手把来调整，从而能满足型材中心距地平面高为850mm的要求，同时还可实现用一根引锭杆拉制不同截面尺寸的型材。

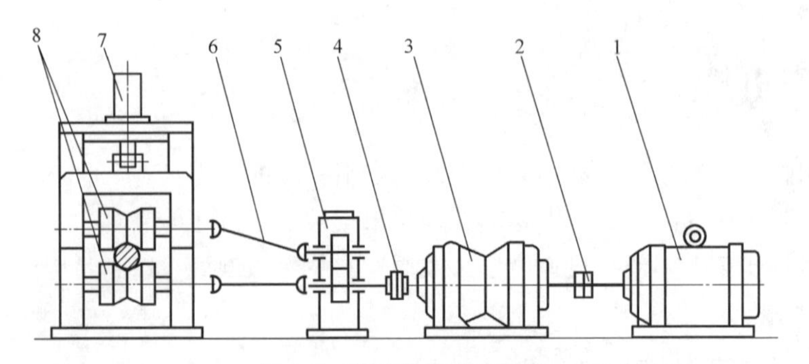

图 3-9 牵引机的传动简图

1—直流电动机 2—柱销联轴器 3—摆线针轮减速器 4—刚性联轴器 5—分动箱 6—双万向联轴器 7—压紧油缸 8—牵引辊

3.3.2 主要技术规格

1）适用于单、双流型材的牵引。

2）最大牵引力不小于 25000N。

3）能拉制的型材规格为 $\phi30 \sim \phi250$mm。

4）直流电动机转速调整范围：0~1500r/min。

5）直流电动机的规格：

① 直流：220V 复极。

② 额定转速：1500r/min。

③ 功率：4kW。

6）拉拔周期调整范围：2.5~40s。

7）拉停比例：0%~100%。

8）牵引机的中心高约 850mm。

9）牵引机的外形尺寸（长×宽×高）：3355mm×1480mm×2115mm。

10）整机质量约 5600kg。

3.3.3 保养和维护

1）外露部分应经常擦拭干净，并对未喷漆的加工表面涂油，以防止生锈。

2）定期给牵引机的滑块供应润滑油，以确保上滑块上下运行灵活。

3）定期调整两台直流电动机的电刷位置，以确保它们的工作转速一致。

4）定期校准控制电路，以确保拉拔周期和拉停比例旋钮指示正确。

3.4 切割机

切割机是铸铁水平连铸生产线上给铸坯在确定位置处切槽的设备，它同压断装置一起共同实现截断铸坯的功能。铸铁水平连铸的特点要求切槽过程中切割机与铸坯同步运行。切槽的深度及槽间的距离根据需要确定。铸坯通过压断装置时在切槽处被压断，以确保生产的连续进行。

同步砂轮切割机的外观如图3-10所示。

图3-10　同步砂轮切割机的外观

3.4.1　结构简述

铸铁型材在生产中需按用户要求截取成规定的长度。受生产节拍的限制，对型材难以直接切断，故采用了先切槽再压断的工艺方案。

切割机的用途是在型材上切槽，它由夹紧机构及同步切割小车、砂轮切割机及进给系统、切深及砂轮磨损补偿调整系统和回车系统四部分组成。

1. 夹紧机构及同步切割小车

夹紧机构及同步切割小车如图3-11所示。

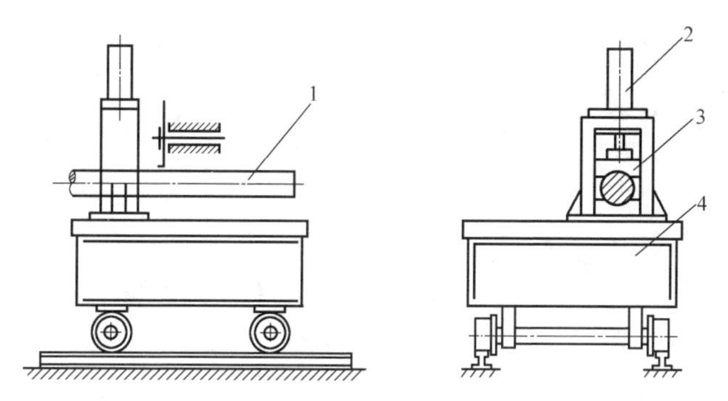

图3-11　夹紧机构及同步切割小车
1—铸铁型材　2—夹紧油缸　3—夹紧机构　4—同步切割小车

夹紧动作是靠上下两块V形块的相对运动实现的，为保证铸铁型材拉制时中心高度始终不变，采用了杠杆机构（图3-12）。其中，上V形块与夹紧油缸相连，在电磁阀的控制下可沿导轨上下移动，同时带动下V形块运动，实现夹紧和松开动作。当型材被夹紧后，借助牵引机的拉拔力推动切割小车，使之在轨道上移动，从而实现铸铁型材与切割小车的同步运行。

2. 砂轮切割机及进给系统

砂轮切割机及进给系统如图3-13所示。

砂轮切割机是由三相交流电动机、V带传动、磨头主轴及切割砂轮组成的，它固定在切割小车的立柱上，立柱由进给油缸带动在水平导轨上实现慢进、快退的切割运动。进给量的大小是按进口节流调速原理由调节调速阀来控制的。

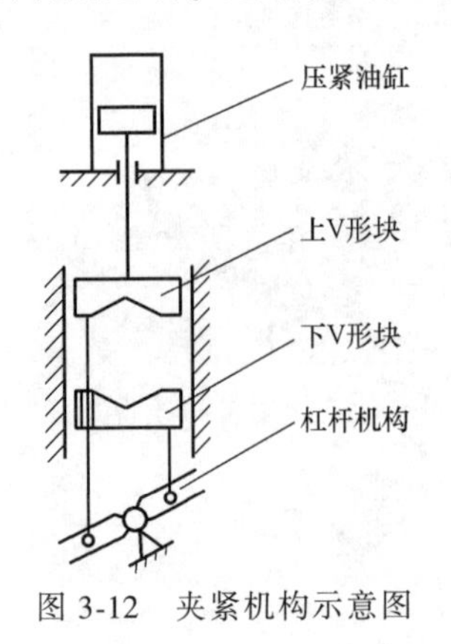

图 3-12 夹紧机构示意图

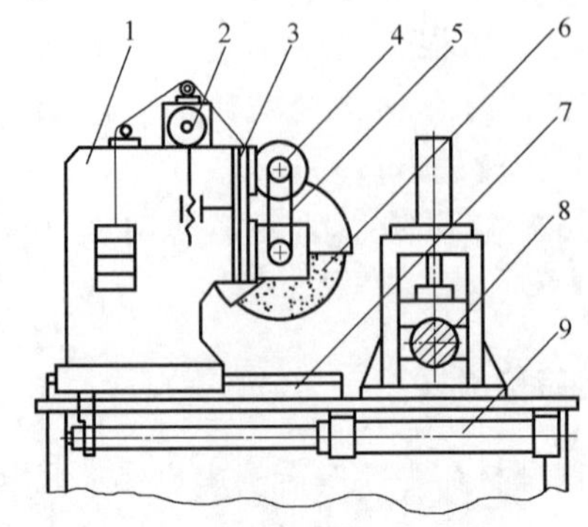

图 3-13 砂轮切割机及进给系统

1—立柱 2—调整电动机 3—垂直运动导轨 4—电动机 5—传动带 6—砂轮 7—水平运动导轨 8—铸铁型材 9—进给油缸

3. 切深及砂轮磨损补偿调整系统

砂轮架由调整电动机经蜗轮蜗杆减速后，再由丝杠螺母带动沿立柱上的垂直导轨上下移动，从而实现砂轮相对型材的切深及砂轮磨损后的补偿调整。移动量的多少可由标尺显示。

4. 回车系统

同步切割小车的回车系统简图如图 3-14 所示。

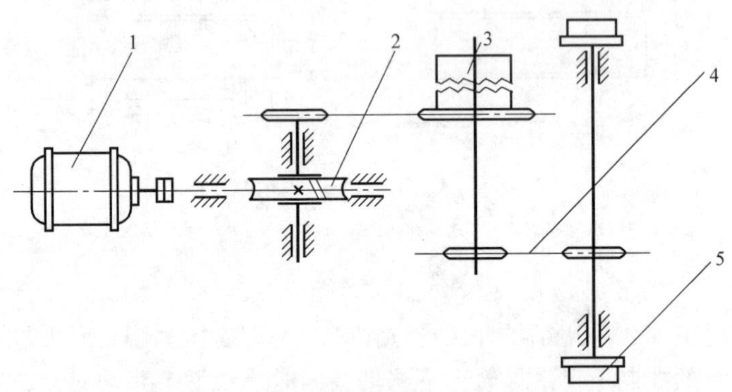

图 3-14 同步切割小车的回车系统简图

1—电动机 2—蜗杆传动 3—电磁离合器 4—链传动 5—车轮

切割小车的前进是靠夹紧机构夹紧型材后，借助牵引机的拉拔力实现的，属于被动推进。当切槽工作完成后，夹紧机构松开铸坯，小车将依靠回车系统返回原来的工作位置。回车系统由交流电动机经联轴器带动蜗杆减速器再经链传动和电磁离合器与车轴相连，当按下回车按钮时，电磁离合器吸合，电动机运转带动小车回位。

3.4.2 主要技术规格

1）适用于单、双流型材的切槽。

2）一次切槽的最大深度不大于10mm。

3）能切割的最大型材直径为250mm。

4）砂轮进给速度调整范围：0.5～2mm/s。

5）切割砂轮用的驱动电动机规格：

① 三相交流：380V。

② 空载转速：3000r/min。

③ 输出功率：5.5kW。

6）同步砂轮切割机夹紧钳口的中心高为850mm。

7）同步砂轮切割机的外形尺寸（长×宽×高）：1650mm×1250mm×1876mm。

8）整机质量约3000kg。

3.4.3 保养和维护

1）定期检查V带的松紧程度，根据情况，必要时进行张紧或更换。

2）外露部分应经常擦拭干净，并对未喷漆的加工表面涂油，以防止生锈。

3）砂轮升降蜗杆减速器内应该有足够的油量，并定期更换机油。

4）所有运转、滑动部分，如轴承、导轨处，应经常保持润滑。

5）定期检查夹紧油缸及进给油缸的供油压力，必要时给予调整至所需值。

6）当砂轮磨损到ϕ200mm以下时，必须更换新的砂轮。

7）定期清理集屑槽、集屑袋内的结块及磨屑。

8）定期清理小车台面上黏附的磨屑。

3.5 压断装置

压断装置是给铸坯施加压力从而使铸坯在切口处折断的装置。在铸铁水平连铸生产中，由于受生产节拍的限制，同步砂轮切割机不能直接将被拉出的铸坯在短时间内按所要求的长度切断，只是在铸坯的一定长度上切出一个一定深度的窄槽，因此，在随后的过程中，还需要通过压断装置将铸坯在切槽处压断，最终实现截断铸坯的目的。

压断装置的外观如图3-15所示。

3.5.1 结构简述

图 3-15 压断装置的外观

压断装置由限位机构、支承机构及压断油缸三个独立部分组成。当铸坯上的切槽到达支承点后，压断油缸动作，使型材由切槽处折断。压断装置的工作原理如图 3-16 所示。

1. 限位机构

设置限位机构的目的是防止铸坯在压断时向上拱曲，影响铸坯的拉拔和切割。限位机构运动简图如图 3-17 所示。鉴于铸坯的中心高为固定值，因此不同尺寸的铸坯必须通过丝杠螺母调整限位辊的高度，以保证在铸坯压断过程中的有效限位作用。

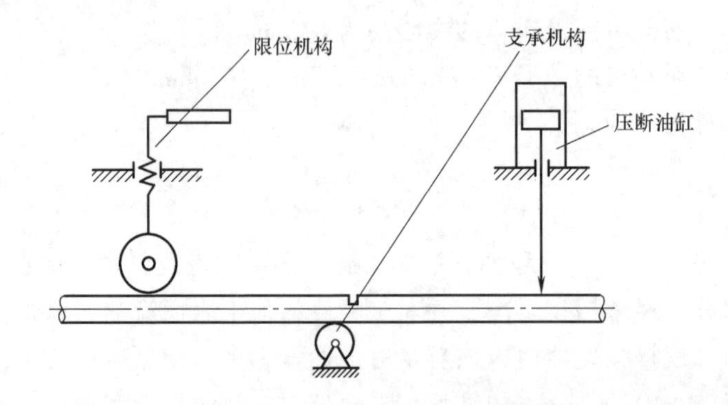

图 3-16 压断装置的工作原理

2. 支承机构

支承机构是用来作为弯曲折断时的支点，其结构如图 3-18 所示。

鉴于该支点需要承受很大的压力，且其高度需根据型材尺寸的大小而变化，故采用垫铁来调整该支点的高度位置。

3. 压断油缸

压断油缸安装在一个固定的龙门架上，采用三位四通阀实现快进快退动作，完成压断功能。同时，该压断油缸还可用来装卸结晶器的石墨套，这时由另外一个三位四通阀实现慢进快退动作。

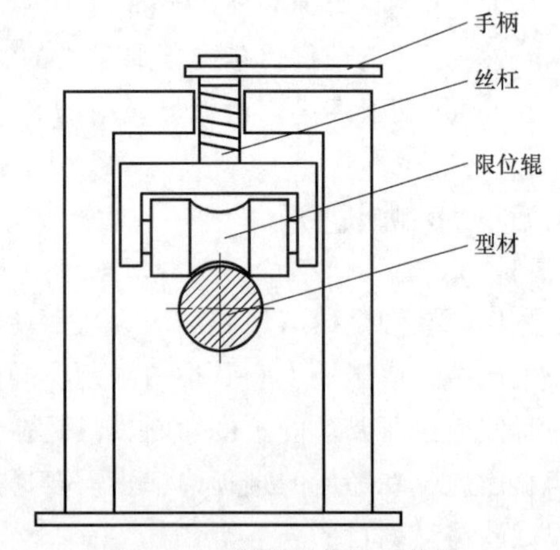

图 3-17 限位机构运动简图

3.5.2　主要技术规格

1）适用于单、双流型材的压断。

2）能压断型材的材质为各种牌号的灰铸铁、球墨铸铁及其他铸铁型材。

3）最大压断载荷为 32t。

4）能压断的型材截面（带有一定深度的窄槽）：不大于 ϕ250mm。

5）被压断型材的长度：1500～4000mm。

6）压断装置的外形尺寸（长×宽×高）：2775mm×910mm×2445mm。

7）整套压断装置的质量约为 2000kg。

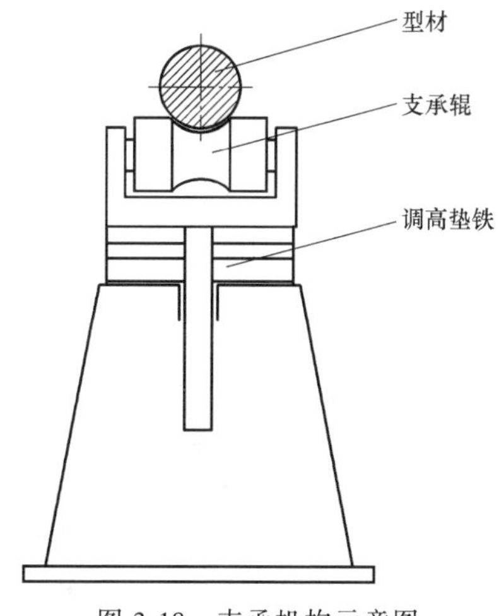

图 3-18　支承机构示意图

3.5.3　保养和维护

1）外露表面应经常擦拭干净，加工表面应涂油保护，以防止生锈。

2）导轨部分应经常润滑。

3）定期检查供油压力，检查油缸动作速度，必要时应予以调整。

3.6　接料与出线装置

为了防止铸坯压断后跌落时冲撞设备，连铸生产线上专门设置了接料装置，用以缓和铸坯跌落时的冲击振动。

压断后的铸坯，必须及时脱离生产线，以免影响生产的连续进行。出线装置就是将压断后的铸坯，由传送部分的驱动辊送到预定位置，再由推料油缸将铸坯推出生产线。

接料与出线装置的外观如图 3-19 所示。

图 3-19　接料与出线装置的外观

3.6.1　结构简述

1. 接料部分

接料部分由接料油缸、V 形托及限转杆构成，如图 3-20 所示。V 形托直接装在接料油缸上，为防止 V 形托的转动，在其上安装有限转杆，限转杆在导向套中滑动，以确保 V 形托位置确定。

2. 出线装置

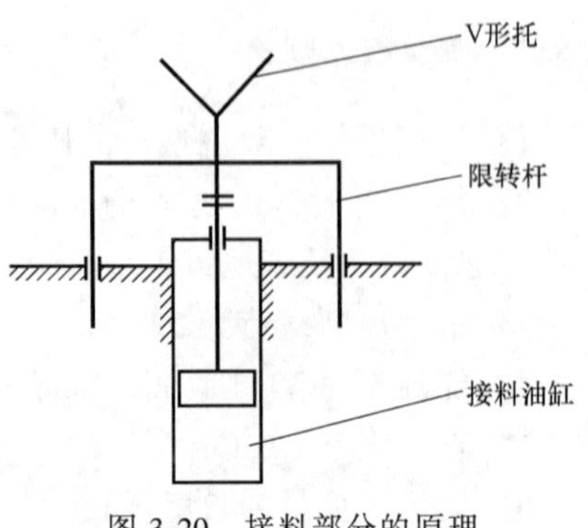

图 3-20　接料部分的原理

由传送部分及出线机构两部分组成。其中，传送部分是通过驱动辊将型材送往预定位置（图 3-21）以便出线。共有八个驱动辊，分为两组。前面一个辊，采用直接驱动方式，后面七个辊，安装在辊架上由链传动带动间接驱动。所有的驱动辊均做成带有弧形的形状，用以给铸坯定位。在后面七个驱动辊之间安装有防护板，防止铸坯压断时插入两辊之间无法传送，当铸坯由驱动辊传送到一定位置后，碰到最后的挡板，不再前进即为抵达预定位置。

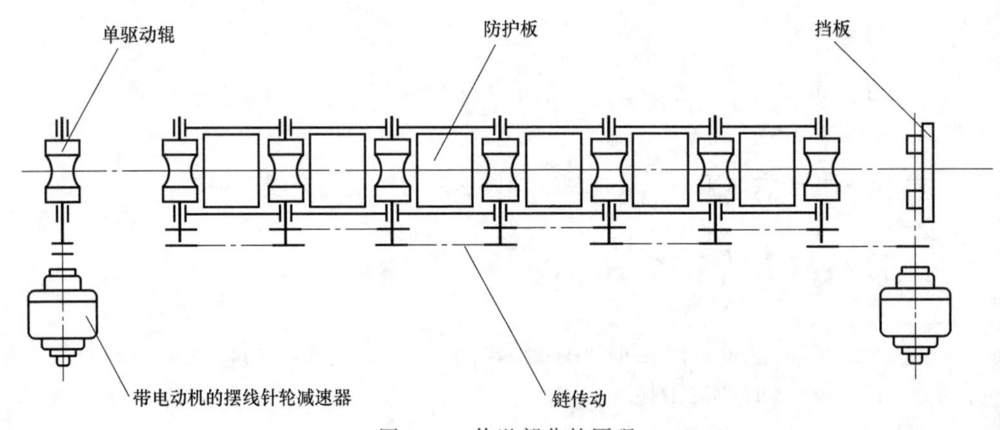

图 3-21　传送部分的原理

出线机构由推料油缸、推板及出线斜架组成，如图 3-22 所示。当铸坯抵达预定位置后，推料油缸带动推板将铸坯推出驱动辊，并沿出线斜架滚到存放地点，以便集中吊运。

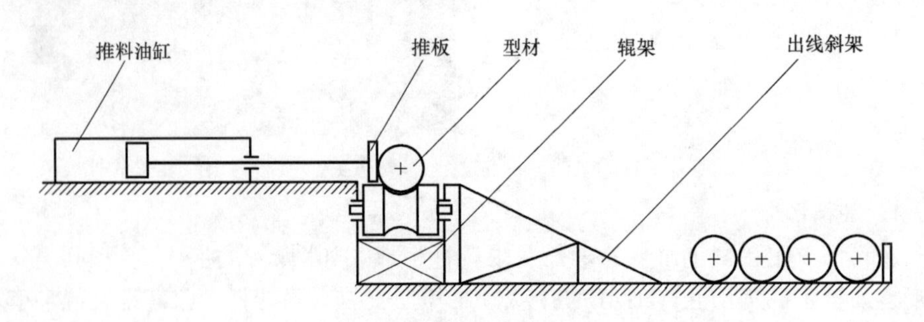

图 3-22　出线机构的原理

3.6.2　主要技术规格

1）适用于单、双流铸坯的接料与出线。

2）适用的铸坯截面尺寸：ϕ30～ϕ250mm。

3）适用的铸坯长度：1500～4000mm。

4）整套装置的外形尺寸（长×宽×高）：6050mm×3460mm×560mm。

5）整套装置的质量约为 2000kg。

3.6.3　保养和维护

1）外露表面应经常擦拭干净，对未经处理的加工表面，应涂油保护，以防止生锈。

2）运动部分应经常供油润滑。

3）定期检查两推料油缸是否同步，若不同步，通过调整调速阀使之同步。

4）定期给减速器加润滑机油。

5）定期给链传动有关部件滴油润滑。

3.7　液压系统

3.7.1　液压系统的组成及相关事项

液压系统是铸铁型材水平连铸成套设备中不可缺少的重要组成部分，它主要用来供应各单台设备中所必需的油压，从而使各单台设备中的油缸能完成诸如：压紧、加压、夹紧、松开、进给、回位、压断、推出等功能。

液压系统的泵站外观如图 3-23 所示。

a)

b)

图 3-23　液压系统的泵站外观

a）Ⅰ号泵站　b）Ⅱ号泵站

1. 结构简述

(1) Ⅰ号泵站　Ⅰ号泵站所辖液压系统适用于连续工作，它由一台三相交流电动机经联轴器带动齿轮泵工作，将油从油箱内经初级过滤后吸出，经溢流阀(用来调控系统油压)、单向阀及二级过滤器后送往各供油点，为确保工作安全，在Ⅰ号泵站上增加了一套备用供油系统，如图3-24a所示。

1) 牵引加压油路。牵引加压油路可分为常压和加压两套油路。常压的通道是压力油经减压阀、单向阀及一个三位四通阀后进入油缸，通过调整减压阀，使其在适当的油压下压紧；当牵引辊摩擦力不足，即正常压力不足时，立即转换成加压方式，其通道是压力油经单向阀及另一个三位四通阀进入油缸，此时的油因未经减压，故油压较高。为避免两个三位四通阀互相影响，在电路上实行互锁，从而确保工作的可靠性。

2) 切割夹紧和进给油路。切割夹紧油路是通过减压阀、单向阀及二位四通阀进入夹紧油缸的。当夹紧后，压力继电器起作用并接通切割进给电路，从而切割进给的油路才能起作用。切割进给的油路是通过减压阀经三位四通阀、进给调速油路进入油缸的，通过调整调速阀可以控制进入油缸压力油的流量，实现调速要求。

3) 接料油路。压力油通过减压阀、单向阀及三位四通阀进入接料油缸。铸坯压断前，打开接料油路，将接料油缸的活塞杆推出，使接料用的V形托伸至型材下约50mm处，以便压断铸坯后接料，接料后油缸退回原处。

4) 推料油路。通过减压阀、单向阀及两个二位四通阀、同步油路来驱动两台推料油缸，同步油路通过调整两个调速阀实现同步动作。

为了实现缓冲及背压需要，所有的回油油路均加有节流阀。为了方便制造及检验，各部分油路的液压元件均安装在该部分油路的液电控制柜中的液压板块上。

(2) Ⅱ号泵站　Ⅱ号泵站的组成元件与Ⅰ号泵站类似，仅供油压力要求高一些、流量大一些，另外，Ⅱ号泵站无备用供油系统，如图3-24b所示。

1) 压断油路。压断油路分为缓动与快动两套油路。缓动用于向结晶器内压入石墨套，快动用于压断型材，其油路原理同牵引加压油路，其动作快慢均由调速阀调整。

2) 液压管道。总输油管采用直径不小于20mm的无缝钢管，分管则用直径不小于8mm的无缝钢管，接口处不允许漏油。

2. 液压系统原理

液压系统的原理如图3-24所示。

3. 主要技术规格

1) Ⅰ号泵站液压系统的供油压力为4~6MPa。

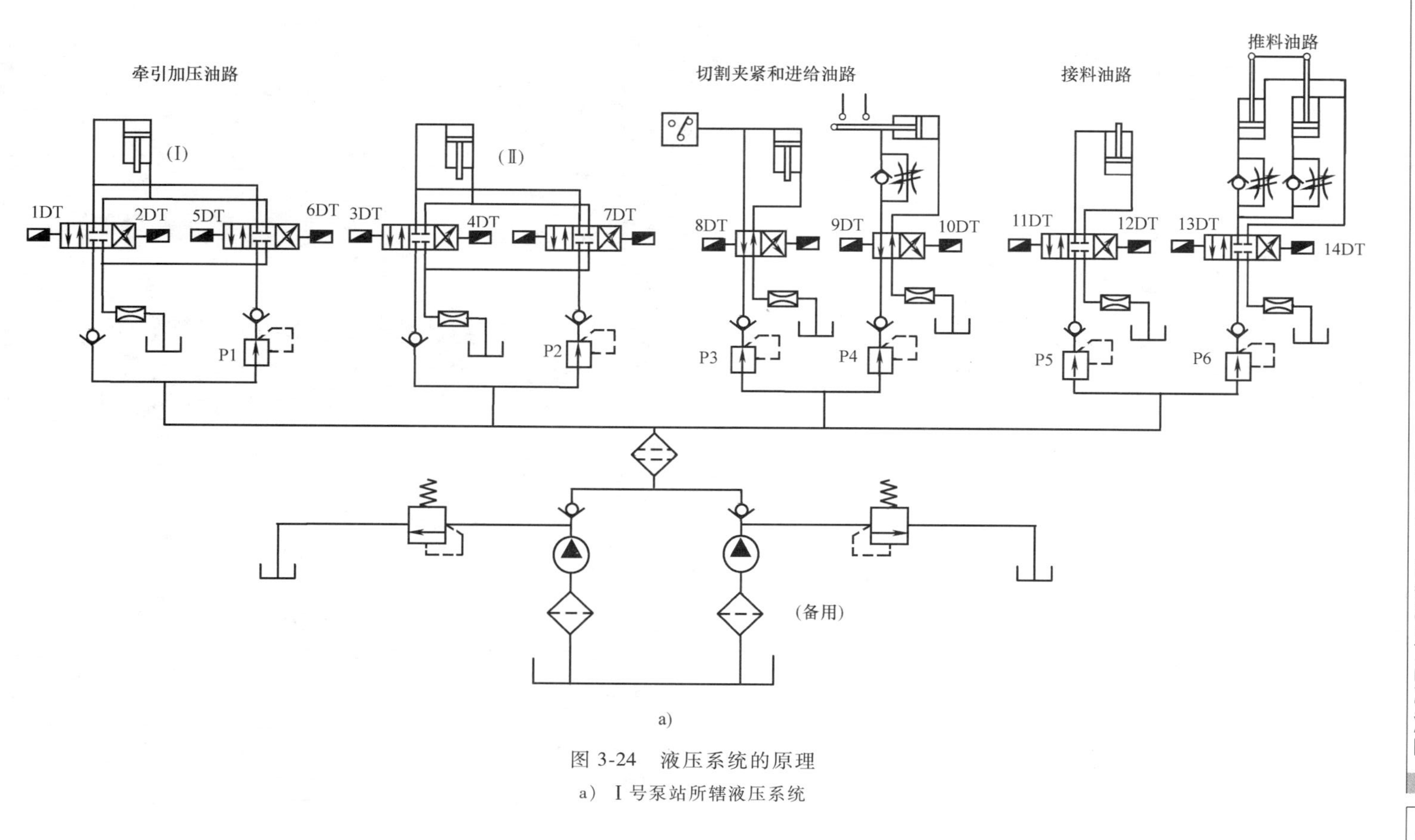

图 3-24　液压系统的原理

a）Ⅰ号泵站所辖液压系统

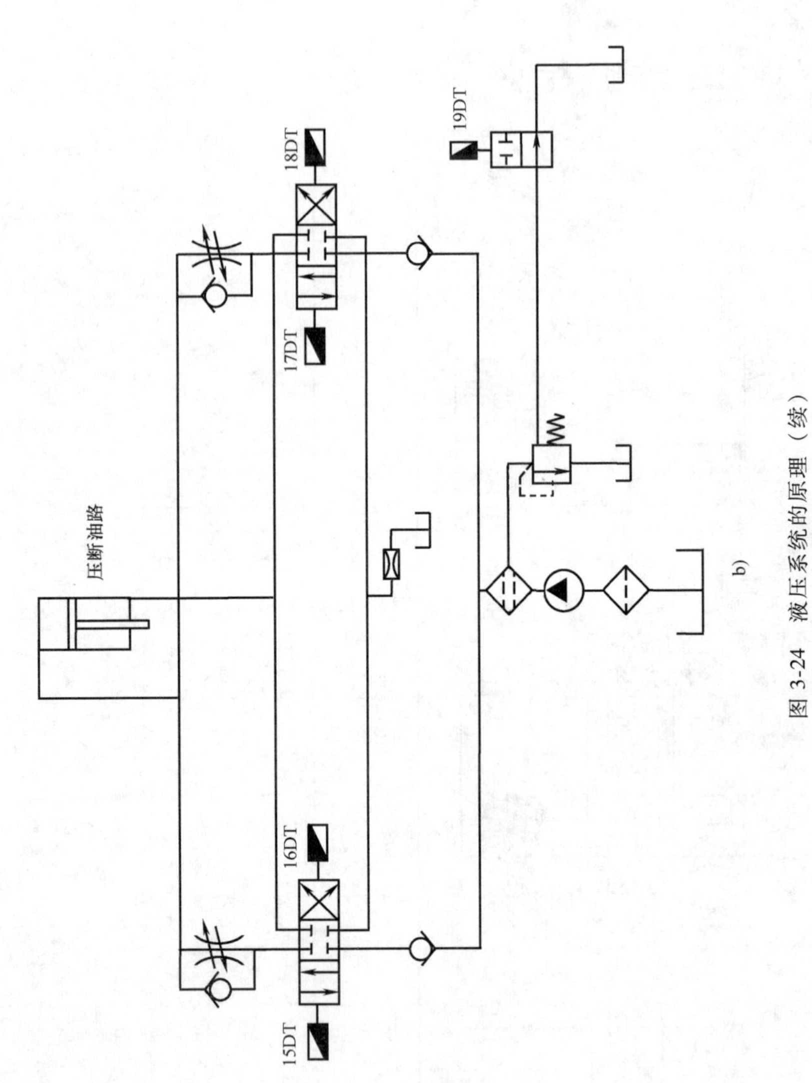

图 3-24　液压系统的原理（续）

b）Ⅱ号泵站所辖液压系统

2）Ⅱ号泵站液压系统的供油压力为10~15MPa。

3）牵引压紧及加压油缸的供油压力为2MPa及4MPa。

4）切割夹紧油缸的供油压力为4~6MPa。

5）切割进给油缸的供油压力为3MPa。

6）压断油缸的供油压力不低于10MPa。

7）进出油总管直径不小于20mm，分管直径不小于8mm。

8）两泵站外形尺寸（长×宽×高）约为1300mm×1000mm×1500mm。

9）每台泵站的质量（不含管道和油）约为500kg。

4. 液压系统的安装

为了消除因泵站的振动对油路接头紧密性的影响，泵站必须做出地基，并用水平仪将泵站调平。

所有的管道接头，安装后均需试压（10~20MPa），不得有泄漏处。液压系统中电器除操作的电磁阀外，均需远离泵站，以免发生事故。所有油缸处均应安装压力表以显示该处工作油压。

油泵所用电动机的旋转方向，必需按照油泵对转向的要求接线。

5. 调试和操作步骤

1）合上总电源。

2）起动油泵电动机（待运转5min油压稳定后，方可进行以下操作）。

3）检查各油缸的供油压力，当压力值不符合需要时，通过调整相应的减压阀使之达到所需值。

4）调整各回油系统中的节流阀，保证缓慢动作，以防止发生冲击。

5）调整切割机进给油缸的进给调速阀，使进给油缸的进给速度不大于2mm/s。

6）调整压力继电器，以确保在规定压力下能够动作。

7）拉拔时牵引机的油缸以常压压向牵引辊。切割夹紧油缸使铸坯被夹紧，当该处压力达到某一定值时压力继电器动作，接通进给油路中的继电器，切割进给油缸才能进行动作。调整压断油路上的调速阀使缓动和快动符合要求。

8）在连续生产中，Ⅰ号泵站的两套油泵系统应经常互换工作，避免一套系统长时间连续工作使电动机过热。

6. 保养与维护

1）定期更换初级过滤器。

2）定期清洗高级过滤器。

3）定期更换润滑油并清理油箱。

4）定期调整系统油压及工作油压。

5）定期调整进给油缸的进给量。

6）定期调整回油系统的节流阀。

7）定期检查压力继电器是否在规定压力下动作。

3.7.2 液电控制

1. 简述

铸铁水平连铸生产线上各主要设备的油缸，其动作依靠电磁阀的换向及油缸调压、调速来实现。电磁阀的动作由电气控制完成，电磁阀装在各自的液电控制柜内。

各主机电控线路功能如下：

（1）牵引机电控系统

1）升降油缸的压紧、加压、停止及回位由两套三位四通电磁阀换向完成。

2）牵引辊的转动由两个直流电动机间接驱动。

（2）同步砂轮切割机电控系统

1）夹紧油缸的夹紧及松开由二位四通电磁阀换向完成。

2）砂轮机的起动及停止直接由按钮控制。

3）砂轮托架上、下位置的调整依靠电动机正、反转完成。

4）切割油缸的进给、停止及回位由三位四通电磁阀换向完成。

5）切割小车的回位依靠电磁离合器和电动机完成。

6）各动作的上、下限位由设在主机上的行程开关实现。

7）切割及夹紧在电路上实现联锁，即在联锁状态时，砂轮机只有回到原始位置时才能使夹紧油缸松开动作有效。在电路上还实现了夹紧后才能切割进给及在砂轮转动时不能上、下运动的程序控制，以保证砂轮切割机运动的安全可靠。

（3）压断装置电控系统　实现两种速度的压下动作，即快速压下为压断铸坯用，慢速压下用作结晶器石墨套的装拆。

（4）铸坯出线电控系统

1）驱动电动机的运转及停止直接由按钮控制。

2）接料油缸的上下由电气控制二位四通电磁阀换向实现。

3）推料油缸的推出、回位由电气控制二位四通电磁阀换向实现。

2. 液电控制部分的维护

1）控制台上的按钮均为轻动式按钮，操作者不要用过大力量按动，以防损坏。

2）经常检查各控制中间继电器和接触器的动作是否灵活。

3）定期检查各限位开关是否动作准确无误。

4）检查各接线端子的压紧螺钉是否松动以及护套绝缘是否良好。

3.8 电气控制系统

电气控制系统是指控制牵引工艺（如拉拔周期、拉拔速度、拉停比等）的电路系统以及连铸生产中部分重要参量（铸坯出口温度、冷却水进出口温度、冷却水流量等）的检测与显示电路。该系统主要由以下几部分组成。

1）牵引机调速系统。

2）牵引机拉停控制系统。

3）参量检测与显示电路。

4）其他电路：直流稳压电源电路、信号指示电路。

电气控制系统的主体是主控制柜。主控制柜由上箱体、控制工作台、下柜体三大部分组成，其外观如图 3-25 所示。其中，上箱体包括仪表显示面板及仪表、调节显示面板及仪表、印刷电路板组合体及面板三部分；控制工作台包括工作台和按钮箱；下柜体内安有主电路板，备有直流电源调压器（该调压器的调节手轮和刻度盘在下柜体左侧外面）。

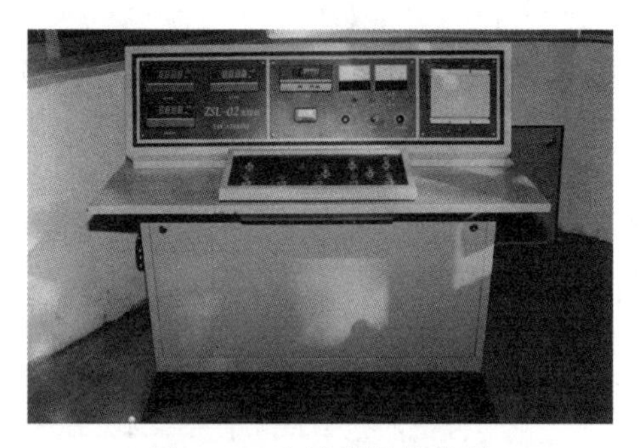

图 3-25　主控制柜的外观

主控制柜的上箱体后门和下柜体前后门均为带舌璜插销的整体式门。工作台上的控制按钮箱外侧带有铰链，双手把住按钮箱两侧向上翻转，即可翻开按钮箱。

3.8.1 牵引机调速系统

1. 原理简介

（1）主电路　主电路采用由晶闸管供电的直流调速系统，晶闸管电路为单相半控桥式整流电路（晶闸管串联接法）。电动机的正、反转由接触器控制电动机电枢极性来实现；周期性的拉停由拉停控制系统直接控制电动机的起动与停止来实现，其原理如图 3-26 所示。图中 KM1 用于接通晶闸管电源；KM2、KM3 用于实现电动机正反转；其工作原理是通过控制晶闸管的导通角 α 大小来控制直流电压 U_d 的大小，从而实现电动机 M 的无级调速。KM4 用于接通备用电源（备用电源由自耦调压器 TB 和不可控整流桥实现供电）。例如，当晶闸管电路发生故障时，可接通 KM4（断开 KM1）使不可控整流桥工作，供给电动机电压。为了不影响正常拉拔，可改变调压器的二次电压 U_2，使其数值符合拉拔速度要求。

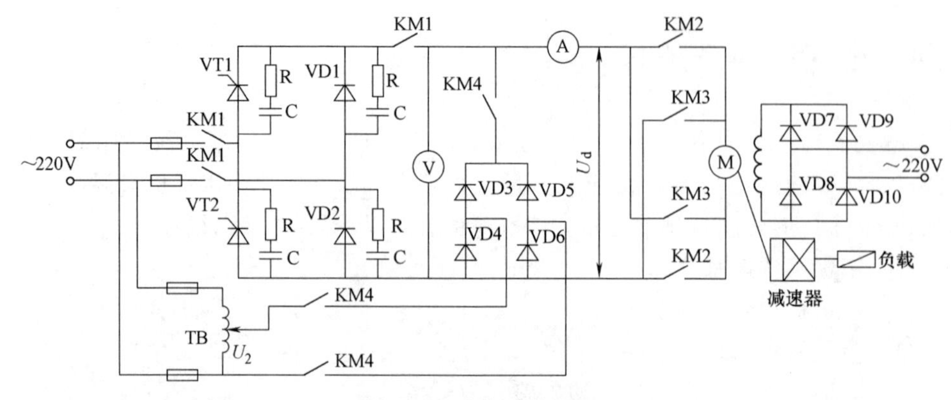

图 3-26 主电路的原理

(2) 控制电路 控制电路由电压放大器、触发器、电压负反馈、电流正反馈及电压微分负反馈等组成。系统结构原理如图 3-27 所示。

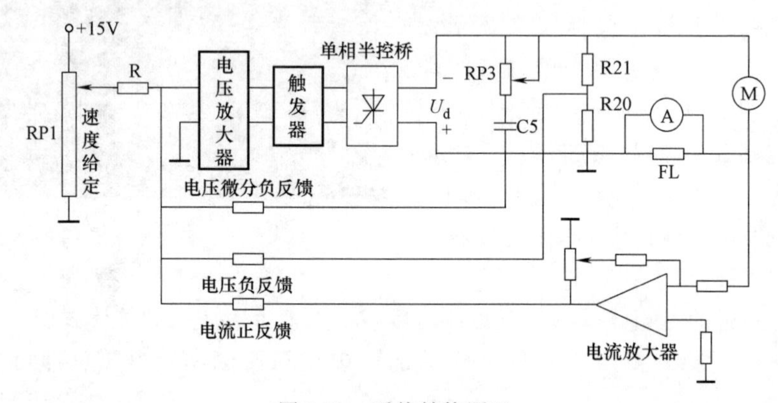

图 3-27 系统结构原理

1) 电压负反馈。整流电压 U_d 经 R20 和 R21 分压后，从 R20 取出电压信号作为电压负反馈信号加到放大器的输入端。

2) 电流正反馈。由电流表分流器两端取出的电压信号作为电流信号（电流表两端 75mV 时，对应主电路的电流为 50A)，经电流放大器放大后由射极跟随器输出，作为电流正反馈信号，以补偿主回路电阻压降引起的降速，提高稳速精度。

3) 电压微分负反馈。为了使系统在起动时减少电流冲击，并使运行稳定，由 C5 和 RP3 组成电压微分负反馈，其反馈强弱可调节 03 号印制电路板上的 RP3（标有“稳定”字样）电位器。

4) 触发器。用来产生可移相的触发脉冲，控制直流电动机供电电压 U_d 的大小。改变给定电压（调 RP1）的大小，便可使脉冲移相，从而改变可控整流电压

U_d 大小，实现调速的目的。

5）电压放大器。其作用是将速度给定电压、电压负反馈、电流正反馈、电压微分负反馈等信号进行综合并放大，控制触发器移相角 α 的大小。

2. 主要技术规格

1）交流电源电压：$U_2=220\text{V}$。

2）直流输出电压：$U_d=0\sim180\text{V}$，连续可调。

3）直流输出电流：$I_d=0\sim30\text{A}$。

4）调速比：$D=1:10$。

5）调速精度：$S\leqslant10\%$。

6）最大拉拔力：$F_m=25000\text{N}$。

7）励磁电压：$U_p\approx190\text{V}$（直流）。

3.8.2　牵引机拉停控制系统

1. 基本原理

拉停控制是通过控制牵引电动机的起动-停止来实现的，其系统框图如图 3-28 所示。

该环节主要由脉宽调制器和输出环节等组成。脉宽调制器输出周期（T）及拉停比例（Q）均可调的方波电压，当该电压为高电位时，被输出环节封锁，则牵引调速系统不受其影响，按速度设定值实现拉拔工作；当该电压为低电位（近似为 0V）时，牵引调速系统电动机停止。这样，由脉宽调制器输出的可调方波电压便实现了对牵引系统周期性的拉停控制。

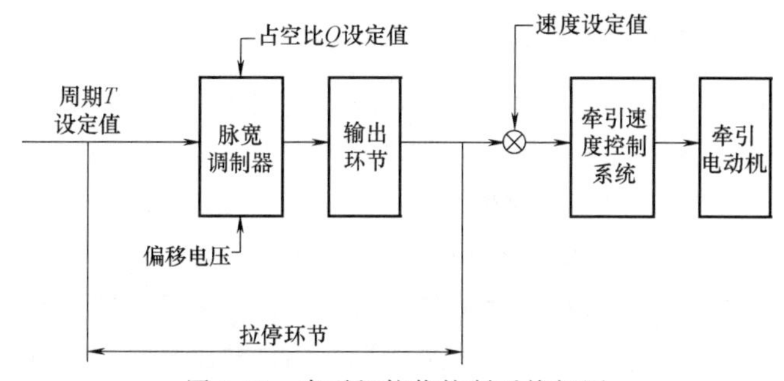

图 3-28　牵引机拉停控制系统框图

拉停周期及拉停比例也可以通过手动控制电动机的起动、停止来实现，它是由工作选择开关及手动按钮来操纵的。

2. 主要技术规格

1）牵引周期：$T=2.5\sim40\text{s}$。

2）拉停比例：$Q=0\%\sim100\%$，$Q=$拉拔时间 t/周期 T。

3）T、Q 可以连续调节。

4）能实现自动与手动转换（自动是指系统按给定的 T、Q 自动实现拉停工作）。

3.8.3 参量检测与显示电路

参量检测与显示电路由感应器与配套的数字显示仪表组成。其包括铸坯出口温度、结晶器进出口水温和水流量等参量的显示。

（1）铸坯出口温度　由安装在保温炉结晶器一侧斜上方的辐射感温计将铸坯出口温度转换成电信号传输到出口温度显示仪表上，实现数字显示。

（2）结晶器进、出口水温　由安装在结晶器冷却水管路上的三支铂电阻将水温信号转换为电信号，直接输出给冷却水温显示仪表，实现数字显示。

（3）水流量　由浮子流量计直接显示。

3.8.4 其他电路

（1）直流稳压电源电路　控制系统需±15V 直流电压，这里采用了由整流块及三端稳压块等构成的直流稳压电源。

（2）信号指示电路　为便于操作，对起动、停止等信号在操纵台上设有信号指示电路。

3.9 辅助装置

3.9.1 保温炉操作平台

保温炉操作平台是保温炉的一个重要辅助设施，操作者只有站在操作平台上才能够进行诸如浇注、扒渣、补加孕育剂、查看炉内铁液量等工作。保温炉操作平台的结构如图 3-29 中的相应部位所示，它由结构钢焊接而成，有足够的刚度、强度，能承受一定的重量；它有扶梯，可供操作者沿梯上下平台；台面周边部分位置设置有栏杆，将操作者在平台上的活动限制在安全范围之内。操作平台的底部安装有四个轮子，可使操作平台在两条平行的钢轨上移动。操作平台上装有一个小型鼓风机，与保温炉后操作孔的位置相对应，其作用在于用焦炭预热保温炉时鼓风助燃。

操作平台在连铸生产前的准备阶段，一般是被推离保温炉以腾出空间便于进行诸如扒焦炭、封堵保温炉后工艺孔等操作。连铸生产开始后，要将其推临保温炉，以供操作者站于其上进行浇注、扒渣、补加孕育剂、查看炉内铁液量等工作。

图 3-29 保温炉操作平台、喷火装置、炉前悬臂吊、支承辊等装置示意图

3.9.2 喷火装置

喷火装置是用来给保温炉提供辅助加热的。它主要用在以下两种情况：

1）在每次连铸生产前的准备阶段，当预热保温炉的焦炭被扒出后，又经历了安装结晶器的过程，保温炉的炉膛温度会大幅度降低，这时要用喷火装置对炉膛进行喷火升温，使炉膛温度达到可以进行连铸生产的要求。

2）在连铸生产的过程中，有时会出现保温炉内铁液温度偏低的情况，这时需要用喷火装置对炉膛内铁液加热，以保证连铸生产正常进行。

喷火装置的结构如图 3-29 中的相应部位所示，它主要由立柱、旋转臂、喷嘴及油气系统组成。喷嘴固定在旋转臂的一端，旋转臂可围绕立柱转动，并且在立柱上下方向位置可调。喷嘴的油、气流量由阀门控制，操作简便灵活。

需要喷火装置工作时，通过旋转臂的转动，可将喷嘴对准保温炉上盖的工艺孔，对保温炉炉膛喷火加热。当不需要加热时，可将喷嘴移开，以腾出保温炉上方的空间，便于进行其他操作（如倒铁液、扒渣、取样、查看炉内铁液量等）。

喷火装置的油气系统主要由油箱、油泵、鼓风机及油管、气管等组成。

喷火装置的主要作用如下：

1）由于喷火装置可提供辅助加热，操作者在扒出预热焦炭和安装结晶器时可从容操作，而不必担心炉膛温度的大幅度降低。

2）由于有喷火装置的辅助加热，可长时间维持保温炉炉膛温度，从而保证了熔化工部与连铸生产线在开拉时刻衔接上的灵活性。

3）喷火装置的辅助加热，不仅可维持保温炉的炉膛温度，而且可提升炉膛温度，有利于满足开拉时刻保温炉炉膛温度的高温要求。

4）在连铸生产中，有时可能会出现保温炉炉内铁液温度偏低的情况，此时，采用喷火装置对铁液加热，不仅可以保证生产连续进行，而且有利于稳定铸坯质量。

5）在连铸生产即将结束、炉内剩余铁液很少时，采用喷火装置的辅助加热，可维持铁液温度，有助于炉内铁液全部拉成铸坯而不留残液，可避免残留铁液对修炉工作带来的困难。

3.9.3 炉前悬臂吊

炉前悬臂吊是在保温炉上装卸结晶器时需要用到的专用辅助设施，它主要由立柱、悬臂、手动导链组成。其中，悬臂可绕立柱转动，手动导链可在悬臂上移动。炉前悬臂吊的结构如图 3-29 中的相应部位所示。

在保温炉上装卸结晶器时，结晶器的重量由悬臂吊承担，从而大大降低了操作者的劳动强度，也有利于提高结晶器安装的质量和速度。

3.9.4 二次冷却装置

从结晶器中拉出的带液心的铸坯需要进一步冷却、凝固。对于小截面积的铸坯（如 ϕ40mm 以下）自然空气下的冷却便可以满足，但对于较大截面积的铸坯（如 ϕ60mm 以上）需要借助水或水汽进行强制冷却，加速凝固。在结晶器之外，对于铸坯进行强制冷却的装置称为二次冷却装置。

铸铁水平连铸要求二次冷却装置具有下列特点：

1）耐热，能经受住高温铸坯长时间的烘烤。

2）结构简单，调整方便，能适应不同尺寸的铸坯要求。

3）可移动，能够在生产准备和事故处理过程中让出保温炉前的操作空间。

4）能按照生产要求，调整二次冷却的水、气流量，以适应不同的铸坯断面、浇注温度和拉拔速度。

二次冷却装置的原理如图 3-30 所示。它是管式结构，将钢管支承在底座上，底座安装有轮子以便于移动。二次冷却装置在空间上三维可调，并且水、气流量也可灵活调整。

铸铁水平连铸生产中，二次冷却装置的冷却水在高压气流的作用下，从铸坯的上方喷向铸坯的上表面，将水、气流量调整适度，使所喷出的水能够被高温铸坯完全汽化而不形成余水。

铸铁水平连铸生产中，二次冷却装置的作用主要有以下三个方面：

1）可有效防止拉漏事故的发生。连铸生产中，铸坯经过结晶器时，由于受收缩和自重的影响，总是与结晶器的下部紧密接触而上部接触状况较差，从而导

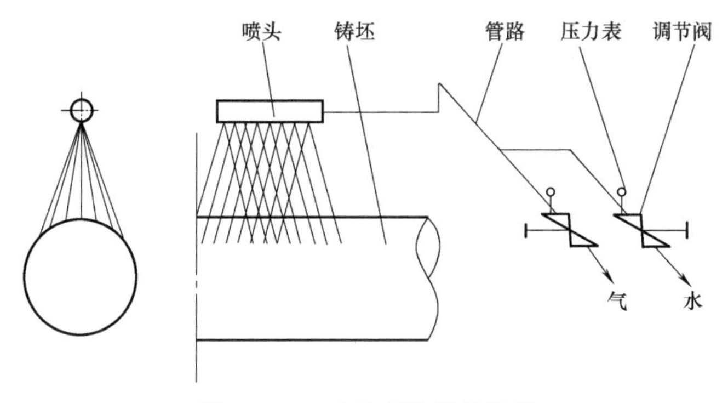

图 3-30　二次冷却装置的原理

致上下部冷却效果不同。因此，当铸坯从结晶器出来时，往往上部温度明显高于下部，与此对应，上部的凝固壳也薄于下部，严重时，液心的散热可将上部的凝固壳熔化，发生拉漏事故。由于二次冷却装置的冷却水是从上方喷向铸坯的上表面，增强了铸坯上部冷却能力，从而可有效地防止拉漏事故的发生。

2）可显著提高生产率。在铸铁水平连铸中，由于存在二次冷却，允许铸坯从结晶器出来的时候有较高的温度，从而可使铸坯以更快的速度拉拔，显著地提高了生产率。

3）降低铸坯温度，减轻对后续设备的烘烤程度。二次冷却可使铸坯温度大幅度降低，减轻了铸坯对后续设备的烘烤程度。

3.9.5　支承辊

支承辊是连铸生产线上为运动着的铸坯提供支承、承担铸坯重量的设施。支承辊的主要作用在于以下三个方面：

1）避免铸坯因自重下坠而弯曲。

2）减轻铸坯重量对其他设备的压力。

3）引导（或限制）铸坯沿确定的路线移动。

在连铸生产线上的支承辊分为三种：普通支承辊、限位支承辊和炉前支承辊，其中，普通支承辊的结构如图 3-29 中的相应部位所示。

（1）普通支承辊　普通支承辊的辊面上设置有 V 形槽，它的主要作用是为铸坯提供支承，虽然 V 形槽有一定的导向作用，但限位的能力很弱。

（2）限位支承辊　限位支承辊的作用在于限位。它针对铸坯因热应力不均在水平方向上发生弯曲的现象，迫使铸坯按确定的路线移动。

（3）炉前支承辊　炉前支承辊是离保温炉最近的一个支承辊，它的结构与其他支承辊不同。保温炉前的支承辊要求比较靠近结晶器的出口，因为从结晶器出来的铸坯温度很高，强度和刚度很低，若无支承，会因重力下沉弯曲，另外，铸坯的重量也会对结晶器产生很大压力，影响石墨套的使用寿命。为了克服这些不利方面，需要在保温炉前安装支承辊。然而，由于保温炉前是事故出铁坑，地面上不允许存在支承辊，于是，保温炉前的支承辊采取在事故出铁坑两边墙上建立支承，托起一根横梁，通过这根横梁来支承铸坯。这根横梁在生产准备阶段可以拿走，腾出保温炉前的空间以便于进行其他操作。

第4章　铸铁水平连铸工艺

铸铁水平连铸是基于一系列设备、装置上的多工序过程，每个工序都有其比较严格的工艺要求，每个工序上的操作者都必须按照其相应的工艺规程进行操作，只有这样才能保证生产连续、稳定以及铸坯质量。

4.1　准备连铸铁液

在铸铁水平连铸生产中，连续、稳定地提供质量合格的铁液，是保证连铸顺利进行和铸坯质量的首要条件。

4.1.1　铁液熔炼方式

铸铁水平连铸用的铁液，可以采用冲天炉熔炼、电炉熔炼，也可以采用双联（冲天炉+电炉）熔炼。冲天炉熔炼比较经济，但在保证铁液温度和调整铁液成分方面不够灵活，另外，冲天炉熔炼存在一定的环保问题。电炉熔炼易于保证铁液温度，可灵活调整铁液成分，但熔炼成本较高，而且，采用电炉熔炼时，需要有几个炉体熔炼铁液，依次使用，才可满足连续生产的要求。双联熔炼兼顾了冲天炉熔炼成本低以及电炉熔炼易保证铁液温度、可灵活调整铁液成分的优点，但同时采用两种方式熔炼，增加了工序，提高了操作者的劳动强度。

4.1.2　铁液质量要求

铸铁水平连铸的工艺特点，决定了它对铁液质量（温度、成分）有较普通铸造更为严格的要求。

对于铁液温度来说，铸铁水平连铸主要有两个要求：

1）铁液温度要求比普通铸造高出50~80℃。因为，普通铸造中，铁液进入铸型后便开始了凝固过程，而铸铁水平连铸生产中，铁液进入保温炉后，是不允许凝固的，它必须具有足够的过热度和流动性，在逐渐进入结晶器之前，应为完全液态。在保证上述要求的前提下，铁液温度不宜过高或过低。铁液温度过高，易产生铸坯轴线缩松，影响铸坯质量，同时，温度高不利于提高连铸生产率，严重时，还可致使坯壳过薄，出现拉漏事故。铁液温度过低，不利于铁液中夹杂物上浮，会影响铸坯质量，同时，温度低还可能引起凝固发生在进入结晶器之前，导致拉断事故。

2）要求浇注温度稳定、波动范围小。在铸铁水平连铸生产中，牵引速度和冷却水流量等工艺参数是相对稳定的，和这些工艺参数相适应的铁液温度也必须相对稳定。只有这样，才能保证铸坯质量和生产的稳定性。否则，当浇注温度大幅度波动时，不仅会给控制牵引速度和其他工艺参数的操作人员带来操作上的困难，而且会影响铸坯质量的稳定性，严重时，可能导致拉断或拉漏事故，中断连续生产。

可见，连铸铁液具备合适的温度既是获得良好铸坯的基础，又是保证连铸正常生产的前提。

铸铁水平连铸对于铁液成分的要求取决于铸坯的组织、性能及截面尺寸等方面，但总体上看，铸铁水平连铸中铁液的碳当量高于普通铸造。这主要是因为铸铁水平连铸的冷却速度很大，只有较高的碳当量，才能有效地避免出现白口组织。

各种规格型材的参考化学成分见表 4-1。

表 4-1 各种规格型材的参考化学成分

铸铁种类	型材直径/mm	C（%）	Si（%）	Mn（%）	P（%）	S（%）
灰铁（相当于 HT250）	40~60 60~100 100~150 150~200	3.4~3.7 3.3~3.6 3.2~3.4 3.0~3.2	2.2~2.8 2.2~2.6 2.0~2.4 1.8~2.4	0.7~1.0	≤0.15	≤0.1
球 铁 R_m≥550MPa A=6%~10%	40~60 60~100 100~150 >150	3.5~3.8 3.4~3.7 3.3~3.6 3.3~3.6	2.8~3.0 2.8~3.0 2.8~3.0 2.7~3.0	≤0.6	≤0.1	≤0.025

对于有特殊要求的型材及大截面的型材，可在表 4-1 所列参考化学成分的基础上再加适量合金元素，如 Cr、Mo、Cu 等。若为异形截面型材，则可按其截面积大小归靠成圆形截面选择成分。

4.1.3 铁液的熔炼及炉前处理工艺

1. 配料

根据原材料（生铁、回炉料和废钢）的化学成分和要求的成分范围，并考虑熔炼过程中元素的增减状况进行配料。应及时检查所生产型材的成分和性能，当出现偏差时及时调整配料。不同材质及截面型材的主要原材料参考配比列于表 4-2。

表 4-2　不同材质及截面型材的主要原材料参考配比

材　质	型材直径/mm	生铁（%）	回炉料（%）	废钢（%）
HT250	40～70	55～60	20～30	15～20
	70～100	45～55	20～30	20～25
	100～150	40～45	20～30	25～30
	150～200	35～45	20～30	30～35
HT300	40～70	45～50	35	15～20
	70～100	40～45	35	20～25
	100～150	35～40	35	25～30
	150～200	30～35	35	30～35
球　铁	各种尺寸	70～80	20～30	≤10

注：当生产实际中回炉料不足时，可加大生铁和废钢的比例。

2. 熔炼

电炉熔炼时，应先加生铁和回炉料，待其熔化后，再加入经过预热的废钢。出铁前 5～10min 扒渣后加入硅铁、锰铁等铁合金。加料时，对首批铁料要小心轻轻地放入炉内，以免将炉衬砸坏，后续的铁料，应避免将带锈的、未经烘烤的铁料直接加入高温铁液中，以防止铁液飞溅；加锰铁时，应用铁钳夹住，先在铁液表面预热，然后徐徐放入铁液中。

炉内扒过渣的高温铁液，当不能按时出铁时，应在表面撒盖碎石墨块屑，以免碳元素烧损过多。出铁前应将表面浮渣清除。

3. 出铁温度

（1）灰铸铁　第一包：1400～1420℃，第二包及以后：1350～1400℃。

（2）球墨铸铁　第一包：1400～1450℃，其余：1400℃。

4. 炉前处理及控制

（1）灰铸铁　炉前应检查三角试块的白口数，三角试块的规格为 20mm×40mm×100mm。各种规格灰铸铁型材所用铁液的推荐白口数列于表 4-3。

表 4-3　各种规格灰铸铁型材所用铁液的推荐白口数

型材直径/mm	<60	60～90	90～120	120～150	>150
三角白口数/mm	无白口	0～1.5	1.0～2.0	1.5～2.0	2.0～4.0

当原铁液白口数过大时，应在出铁前补加孕育硅铁，每补加 0.2%的硅铁，可减少约 1mm 白口，也可在包内补加粒度为 5～15mm 的硅铁（0.2%～0.4%）以减小白口。根据表 4-3 中的白口数生产的灰铸铁型材，其力学性能与 HT250 相当。

（2）球墨铸铁

1）球化处理包：包的有效尺寸应根据需要处理的铁液量确定。

2）球化剂：球化剂应选用 XTMg3-8 或 XTMg5-8，加入量为 1.5%～2.2%（视铁液含硫量而定），粒度为 15～25mm。

3）球化处理：将球化剂称好，放入靠近出铁口一边的包底坝内，并扒平捣实，然后将干净的铸铁屑覆盖其上并捣实。首次处理之前，浇包应先用铁液烫过。将浇包吊到正确的位置，与保温炉工部取得联系后，即可倾炉出铁。位置对正后应大流快速出铁；出铁可分两次进行，首次出 2/3～3/4，使其球化反应，待球化反应基本结束时，立即补充铁液。在补充铁液时应注意观察包内铁液表面上窜的火苗，火苗不得小于 10mm，并结合包内定量的标记，决定补充铁液的多少。为保证型材质量，应配有电子称重装置，以保证铁液定量准确。生产不同规格的球墨铸铁型材，各包次的出铁量见表 4-7 及其说明。生产灰铸铁型材时也可参照执行。

4）孕育处理：孕育剂为粒度 10～25mm 的 75% Si-Fe，加入量为 1.2%～1.4%，撒在球化处理后扒净渣的铁液表面，然后在铁液表面覆盖稻草灰或珍珠岩。

4.2 准备结晶器

结晶器由金属水冷套和镶入的石墨铸型（通常也称为石墨套）组成，石墨铸型的内腔截面形状由所生产的铸铁型材截面形状确定。图 3-3 所示为圆形结晶器的结构，一般用来生产截面为圆形或在水平和垂直方向尺寸比较接近的方形、矩形或其他异形形状的型材。生产扁平截面形状的型材时，结晶器一般采用组合式结构，组合式结晶器如图 3-4 所示。结晶器与保温炉采用定位销定位，并由螺钉连接。

4.2.1 结晶器类型及尺寸的选择

根据所要生产型材的截面形状和尺寸，选择合适的结晶器。对于圆形截面的型材，根据相近原则选用结晶器的型号，但石墨套的壁厚最小不得小于 15mm，以保证石墨套的强度。对于方形截面的型材，其选择原则应为方形对角线长度不大于所允许的最大圆形直径为限；对于矩形截面的型材，应视具体尺寸选择圆形或矩形（组合式）结晶器，其原则，除了为石墨套的尺寸所允许外，还应尽可能地使石墨套周围壁厚均匀。

4.2.2 石墨的选择及加工

1. 石墨的选择

1）石墨铸型采用高纯石墨加工而成。由于连铸的要求，石墨坯料应具有高的热导率、低的热膨胀系数、高的致密度及良好的高温稳定性，一般希望密度在 1.75g/cm^3 以上，抗弯强度大于30MPa，肖氏硬度大于45HS。根据上述要求，石墨的材质应选择G2、G3号或连铸专用的高纯石墨坯料。表4-4为国外连铸用石墨和我国部分工厂生产的高纯石墨的基本性能。

表4-4　国外连铸用石墨和我国部分工厂生产的高纯石墨的基本性能

规格代号	密度/(g/cm^3)	电阻率/μΩ·cm	肖氏硬度(HS)	抗压强度/MPa	抗弯强度/MPa	热导率/[W/(m·℃)]	热膨胀系数/(×10^{-6}/℃)	气孔率(%)	生产厂家
IG-11	1.77	1100	51	78.4	39.2	118	4.5		东洋碳素（日）
SIC-12	1.77	1410	85	93.1	47.0	128	5.0		
SM-600	1.79	<1500		>68.6	—	—	—	<18	上海碳素有限公司
SM-800	1.80	<1500		>72.6	—	—	—	<17	
G_3-Ⅱ	1.7	<1500		>45	>20	—	—	<24	哈尔滨电碳厂
G_3-Ⅲ	1.8	<1200		>50	>20	—	—	<17	
T462	1.8	≤1600	≥40	>60	>30	—	—	≤15	自贡东新电碳厂

2）石墨坯料的尺寸应根据所用结晶器的尺寸和已有的石墨坯料规格，选择直径略大于结晶器铁套内径的坯料，一般应在直径方向上大4mm以上。其长度可视结晶器的长度而定，圆形结晶器的石墨套，一般应为整段石墨，也允许几段拼接，短段长度应不小于水冷套长度的2/5，短段应放在出口端。

2. 石墨套的加工

石墨套的外圆除按图样要求加工外，还应注意以下几点：

1）当采用几段拼接时，两段之间的结合面要与轴线垂直，且表面精度应尽可能高。

2）较短的一段，出口端面外圆应有 $C2$ 的倒角。

3）石墨套外圆直径比铁套内径一般过盈0.05~0.10mm，并经常检查铁套内径，按内径实际尺寸确定石墨套的外径尺寸。

4）外圆及结合面加工好以后，进行初钻孔。

5）石墨套压入铁套内，再按图样要求镗内孔或采用其他可行的方法加工出所要求的矩形孔、异形孔。

6）对于矩形结晶器的矩形石墨，可先加工好上下两半，然后组装水冷外套。

4.2.3　石墨套与铁套的装配

以圆形结晶器为例，石墨套与铁套的装配应按照下述工艺过程进行。

1）将铁套放在压力机底座上，与保温炉接触的一端朝上，下面的法兰盘垫上约 20mm 厚的平整垫铁，注意不要垫入圆孔，垫支的面积也不能太小。

2）放正石墨套，将有倒角的一端朝下，上面再垫上一块平整垫铁，然后缓缓施压，将其压入铁套。当快到底时，可用手指在下面触摸石墨套下降的位置，点动压力机按钮，待石墨套下端与铁套平齐时，即停止施压。当采用两段拼接时，基本方法同上，先压较短的一段，待压至上面与水冷铁套上口平齐时，即停止施压，并将结合面轻轻擦净，再放上另一段，注意平整的结合面朝下，放正，进行施压，一直压到要求的位置为止。

4.3 保温炉的维修与烘烤

保温炉是接纳铁液、保持铁液温度并将铁液引入到结晶器石墨套内的装置。它的位置高低在一定范围内可以调整，这是由于结晶器安装在保温炉上，与保温炉之间是一种相对固定的关系，只有当保温炉的位置高低在一定范围内可以调整时，才可以适应拉制不同类型型材对于结晶器高度位置的要求。与保温炉相关的操作工艺主要有以下一些方面。

4.3.1 炉体筑砌

1. 准备材料

1）修炉前准备硅酸铝纤维板、硅藻土砖、轻质耐火砖、红硅石粉、耐火黏土、膨胀珍珠岩、石墨水浆、焦炭粉等材料，其中部分重要材料的规格及所需数量见表 4-5。

表 4-5 保温炉炉膛材料

序号	名　称	成分、规格	备　注
1	硅酸铝纤维板	δ=25mm（两层叠用）或 δ=40mm（单层用）	外购硅酸铝纤维板 20m^2
2	硅藻土砖	113mm×65mm×230mm	外购 200 块
3	轻质氧化硅黏土耐火砖	1）125mm×75mm×240mm 2）侧厚楔形 3）ρ=0.8-1.0g/cm^3	标准砖 200 块，侧厚砖 200 块
4	打结材料	红硅石粉：耐火黏土=3：1；或其他耐火度在 1500℃ 以上的耐火材料	自备
5	膨胀珍珠岩	膨化颗粒状	25kg

2）将红硅石粉与耐火黏土按 2：1~3：1 的比例搅拌均匀，加适量水混合成

硬泥状材料，以备修筑炉体使用。此硬泥状材料以下称为红硅石粉材料。注意事项：①红硅石粉与耐火黏土的确切比例应视红硅石粉的来货质量而定，以混合后有足够黏度为准；②若手工混合，对于被混合的材料，须反复翻打，使其充分混合均匀。

2. 砌炉

1）上、中、下炉体分别修砌。

2）上炉体全部用红硅石粉材料按图 4-1 要求打成。

3）中炉体四周、下炉体四周及底部均铺两层硅酸铝纤维板，总厚度不得小于 30mm。

4）用硅藻土砖及轻质耐火砖拼砌炉膛，注意各层砖要错开砖缝，每层砖要贴紧，使砖缝最小。用膨胀珍珠岩与黏土混合散料充实砖间的缝隙。

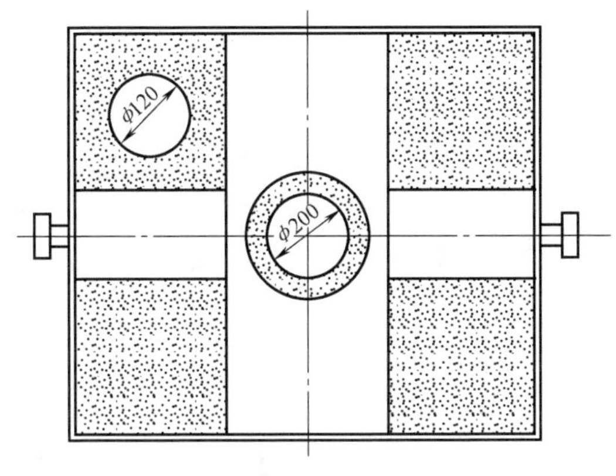

图 4-1　上炉体修筑结构图

3. 打结炉衬

1）采用打结保温炉炉膛及结晶器接口的专用工具，按照尺寸要求，用红硅石粉材料分别打结中炉体及下炉体炉衬。

2）将中、下炉体用螺栓连接起来，用红硅石粉材料将接缝填实打紧（如接缝过小，应有意识地将接缝挖大再填实打紧）。

3）在炉膛底部表面打一层 10mm 厚的焦炭粉与耐火黏土混合料。

4）结晶器接口处刷石墨水浆。

5）打结下炉体炉衬时应注意以下三点：

① 通向结晶器方向的喇叭口应尽可能大，铁液过道口长度 L_1 如图 4-2 所示。

② 与结晶器石墨套相连的接口端面至小过渡板外面的距离 L_2 应为结晶器石墨套伸出端长度加上 2~3mm。

③ 炉底应修成向结晶器接口方向倾斜的斜面，并应捣实。

4. 打结保温炉浇口圈和喷嘴孔盖

用红硅石粉材料打结保温炉浇口圈和喷嘴孔盖。打结喷嘴孔盖时，应注意使喷嘴孔盖上的孔对准炉膛。

5. 打制操作孔砂堵

用干模砂打制操作孔砂堵并烘干。

6. 炉体干燥

炉体修筑完成之后，应在自然通风条件下干燥数日（夏季两日，冬季五

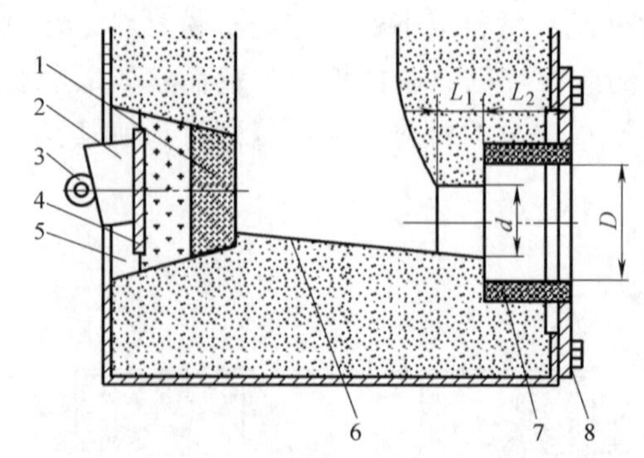

(单位: mm)

型材直径	L_1	d
40～60	20～30	35～55
60～100	30～40	55～95
100～130	40	95～125
130～160	40	125～150
160～200	50	150～185
200～250	50	185～235

D=结晶器石墨套伸出端直径

L_2=结晶器石墨套伸出端长度+2～3mm

图 4-2 结晶器接口尺寸示意图

1—操作孔砂堵 2—楔形铁 3—后门闩 4—后盖
5—操作孔 6—炉底 7—结晶器砂套 8—结晶器连接板

日)，然后经木材或木炭文火烘干，使用前用柴油喷嘴加热至 1000℃左右。

4.3.2 炉体的更换与调整

1. 炉体更换

1）更换炉体前首先松开在炉体后侧下方左、右两边的张紧器，卸下结晶器，并检查是否还有与其他机构相连接的地方，如有，应卸开。

2）卸下中炉体与左右前支柱上铰链相连接的螺栓。

3）用钢丝绳挂住炉体左右两侧吊轴，吊走整个保温炉。

4）吊入炉体的安装与上述拆卸工序相反，吊入新炉体后要检查炉体靠前支柱一面是否与四个定位顶丝（在前支柱上）贴紧。

2. 保温炉的调整

（1）高度调整步骤

1）松开张紧器，旋松铰链丝杠下方的圆螺母。

2）在保温炉支承架四角放入油压千斤顶，使保温炉支承架缓缓上升，使用千斤顶并用水准仪检查使结晶器中心线与牵引机入口处型材的中心线高度一致，其读数误差应控制在±1.0mm。

3）旋紧圆螺母，放下千斤顶。

（2）结晶器与牵引机同心度调整 旋转前支柱调整顶丝和前、后支柱丝杠，使结晶器中心线与牵引机上引锭杆中心线同轴度符合要求，旋紧调整顶丝护罩。

（3）保温炉锁紧 在保温炉高度与同心度调整完毕后，紧固好张紧器，即可投入运行。

4.3.3 使用前的准备工作

1）使用前 12h 用焦炭火加热炉膛，并填满焦炭保持在自然通风状态下不熄火。

2）在使用前 1h，根据焦炭燃烧状况适当鼓风助燃，使焦炭燃烧旺盛。

3）注入铁液前 50min，将炉内焦炭由操作孔掏出，并尽量掏尽余灰。用砂堵堵住操作孔，并用型砂填充适当捣实，然后用后盖、后门闩及楔形铁将其顶牢，同时安装结晶器。

4）注入铁液前 40min，用柴油喷嘴加热炉膛，炉膛内表面加热温度应在 900~1100℃。

4.3.4　事故处理

1）当保温炉内有很多剩余铁液，型材被拉断时，应迅速将结晶器的冷却水关小，将操作平台推离保温炉，在操作孔下方地面平铺一层型砂，然后打开操作孔放出炉内铁液。此应急操作应做好充分准备，以防铁液飞溅伤人。铁液放出后利用手动吊链挂住结晶器，操作者站在结晶器两侧，卸下结晶器，将冻在接口处的残留型材用大锤打掉，放出炉内剩余铁液。在执行此项操作时要特别注意安全，防止烫伤。

2）生产过程中因操作不当在型材牵引时发生泄漏，铁液会经过炉前坑流入事故坑内，待冷却后处理。

3）中途停电时应打开相关的自来水节门保证结晶器中不断水流，停电时间过长应采用人工方法拨动牵引机电动机，将保温炉中的铁液拉完或通过拉漏放出温度过低的铁液。

4.3.5　修炉

1）剔除炉膛内残存冷铁及渣瘤。

2）若发现裂纹，则应剔掉裂纹附近的烧结层，刷耐火黏土水后用红硅石粉材料修补打实，并刷上石墨水浆。

3）修补操作孔，其形状应能使砂堵推到位（图 4-2）。

4）按拉制型材的要求修结晶器接口，铁液过道口尺寸 d 按图 4-2 执行。

5）若发现裂纹严重且钻入铁液形成很多冷铁，或内壁侵蚀过度，则必须将旧炉衬剔除掉重新打结。

4.4　安装结晶器及炉膛喷火

安装结晶器是指将结晶器安装在保温炉上，使结晶器与保温炉成为一体。炉膛喷火是指用柴油喷嘴对保温炉的炉膛进行喷火加热，一般用在烘烤保温炉的焦炭扒出后到连铸生产开始之前。

4.4.1 安装结晶器

结晶器与保温炉之间是通过接口泥实现密封式连接的。接口泥由石英砂、煤粉、黏土，加水混制而成。安装结晶器之前，首先须将接口泥做成圆环状，黏附在石墨套伸出端的端面上，然后，将其塞入保温炉上预留的工艺孔中，并紧固铁套法兰盘上的螺钉。将结晶器固定在保温炉上的同时，也压紧了石墨套伸出端端面上的接口泥，使石墨套端面与保温套之间通过接口泥密封起来。

1. 安装结晶器应注意的问题

1）通水试压检查结晶器，结晶器不得有渗漏现象。

2）检查结晶器尺寸，内孔锥度应符合图样公差要求。

3）检查石墨套伸出端尺寸是否符合图样要求，石墨套内孔应无裂纹或其他缺陷。

4）安装结晶器前，应检查与保温炉配合的法兰面是否平整，螺栓孔位置是否正确，如有毛刺、异物附着应先将其剔除。

5）结晶器装配前，应检查保温炉上与石墨套端面相配合的接触面是否完好无损，若有损坏，则应用专用材料修好后用文火烘干。

6）安装结晶器时，将密封材料放置于结晶器与保温炉之间。密封保温炉与结晶器的材料：石墨粉、石英砂、适量黏土，加水混合而成。

7）结晶器紧固之后，用专用工具从石墨套内孔将接口处的挤出物压平，并将多余的部分掏出。

2. 结晶器冷却水路操作工艺

（1）冷却水管路的连接方法

1）圆形结晶器工作时，选用两对进、出水管，将进、出水管分别与结晶器进、出水口对接旋紧。

2）结晶器水管连接完毕后，要通水检查有无漏水，进、出水管连接有无错误。

（2）结晶器水管管路的维护

1）检查管路系统有无漏水，发现漏水要及时排除。

2）注意爱护水流量计和进、出水温度测量热电偶，不得碰坏、拉脱连接导线及电缆。

4.4.2 炉膛喷火

在烘烤保温炉的焦炭扒出后到连铸生产开始之前，需要用柴油喷嘴对保温炉的炉膛进行喷火加热。在此期间，若不对炉膛进行柴油喷火，则炉温会大幅下降，使得初拉很难正常进行。采用炉膛喷火，不仅可以有效地维持炉膛温度，而且，必要时，还可以进一步提升炉膛温度。

1. 柴油喷嘴的使用步骤

1）检查喷嘴油箱，其油面指示应在工作范围内，如油面过低应加油。检查油箱有无漏油。

2）用手转动喷嘴鼓风机，检查是否转动灵活且无异常响声。

3）起动喷嘴鼓风机。

4）调整柴油喷嘴喷头顶部圆螺母，使喷头出风量合适。经调整合适后一般情况下不再调整。

5）将喷嘴喷头对准保温炉上端加热孔。

6）起动柴油泵。

7）打开油路控制针阀（位于保温炉上方送风硬管的风门附近），待柴油喷出后迅速调整油路控制针阀和风门使火焰无黑烟，火焰达到加热需要的长度。

8）关闭柴油喷嘴时，应先关闭油路控制针阀后停止喷嘴鼓风机。

2. 柴油喷嘴的维护

1）喷嘴油路的溢流阀门（位于油箱上方）在初试时进行调整，其开度在调整好后不准随意旋动，以免影响供油。

2）定期打开过滤器（在油箱内，油泵进油管端头）清理积污，保证油路畅通。

3）定期用压缩空气清理供油管道系统。方法如下：旋开油路针阀至大开位置，将压缩空气由油路三通阀（油箱上方）的压缩空气入口吹入，将三通阀手柄旋向通气一方，使压缩空气由喷头吹出，达到清理目的，清理完成后再将三通阀旋回通油一方。

3. 柴油喷嘴的使用

使用喷嘴前要先开鼓风机再起动油泵，喷嘴引燃时要注意安全，操作者要避免过于靠近炉口处，以免发生烧伤事故。喷嘴引燃后要调整风量和油量使火焰清亮无黑烟，并有少量火焰从结晶器出口喷出为宜。关闭喷嘴时要先关油、后关风，喷嘴暂停工作时要把喷火口用耐火砖盖好，以防烤坏喷头。

4.5　安装引锭系统

引锭系统是生产初期将铸坯引出结晶器并对其施加牵引作用的辅助装置，它由引锭杆与引锭头（图 4-3）组成。在连铸生产中，当引锭系统通过牵引机后，便被依次卸掉，随后的牵引作用直接施加在铸坯上。

4.5.1 安装引锭杆

引锭杆由四节组成，每节的首尾都打有数字记号。生产前，将引锭杆依次放在保温炉至切割机之间的支承辊（包括牵引机的牵引辊）上，头尾相连，用销连接在一起，销孔应尽量与地面平行。

4.5.2 安装引锭头

安装引锭头的步骤如下：

1）将引锭头安装在第一节引锭杆上，并将引锭螺栓装在引锭头上。

2）用接口泥封住引锭螺栓与引锭头的结合处，如图 4-3 所示。

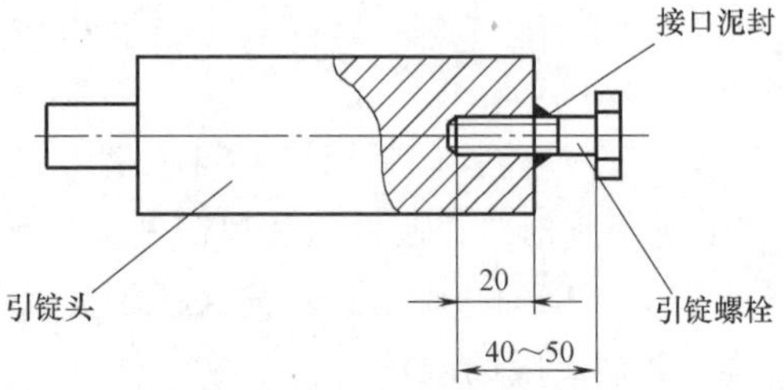

图 4-3 引锭头结构简图

3）用石墨水涂刷引锭头表面。

4）喷火烘烤保温炉的同时烘干引锭头。

5）待保温炉烘烤完毕后，注入铁液前将引锭头插入结晶器内。

6）在拉制 ϕ80mm 以上圆形型材及相应截面方形、矩形型材时，应根据型材尺寸在引锭螺栓前端焊接合适尺寸的冷铁块，以保护螺栓不至熔掉。

4.5.3 水平调整

1）根据拉制铸坯的尺寸，初步调整牵引辊、支承辊的高度至合适位置。

2）将与引锭杆相连的引锭头插入结晶器，进一步调整各支承辊的高度，使整个牵引系统在同一水平上。

4.6 牵引机操作工艺

铸铁水平连铸中铸坯的移动是牵引机牵引的结果。为了保证牵引机按照确定的拉拔速度、拉拔周期、拉停比有效地牵引铸坯，就必须按照合理的工艺规程操作牵引机。

4.6.1 生产前的准备

1）起动与牵引机相关的液压泵站，待供油压力恒定后，空载情况下，通过牵引机操作台面板上的按钮操作两个上牵引辊的升降，使液压管道内充满油液。牵引机操作台面板按钮如图 4-4 所示。

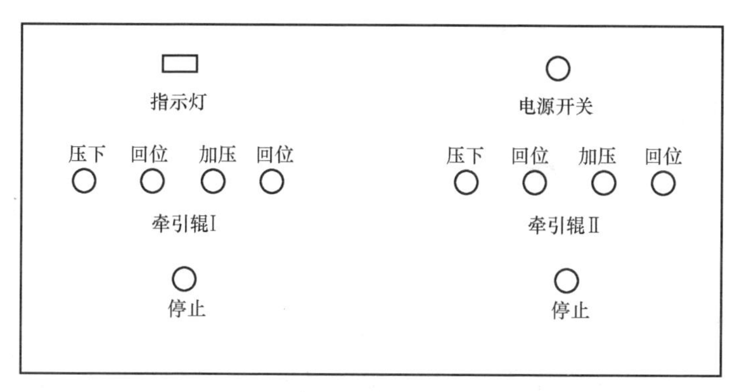

图 4-4　牵引机操作台面板按钮

2）将引锭杆装在牵引机上，通过摇动调整手柄调整两个下牵引辊的高低位置，确保结晶器与引锭杆同一轴线。上、下牵引辊结构简图如图 4-5 所示。

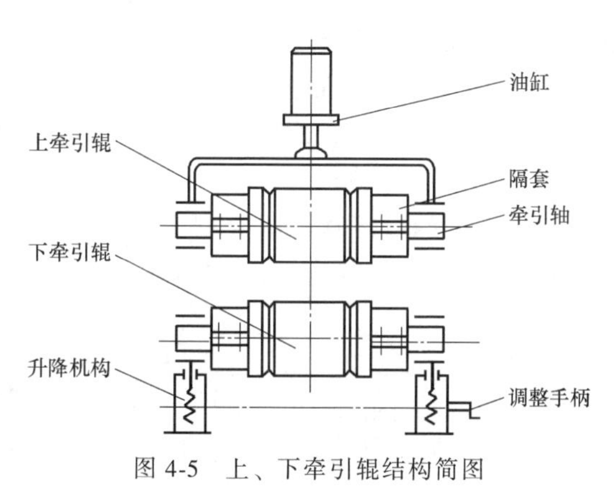

图 4-5　上、下牵引辊结构简图

3）空载起动牵引机电动机，测试拉拔周期、拉停比及对应的拉拔速度。

4）将装有引锭螺钉的引锭头装在引锭杆上，并将引锭头插入结晶器内 100~150mm 深处。

4.6.2　生产过程中牵引机的操作工艺

1）当所拉制的型材与引锭杆的直径不同时，在引锭头接近牵引辊Ⅰ时，迅速张开牵引辊Ⅰ，用牵引辊Ⅱ拉拔型材，同时迅速摇动调整手柄使下牵引辊达到所生产型材的需要高度。待引锭头通过牵引辊Ⅰ后及时将Ⅰ号上牵引辊压下，使用牵引辊Ⅰ拉拔型材。然后，迅速张开牵引辊Ⅱ，调整好Ⅱ号下牵引辊的位置，待引锭头通过牵引辊Ⅱ后压下Ⅱ号上牵引辊。

2）当引锭杆接头通过牵引辊Ⅱ后，拆除销子并取走引锭杆。

3）一般情况下可任选一组牵引辊为主牵引，其油缸工作在压下状态，则另一组牵引辊为副牵引，其油缸处于保压状态，即对于副牵引辊来说，先按“压下”按钮，实现压紧后再按“停止”按钮。拉制型材时，若遇到打滑或拉不动，则按“加压”按钮以增大压力，等进入正常后按“停止”按钮，并恢复原来状态。

4.7 控制室操作工艺规程

控制室操作人员的主要任务是正确、熟练地掌握主控柜的操作方法和技术，经过实践不断总结经验，熟知各种铸铁型材的拉拔工艺参数，并可根据生产中出现的各种情况做出及时、相应的调整，保证生产的稳定性，不断地提高产品质量和生产率。

4.7.1 主控柜的操作

主控柜的操作人员在连铸生产过程中要密切注意观察型材出口温度以及各种参数的仪表显示值，通过调节有关拉拔参数控制、操纵牵引机的工作方式和运转状态，保证优质、高效地拉制型材。

1. 仪表显示面板及仪表

进、出水温度：仪表显示结晶器的冷却水进出水温度。有三只分别安装在结晶器进出水管路上的铂热电偶，将水温转换成对应电信号传输至该表，实现对进、出水温度的数字测量显示。进水温度用一只表进行显示，另外两只表可以分别显示两个结晶器的出水温度，如图 4-6 所示。

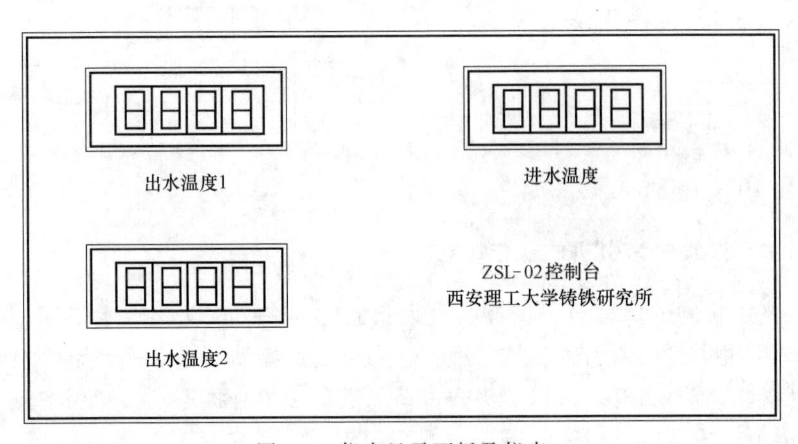

图 4-6 仪表显示面板及仪表

2. 调节显示面板、仪表及调节旋钮

该面板位于主控柜上箱体中部，该面板上仪表的布局及调节旋钮的位置如图 4-7 所示。

（1）出口温度　显示结晶器出口处型材表面温度。由安装在保温炉侧面的 WFT-202 高温辐射温度计利用热辐射转换原理，把型材出口处的表面温度转换为电信号送至该表，实现出口温度测量、显示。

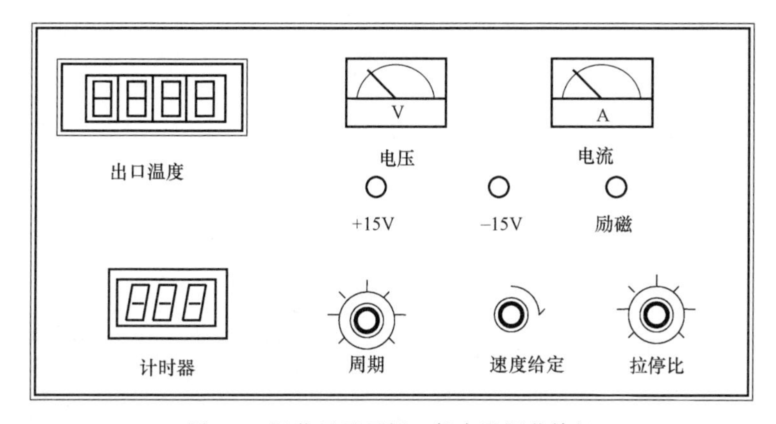

图4-7　调节显示面板、仪表及调节旋钮

出口温度是整个铸铁型材生产过程中最重要的参数之一，操作人员应密切注意观察该仪表值的变化，并及时调整牵引速度。

（2）电压表　显示牵引机电动机的工作电压。电压越高，牵引机工作速度越高，型材移动越快，生产率越高。拉制型材时，电压表正常的工作电压应根据型材的尺寸和各工艺参数情况确定。

（3）电流表　显示牵引机电动机的工作电流。负载越大，电流越大，反之则越小 。在拉制某种规格的型材时，正常的情况是：仪表指针摆动规律一致，最大示值变化很小。

（4）周期选择　该旋钮可控制调节牵引机的工作周期，即拉停一次的时间。范围在2~60s连续调节。一般的规律是，小直径型材选小周期，大直径型材选大周期。

（5）拉停比　该旋钮主要控制牵引机工作周期中拉和停的时间比例。刻度值表示百分数：一次拉拔时间占整个周期的比例。

（6）速度给定　该旋钮位于上述两个旋钮之间，主要是调节牵引机电动机的工作电压，控制牵引机的工作速度，以达到控制型材的移动（拉拔）速度。顺时针右旋该旋钮，电压表工作电压增大，牵引机工作速度增加；反之则减小、降低。

若速度给定的电压越大，则单位时间内的拉拔线速度就越快。因此，对于大截面型材来说，因其凝固过程相对慢些，给定电压要相对低些；反之，小截面型材凝固快，要求拉拔的线速度也要快些，给定电压就要相对高些。仪表显示板上还有+15V、-15V和励磁三个指示灯，可以随时监测控制电源和直流电动机的励磁电压是否正常。

3. 印制电路板组合体及面板

该面板位于主控柜上箱体右边，面板布置及结构如图4-8所示。图中01为控制电路电源印制电路板；02为周期、拉停比例控制电路板；03为速度调节控制电路板。

抽出保护板3，便可看到上述三块电路板小面板上的检测点和参数调节电位器的调节端。

1）01板：+15V、-15V两个检测点。

2）02板：UI、⊓⊓⊓、ΛΛΛ三个波形检测点，另有“偏移”调节电位器。

3）03板：ΛΛΛ、⊓V⊓两个波形检测点，另有“稳定”“偏移”“KI”三个调节电位器。

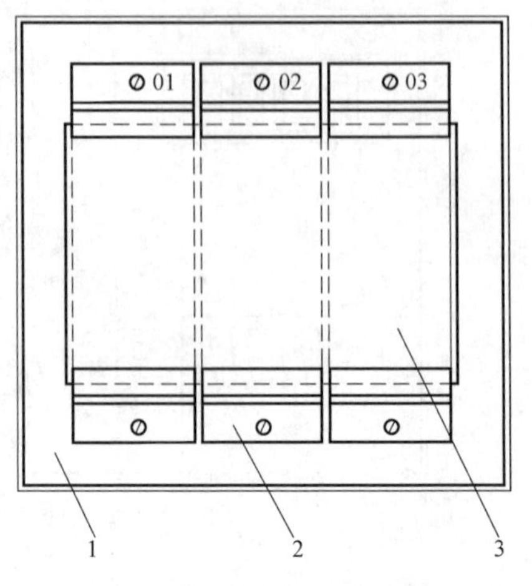

图4-8　印制电路板组合体及面板

1—面板　2—印制电路板面板　3—保护板

4）01A~03A板为备用电路板。

各检测点的电压或波形均是对“⊥”进行测试的。产品出厂时，在安装调试过程中，上述各电位器均已调好，不应轻易变动。平时，操作人员应将保护板3装上，防止误动造成控制系统失灵，酿成事故。

4. 控制按钮箱及操作

控制按钮箱位于主控柜工作台面中间位置。各按钮、开关、指示灯布局如图4-9所示。每个按钮下方均有一行小字，定义了其功能。其中，“电源”开关钮为旋转式开关，插入钥匙顺时针转动即接通整个柜子的控制电源；“工作方式选择”为按压式拨动两位开关，上方两侧各有一个指示灯：“自动”和“手动”，指示所选择的工作方式；“正向”定义为牵引机拉拔方向，“反向”定义为牵引机向保温炉送引锭杆方向；其余为起动和停止按钮。几种工作方式的操作简介如下：

（1）自动方式　工作方式选择“自动”位置，“自动”指示灯亮。依次按压“选向”（正向或反向）、“晶闸管电源”“电动机起动”三个起动按钮，牵引机即在自动方式电路控制下工作，自动地按照所选的周期、拉停比、速度给定三个参数工作，并且这三个参数可由操作者根据不同的情况和各显示表的示值，在不停机的情况下进行调整。停机时按下“电动机停止”。全部拉完停机时，可按下“总停”后再关掉电源。

（2）手动方式　工作方式选择“手动”位置，“手动”指示灯亮。依次按压“选向”“晶闸管电源”两按钮后，按下“电动机起动”按钮，则牵引机工作，松开按钮，牵引机停止。其拉（或送）、停的时间长短及比例由操作者按压按钮和松开按钮的时间决定。此时“周期”和“拉停比”两个调节旋钮不起作用。

（3）备用电源的操作　生产中，当可控整流电路发生故障时，自动与手动均不能正常工作，在这种情况下，应及时启用备用电源系统。方法是先按压“总停”按钮，然后，按压“备用电源”按钮，其上方指示灯亮。调整位于下柜体左侧的调压器手轮，电压选择 30~100V，之后，按下“正向”按钮，牵引机拉拔方向工作。松开“正向”按钮，则停止。这与上述手动方式基本相同，即需人为地控制拉停的时间比例。按下“反向”按钮，牵引机反向（送棒）工作，但松开“反向”按钮后，牵引机并不停止，若要停止，则须按压“停止”按钮。停机时，应按压一次“备用电源停止”按钮。

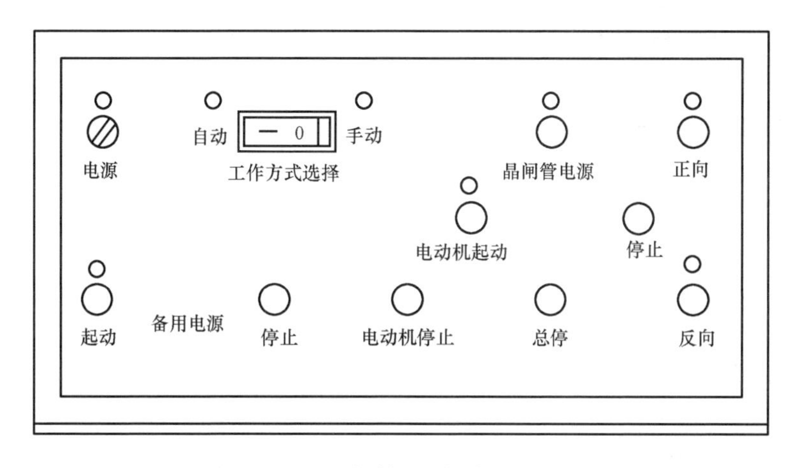

图 4-9　控制按钮箱布局图

4.7.2　一般故障排除

1）电动机不转或不能调速时，要用示波器检查 03 板锯齿波“⋀⋀⋀”检测点有无锯齿波或检查晶闸管控制极有无脉冲，并观察是否可以移相，如不正常可抽出触发板检查焊点是否有虚焊，集成块是否有损坏。如果上述检查一切正常，则可测量晶闸管是否损坏，熔断器管芯是否断路。

2）拉停失灵：主要检查 02 板是否有虚焊，管子是否有损坏，同时还要检查 ±15V 电源是否正常。

3）发现起动电流过大，可调节 03 板的“稳定”电位器。

4）控制变压器及稳压电源输出端都有熔断器，如果发现有稳压电源不正常，则可首先检查熔断器是否完好。

5）强电部分有时会发生起动按钮失灵，接触器触点吸合不正常等现象，这时要检查相应元件及紧固螺钉是否松动。

4.7.3 注意事项

1）操作前必须熟悉各控制按钮、调节旋钮的功能和操作方法，熟知各仪表显示值的意义和正常的示值范围。

2）起动电动机前，应先检查调节显示板上的“励磁”指示灯，如不亮不能起动电动机。

3）开机前应先看“速度给定”旋钮是否调至零位。停机时，须将该旋钮调至零位，以防止起动冲击电流过大，损坏电气元件。

4）操作按钮的动作顺序：先按下方向选择按钮（SB4 或 SB8），再按下晶闸管电源按钮（SB2），然后按下电动机起动按钮（SB6），不可弄错。

5）操作所有旋钮时，均应轻轻用力，防止旋钮损坏。

6）带电时不能拉出或插入印制电路板，以防损坏元件。

7）印制电路板的小面板上各电位器均已调试好，非专职人员（电气维修），不得调整。

8）当自动工作系统电路发生故障时，应及时切换至手动工作方式，当这两种工作方式均不能正常工作时，应及时切换备用直流电源系统工作。

9）坚持每班做运行记录，如实填写操作时所选用的工艺参数。

4.8 拉拔工艺控制

拉拔工艺控制主要是指对“周期”“拉停比”“速度给定”三个参数的控制。拉拔工艺的具体值取决于铸坯的种类、直径，铁液温度，冷却水流量及进、出水温度等方面，对于铸坯的质量与生产率均有重要影响。

4.8.1 生产前的准备

1）提前半小时接通控制电源，使仪器仪表及主控柜有关元器件进入工作状态。检查各仪表示值、各指示灯状态。

2）调节结晶器冷却水流量至适当值，流量计上的示值应稳定。

3）进行各工作方式的试运行和操作演练。

4）通过试拉引锭杆核对所预选的“周期”“拉停比”“速度给定”三个参数的综合情况。

5）按要求调整高温辐射感温计探头的安装位置和距离（型材直径小于100mm 时，以 20 倍于型材直径距离为准；型材直径大于 100mm 时，均以 2m 距离为准），并保证高温辐射感温计探头镜头对准型材出口处型材表面的中心。注意保护高温辐射感温计：为其设置保护罩，平时应防止灰尘污染；镜头定期用专用镜头纸擦拭；生产过程中感温计探头保护套应通冷却水。

4.8.2　初拉

1）根据所拉型材的材质及尺寸，初选拉拔参数（“周期”“拉停比”“速度给定”等）。

2）给定适当水流量。应先取较小水流量，随后逐步增加。

3）当第一包铁液倒入保温炉后，即可起动牵引机开始拉拔。初拉应采用手动工作方式，拉拔速度不宜过快（最初移出结晶器的铸坯以暗红色为好），待拉制过程相对稳定、拉出的型材无明显集中夹渣后，再切换到自动工作方式。

4）对于截面较大的型材，开拉后应及时开启二次喷水冷却装置。喷水应充分雾化，并对准型材温度最高的部位（通常是结晶器出口附近型材上表面颜色最亮的区域）。

5）根据拉出结晶器后型材的表面温度，调整拉拔周期、拉停比、速度给定及水流量等参数，促使拉拔过程趋于稳定并逐步达到最佳状态。

4.8.3　正常生产

正常生产中合理的工艺参数（如冷却水流量、周期、拉停比、速度给定等）受所拉制型材的规格、材质和结晶器石墨套的厚薄等因素影响。表4-6所列为推荐型材拉制生产工艺参数，仅供参考。

表4-6　推荐型材拉制生产工艺参数（以圆型材为例）

型材直径/mm	速度给定电压峰值/V	周期/s	拉停比(%)	初始水流量/(m^3/h)
30~40	80~120	3~5	30~40	0.3~0.5
40~60	70~120	4~8	25~30	0.3~0.8
60~80	60~120	5~9	25~30	0.5~0.8
80~120	50~100	7~15	15~20	0.5~1.2
120~150	50~100	10~25	10~20	0.8~1.5
150~200	40~80	12~25	8~20	0.8~2.0

生产过程中，应密切注意观察出口温度、电压表、电流表、进出水温度等仪表示值变化趋势，及时地调整有关参数。

测温计读数的安全温度为920~960℃（离结晶器出口约100mm处），铸坯呈橘红色。离结晶器出口一定距离后有温度回升现象，然后逐渐变暗。若型材出口呈黄色，则表示出口温度偏高，如黄色过长则有拉漏的可能；反之，若型材出口呈暗红色，则表示出口温度偏低，此时易出白口、损坏石墨套甚至有拉断的可能。出现上述两种情况应立即调整拉拔参数，使之恢复正常。

合理控制冷却水的进、出流量。一般来说，结晶器辅套水流量可开至最大，结晶器主套供水量需根据具体的生产情况确定。对于主套，一般在开始引锭阶段要求进、出水流量较小，推荐的初始水流量仅供参考，当引锭至拉拔正常后，水流量递增至正常水平。进、出水温差一般不宜过小，但温差太大则影响生产率的提高，一般应控制在接近40℃的范围较适宜。生产初期可适当大些，正常后可适当小些。出水温度不得高于80℃，进水温度尽可能低于35℃。进、出水温差由流量大小控制。

4.8.4 注意事项

1）在初拉阶段，铸坯拉出1m之前，如发生漏炉情况，应加速拉脱，使引锭杆、引锭头远离保温炉结晶器。

2）补加铁液时，新加入的铁液，其温度应高于保温炉内的铁液，并临时性适当降低牵引速度。

3）当本班生产即将结束时，一般情况下因此时冷却效果不好应放慢拉速，以把保温炉内铁液全部拉出而不致拉漏。

4.9 续加铁液

向保温炉内续加铁液时，要注意炉内所剩的铁液量，铁液液面应不低于喇叭口。加入铁液时，初期须小流慢冲，待液面上升到一定高度后，方可大流注入。表4-7所列为生产各种规格型材的铁液续加工艺，仅供参考。

表4-7 生产各种规格型材的铁液续加工艺

型材直径/mm	铁液量/kg		
	第一包	第二包	第三包
≤60	150	100	100
60~80	200	150	150
85~100	250	150	150
105~120	250	200	200
125~140	300	200	200
145~160	300	250	250
165~180	350	250	250
185~200	400	300	300

注：1. 第一包与第二包间隔为5~6min。

2. 第二包以后，每包间隔为10~15min。

3. 第三包以后，每包铁液量可根据保温炉内存留铁液情况和型材直径做适当调整。

补加铁液时，应密切注视结晶器出口处型材的表面温度，由于新加入的铁液，其温度高于保温炉内的铁液，可事先临时性适当降低牵引速度。对于大直径型材，这一点尤其值得重视。

4.10　铁液成分的在线控制与调整

在铸铁水平连铸生产中，虽然通过观察型材压断后的断口情况，可以大体判断出铁液成分或球化效果，但由于型材该部位离开结晶器已经较长一段时间，它并不反映保温炉内铁液的当前情况。因此，生产过程中，应周期性地从保温炉内提取铁液，浇注三角试片。通过观察三角试片的断口情况，及时分析铁液成分或球化效果，并依此进行铁液成分的在线控制与调整。

1）对于灰铸铁，当铁液白口过大时，应立即清除炉内铁液表面的灰渣，补加适量的调整硅铁，并加覆盖剂；在下一包续加铁液中再补加适量硅铁，以进一步调整。

2）对于球墨铸铁，要检查球化效果及孕育效果。除首包开始取样外，以后每处理一包续加铁液之前，应在保温炉内取样，若球化衰退严重，则应将续加铁液过处理（即球化剂量适当增加一些）。一般情况下，每班应取金相检查试片3~5片，力学性能试块3~5组。

3）球化判断：若球化剂加入量合适，则球化反应正常，一般都会球化。反应完成后，铁液表面有火苗（类似蜡烛火焰）窜出，即可大致断定已经球化。生产过程中，应坚持在保温炉续加铁液前取三角试片，并敲断观察球化质量。敲断后的断口为银灰色或略带白口，说明球化处理良好。

4.11　切割

铸坯在生产中需按一定的要求截取成确定的长度，但因连铸生产线的特点及生产节拍的限制，不能直接切断铸坯，采用的是先切槽再压断的工艺方案。在切槽过程中需要按照以下工艺规程进行。

4.11.1　准备

连铸生产开始时做以下准备工作：

1）检查砂轮片是否安装牢固、可用。

2）起动相关泵站。

3）合上切割机控制柜电源。

4）打开切割机操作箱电源（图 4-10）。

5）动作夹紧油缸和进给油缸，使管道内充满油液，其中夹紧油缸供给4~6MPa的油压，进给油缸供给3MPa左右的油压。

6）按下“小车回位”按钮，使小车回至切割起始位置。

4.11.2 切割工艺规程

当型材通过砂轮片所在平面并达到所需截断的长度时，进行以下操作：

1）推动小车，使砂轮片对准铸坯上的切割位置，按下“夹紧”按钮。

2）按下“联锁”按钮。

图4-10 同步切割机操作箱面板

3）通过“砂轮下降”“砂轮上升”按钮调整砂轮高度，参考标尺调整吃刀量，通常每次吃刀量以10mm左右为宜。

4）按下“砂轮起动”按钮使砂轮起动。

5）按下“切割”按钮进行切割。

6）当砂轮最低点通过型材时，按下切割“停止”按钮终止砂轮前进。

7）按下“砂轮回位”按钮使砂轮回位。

8）当砂轮完全退出型材约10mm左右时，按下切割“停止”按钮停止砂轮回退。

9）按下“砂轮下降”按钮使砂轮下降一定深度准备再次深切（再次深切时重复5)~9)步骤）。

10）当切口达到要求深度时，使砂轮回位并按下“砂轮停止”按钮，停止切割。

11）按下“解除联锁”按钮解除联锁。

12）按下“松开”按钮使切割机松开型材。

13）按下“小车回位”按钮使小车回至切割起始位置，做好切割下一根铸坯的准备。

4.11.3 结束

当连铸生产结束时做以下工作：

1）关掉切割机操作箱电源。

2）关掉切割机控制柜电源。

3）关掉相关泵站。

4）定期清理切割机集屑槽、集屑袋内铁屑、沙尘。

4.11.4　注意事项

1）切割机工作过程中，轨道两边 1m 以内严禁站人，操作者应站在操作箱的正面。

2）在切割过程中，砂轮切割平面内严禁站人。

3）在切割型材过程中，若出现砂轮碎裂，则应立即依次按下“砂轮停止”按钮、切割“停止”按钮及“砂轮回位”按钮使砂轮停转并回位，然后分析砂轮碎裂原因。排除致使碎裂的因素后，重新更换砂轮。

4）在切割过程中，若出现砂轮转动吃力，说明吃刀量过大，应迅速按下“砂轮回位”按钮，待砂轮退出型材，然后适当调整（减小）吃刀量，重新进行切割。

5）当切割小车运行到离极限位置一定距离时，即使未能完成切割，也应及时停止，让砂轮回位后松开夹紧装置，使小车回到起始位置。

4.11.5　砂轮更换操作工序

当砂轮碎裂或直径小于 200mm 时，按以下操作更换砂轮：

1）关掉切割机电源。

2）打开砂轮罩一端的挡板。

3）松掉砂轮一端的螺母及挡圈（做此操作时需用扳手夹住砂轮另一端带轮附近的主轴）。

4）取下旧砂轮换上新砂轮。

5）套上轴上的挡圈、螺母，并将其紧固（紧固时需用扳手夹住主轴）。

6）安装好砂轮罩一端的挡板。

4.12　压断及出线

铸坯经过切割工序后，只是在确定的位置处形成了一个有一定深度的切口，并没有被截断，在后续的工序中还需要将铸坯从切口处折断（压断），最终实现在连铸过程中按确定的长度将铸坯截断的目的。被截断的铸坯在驱动装置的作用下运行至出线装置上，然后，由推出油缸推出连铸生产线，即出线。压断及出线操作规程如下。

4.12.1　准备

连铸生产开始时做以下准备工作：

1）起动相关泵站，打开压断装置液电控制柜的电源开关（图 4-11），动作压断油缸，使管道及油缸内充满油液，供应 10MPa 的油压。

2）打开接料及出线装置液电控制柜的电源开关，动作接料油缸及推料油缸，使管道及油缸内充满油液，其中接料油缸及推料油缸供应 4MPa 的油压。

3）根据型材尺寸，调整支承机构的垫铁，使型材中心高 850mm 或略低于 850mm。

4）根据型材尺寸，调整限位机构的丝杠，使限位辊轻轻压在型材的上方。

5）使压断辊处于被压型材上方 30~50mm 处。

6）使接料油缸上的 V 形托位于型材下 50mm 左右处，以便压断型材后接料，防止型材冲击损坏设备。

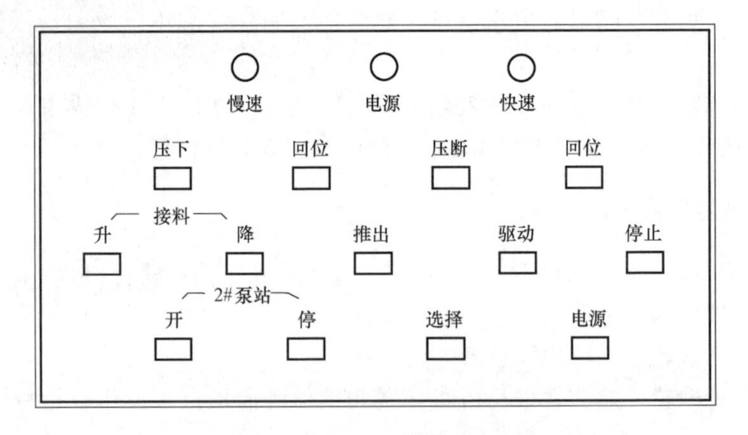

图 4-11 压断机及出线机操作台面板

4.12.2 压断

当型材切口到达压断支承辊时做以下操作：

1）按下“压断”按钮直到型材被压断。

2）松开“压断”按钮，停止下压。

3）按下“回位”按钮使油缸回到起始位置。

4）当型材在切槽处压断后，一端由接料油缸上的 V 形托接住，另一端落在出线装置的防护板上，这时，按下接料油缸“降”按钮，降下 V 形托，使型材处于水平位置，并全部架在出线装置的驱动辊上。

4.12.3 出线

当型材被压断后做以下操作：

1）起动驱动辊的电动机，使型材向后传送。

2）当铸坯到达预定位置，碰到挡板且不再前进时，按下驱动“停止”按钮。

3）起动推料油缸，将型材推出辊架，由出线斜架滚至预定地点集中待运。

4）松开“推出”按钮使油缸复位。

4.12.4 结束

当连铸生产结束时做以下操作：

1）关掉压断机操作台电源。

2）关掉出线机操作台电源。

3）关掉相关泵站。

4.12.5 注意事项

1）在压断过程中，型材周围1m内严禁站人，操作者应站在操作台正前面。

2）若出现压不断的情况，则应立即转告切割工序，加深切口。

3）若发现出线机两油缸不同步时应停止推出，经回位后，再试推出。

4.13 检验

检验是铸铁水平连铸生产中质量管理的一个重要环节。通过检验工作，既可以将铸坯不合格的部分排除在合格产品之外，以保证出厂产品的合格率，同时还可以将发现的问题汇总起来反馈到生产中去，以助于改进工艺、提高产品质量。

4.13.1 型材断口及外观质量检验

1. 灰铸铁

（1）断口　灰铸铁型材的正常断口应为灰黑色，有时表皮会有不足1mm的白口层。对于按规定尺寸压断的每个断口都应检查，若发现表面白口层大于1.5mm应视为不合格。若发现一端正常另一端白口过大，则应进一步检查与此断口相邻的另一段型材，直到两端断口都合格为止。对于白口层过大的型材，可通过热处理消除白口，使之成为合格产品。

（2）表面质量　型材的头部表面往往会有灰渣缺陷，尾部往往会有裂纹，应视具体情况将其去掉。型材不允许有明显的裂纹。对于有少量明显裂纹但分布较分散者，可挑出专门存放，留待做适当处理，裂纹超过型材去除表面缺陷所允许的深度时应将其报废。

2. 球墨铸铁

（1）断口　正常的球墨铸铁型材断口为银灰色或银白色，有时中心会有些发黑。对外层有一定白口的，检查方法与灰铸铁相同。对于未球化的型材，不能作为合格的球墨铸铁产品出厂，但可作为牌号不高的灰铸铁使用。对于白口较大的型材，需采取适当的热处理消除白口。

（2）表面质量　检验方法和要求同灰铸铁。

3. 标识

每次生产的型材，应统计数量，做详细记录，在每根型材上用黄漆标明批号。灰铸铁在端头涂红漆，球墨铸铁在端头涂黄漆。检出的非正品除做上述标识外，还应标出缺陷种类，以待处理。

4.13.2　型材组织、性能检验

1）每班生产的型材中，对于断口合格的型材一般取 3 组试样进行组织及性能检验，按用户需要检验成分、性能（抗拉强度、硬度、断后伸长率）及金相组织。

2）性能试样从型材上直接截取，按国家标准加工抗拉试棒，型材上的取样位置应视型材直径而定：小于 ϕ45mm 的型材为中心取样，大于或等于 ϕ45mm 的型材为 1/2 半径处取样。

3）硬度试样也从型材上沿横断面直接截取，厚度以 12mm 为宜，两面磨平。从距外圆 5mm 处、1/2 半径处及中心测定硬度，并沿不同径向重复测定。表层硬度大于 240HBW 应视为不合格。

4.14　生产中的事故及预防

铸铁水平连铸生产中，当生产工艺严重失当时，有可能发生漏炉、断漏或拉断等事故。这些事故不但中断了连铸生产、造成多方面损失，而且，处理不好时会损坏连铸线上的部分设备，甚至伤及人身。因此，连铸生产中，应根据各种事故发生的原因，防患于未然。一旦发生事故，也应采取合理的措施，将损失减小到最低程度。

4.14.1　出口温度过高而漏炉

1. 形成原因

当某段时间内拉速相对太快，出口温度过高，拉出的型材外壳没有凝固好，从而发生铁液从结晶器前端直接流出，导致保温炉内铁液全部漏光而无法继续生产。

这种事故造成的直接损失有：

1）损失了铁液。

2）中断了连续生产。

3）因铁液喷射，易导致人身事故。

4）易使设备受损。

2. 预防措施

1）拉速不得太快。

2）出口温度不能超标。

3）步长应均匀，不可忽快忽慢，要正常、稳定、连续生产。

4）结晶器水流量不得太小，出水温度不宜太高。

5）结晶器加工合格，冷却均匀。

6）倒入新铁液时要减速慢拉，铁液温度高时要大幅度减速。

3. 发生漏炉事故的应急处理

当发生漏炉事故后，主控室操作人员应当保持冷静，首先停止牵引机，并视具体情况确定是迅速拉脱还是采取补救措施。迅速拉脱时，其他人员应迅速移走二次冷却装置，并关闭水阀，以免事故坑内的铁液发生爆溅。保温炉操作人员应准备工具，待炉内的铁液漏完后立刻采取相应措施。如需拆卸结晶器，在拆卸时注意炉内残余铁液的流出，以免灼伤。卸下结晶器后应立即扒出残余铁液，保护炉口。

4.14.2　出口温度过低而断漏

1. 形成原因

发生断漏的原因是型材出口温度较低，拉拔阻力大。表现为电流表指示的最高值大，且很不稳定，型材断裂后发生漏炉事故。

2. 预防措施

1）提高拉速。

2）提高铁液温度。

3）相对减小水流量。

4.14.3　拉断

1. 形成原因

在拉拔过程中型材被拉断，但并不漏铁液，也就是“棒心冻实了”，这是一种比较严重的事故，不仅中断正常生产，严重时甚至损坏保温炉，不得不重新砌炉。产生这种事故的原因：保温炉水口被炉内残渣阻断，以及拉速太慢。拉断通常发生在开拉阶段，在正常阶段如果拉速过低同样也会发生拉断事故。

2. 预防措施

1）提高拉速，使出口温度高于正常波动范围的下限值。

2）若有必要，尽量使出口温度接近正常波动范围的上限值。

3）开拉时引锭较早起动，初始冷却水量给小一些。

4）每次将保温炉清理干净，杜绝残余铁液形成冷铁，杜绝炉内有大块炉渣等。

5）保温炉预热温度大于900℃。

6）严格控制第一包铁液温度，不得低于1350℃。

第 5 章　铸铁型材的质量及控制

在铸铁型材水平连铸的生产过程中，严格遵守各工艺过程的技术规范是保证铸铁型材质量的基本要求。铸铁水平连铸的主要工艺过程如图 5-1 所示。铸铁型材，之所以在许多方面具有较普通铸件更为优异的性能，既取决于铸铁水平连铸的特殊性，也受生产过程中各种质量控制措施的影响。

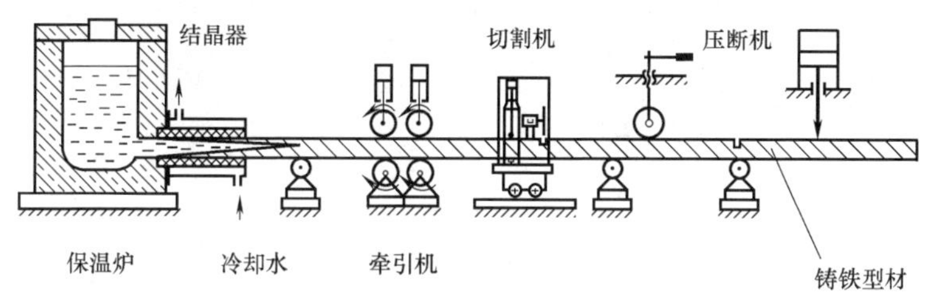

图 5-1　铸铁水平连铸的主要工艺过程

5.1　铸铁型材的组织与性能特点

在铸铁水平连铸过程中，结晶器安装在保温炉的下部，型材拉出结晶器时中心尚有部分未凝固的铁液，如图 5-2 所示（图中Ⅰ、Ⅱ、Ⅲ、Ⅳ、Ⅴ、Ⅵ区域分别为炉内温度区、保温段、冷却段液态区、冷却段凝固区、自温退火段温度回升

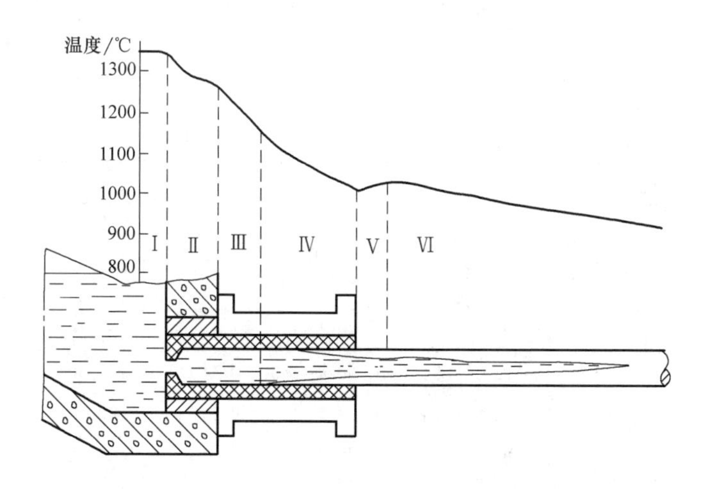

图 5-2　连铸型材的凝固过程示意图

区、自温退火段空冷区)。为了保证良好的补缩并使流入结晶器的铁液与渣分离，保温炉中的液面应控制在一定高度以上，表 5-1 所列为保温炉中所需铁液压头高度与型材尺寸的关系。由于铁液从保温炉下部引出，以及保温炉对于凝固着的型材来说如同“无限”冒口，故其有良好的补缩和净化作用，因而大大减少了缩松、气孔、夹渣出现的可能性，使型材的组织十分致密。加之采用水冷石墨型，其冷却速度为砂型的 30 倍以上，故金属组织中晶粒细小，使力学性能有很大提高。

表 5-1 保温炉中所需铁液压头高度与型材尺寸的关系

圆棒直径/mm	铁液压头高度/mm
11~45	250~450
50~145	290~540
150~250	380~690
260~450	550~715

铸铁型材拉出结晶器后，其液芯凝固时放出的结晶潜热会使已凝固部分温度回升，这种现象随型材尺寸的增大而愈加明显，因而具有一定的自退火作用。铸铁型材凝固时沿轴向的温度分布如图 5-2 所示。

铸铁型材在化学成分设计上考虑到水冷石墨型的速冷作用，在碳当量选择上一般较砂型铸造要高一些，以保证不出现白口。实际生产中在小尺寸型材上往往也难以完全避免白口组织出现。出现白口后需经高温退火消除组织中的莱氏体。表 5-2 及表 5-3 所列为国外某铸铁型材生产企业所生产铸铁型材的化学成分、金相组织特征及相应的力学性能，其中 E 代表共晶石墨灰铸铁（即组织中石墨全部为 D 型石墨)，G 代表一般灰铸铁，D 代表球墨铸铁，ND 代表高镍球墨铸铁。表 5-4、表 5-5 及表 5-6 所列为我国部分工厂生产的铸铁型材的产品牌号、化学成分及力学性能情况。

表 5-2 铸铁型材的力学性能与化学成分

材质	材质牌号	力学性能			化学成分（%）							
		抗拉强度/MPa	A（%）	硬度（HRB）	C	Si	Mn	Ni	Cr	Cu	Ti	Mg
灰铸铁	E-2	176~274	—	75~95	2.9~3.8	1.8~3.4	0.1~1.0	—	—	—	0.1~0.3	—
	E-3	196~294	—	94~104	2.9~3.8	1.8~3.4	0.4~1.0	≤0.5	≤0.3	≤0.8	0.1~0.3	—
	E-C	245~343	—	75~95	2.9~3.8	1.8~3.4	0.1~1.0	—	—	—	0.1~0.3	0.003~0.020
	E-P	245~343	—	94~104	2.9~3.8	1.8~3.4	0.4~1.0	≤0.5	≤0.3	≤0.8	0.1~0.3	0.003~0.020
	E-A	176~245	—	70~85	3.3~3.8	2.0~2.6	0.1~0.6	—	—	—	0.1~0.3	—

（续）

材质	材质牌号	力学性能			化学成分（%）							
		抗拉强度/MPa	A（%）	硬度（HRB）	C	Si	Mn	Ni	Cr	Cu	Ti	Mg
灰铸铁	E-M	196~264	—	75~90	2.8~3.4	3.0~3.8	≤0.4	—	—	—	0.1~0.3	0.003~0.020
	G-2	176~245	—	75~95	2.9~3.8	1.8~3.4	0.1~1.0	—	—	—	—	—
	G-3	196~264	—	90~104	2.9~3.8	1.8~3.4	0.4~1.0	≤0.5	≤0.3	≤0.8	—	—
球墨铸铁	D-4	392~490	14~25	65~92	3.0~3.8	2.2~3.4	0.1~0.5	—	—	—	—	0.02~0.10
	D-5	490~588	7~18	80~100	3.0~3.8	2.2~3.4	0.2~1.0	—	—	—	—	0.02~0.10
	D-6	588~686	>2	93~105	3.0~3.8	2.2~3.4	0.4~1.0	—	—	—	—	0.02~0.10
高镍球墨铸铁	ND-2	392~441	8~15	75~92	≤3.0	1.5~3.0	0.7~1.25	18.0~22.0	1.75~2.75	≤0.5	—	0.02~0.10

表5-3　铸铁型材的金相组织和特征

材质	材质牌号	金相组织	主要特征	相当牌号
灰铸铁	E-2	共晶石墨+铁素体基体	切削加工性能好	JIS FC20
	E-3	共晶石墨+珠光体基体	淬透性良好	JIS FC25
	E-C	共晶石墨+铁素体基体	抗拉及冲击性能好	JIS FC25
	E-P	共晶石墨+珠光体基体	抗拉、冲击性能、淬透性及耐磨性好	JIS FC25
	E-A	共晶石墨+铁素体基体	退火、硬度低、切削加工性好	—
	E-M	共晶石墨+铁素体基体	耐热好	—
	G-2	外部：共晶石墨+铁素体基体中心：片墨+珠光体基体	—	JIS FC20
	G-3	外部：共晶石墨+铁素体基体中心：片墨+珠光体基体	强化珠光体，淬透性好	JIS FC25
球墨铸铁	D-4	球墨+铁素体	断后伸长率大	JIS FCD40
	D-5	球墨+铁素体+珠光体	硬度高、强度高、耐磨性好	JIS FCD50
	D-6	球墨+珠光体	硬度高、强度高、耐磨性好、断后伸长率低	JIS FCD60
高镍球墨铸铁	ND-2	球墨+珠光体	无磁、耐磨、耐腐蚀	ASTM D-2 ISO NiCr20-2

表 5-4 铸铁型材的主要化学成分

牌号	化学成分（%）				
	C	Si	Mn	P	S
LZHT150	3.2~3.7	2.2~3.4	0.4~0.8	≤0.15	≤0.12
LZHT200	3.1~3.6	2.2~3.4	0.6~0.9	≤0.15	≤0.10
LZHT250	3.0~3.6	2.2~3.4	0.7~1.0	≤0.15	≤0.10
LZHT300	2.9~3.5	2.2~3.4	0.8~1.2	≤0.15	≤0.10
LZQT450-10	3.2~3.7	2.3~3.2	≤0.4	≤0.08	≤0.03
LZQT500-7	3.2~3.7	2.3~3.2	≤0.4	≤0.08	≤0.03
LZQT600-3	3.2~3.7	2.3~3.2	0.3~0.6	≤0.08	≤0.03
LZQT700-2	3.2~3.7	2.3~3.2	0.3~0.6	≤0.08	≤0.03

注：表中数据来源于我国部分铸铁型材厂联合制定的企业标准 LHQB1—1998（表 5-5 和表 5-6 同）。

表 5-5 灰铸铁型材的最小抗拉强度

牌号	型材尺寸/mm					
	~30	>30~40	>40~60	>60~100	>100~160	>160~250
	最小抗拉强度/MPa					
LZHT150	150	145	130	120	105	90
LZHT200	200	195	170	160	145	130
LZHT250	250	240	220	200	180	165
LZHT300	300	290	250	230	215	195

注：1. 表 5-5（表 5-6 同）中“型材尺寸”指圆形截面型材的直径，对于矩形或异形截面者而言，指与之截面积相等的圆形截面型材的直径（简称换算直径）。宽厚比大于 5 的板材“型材尺寸”为型材厚度的 2 倍。

2. 性能指标为本体取样。型材尺寸小于 45mm 者为中心取样，其余为 1/2 半径处取样。

表 5-6 球墨铸铁型材的最小抗拉强度及断后伸长率

牌号	型材尺寸/mm			
	~120		>120~250	
	最小抗拉强度/MPa	断后伸长率（%）	最小抗拉强度/MPa	断后伸长率（%）
LZQT450-10	450	10	400	8
LZQT500-7	500	7	420	5
LZQT600-3	600	3	550	2
LZQT700-2	700	2	650	1

铸铁型材的石墨十分细小，一般普通灰铸铁型材的表层为十分细小的 D 型石墨，分布在十分发达的奥氏体枝晶分解产物之间。由于石墨细小故金属基体在二

次相变时，奥氏体中的碳原子易沉淀在一次石墨上而形成铁素体基体，石墨由表层向心部逐渐变粗，中心部分一般为 A 型石墨，基体中的珠光体数量也逐渐增加。图 5-3 所示为 ϕ80mm 灰铸铁型材铸态金相组织。当需要生产珠光体灰铸铁型材时，可考虑应适当加入某些合金元素（Mn、Cu、Ni、Cr、Mo、Sn、Sb 等），如加入 0.8%~1.0%的 Cu 或 0.15%~0.30%的 Sn 可以较大幅度提高基体中的珠光体量。

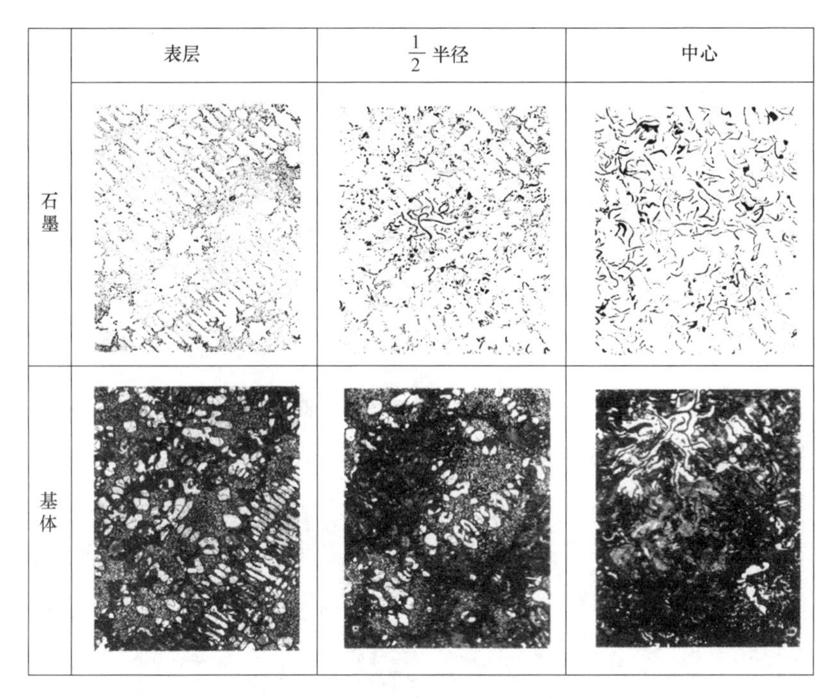

图 5-3　ϕ80mm 灰铸铁型材铸态金相组织

注：基体腐蚀 4%硝酸酒精（×100×1/2）

连铸灰铸铁型材与砂铸试棒的硬度比较如图 5-4 所示，不同直径的连铸灰铸铁型材与砂铸试棒在相应部位处，连铸灰铸铁型材的硬度皆高于砂铸试棒，两者之差为 30~50HBW。另外，从硬度沿型材横截面上分布情况看，连铸型材表层与中心部位硬度差值较砂铸试棒小，因此连铸型材具有更好的断面齐一性。

图 5-5 所示为 ϕ80mm 球墨铸铁型材铸态金相组织。ϕ80mm 球墨铸铁型材与砂铸试棒定量金相测定结果列在表 5-7 中。由于石墨球数量多且细小分散，与砂铸试棒相比在强度相近的条件下，铸铁型材的断后伸长率有较大的提高。东风汽车公司采用球墨铸铁型材等温淬火生产奥贝球墨铸铁齿轮，热处理的变形量小并且稳定可控，从而省去了昂贵的磨齿工艺，取得了良好效果。其性能在 900℃保温 2h 加上 235℃等温 2h 条件下与砂铸球墨铸铁对比结果列于表 5-8。

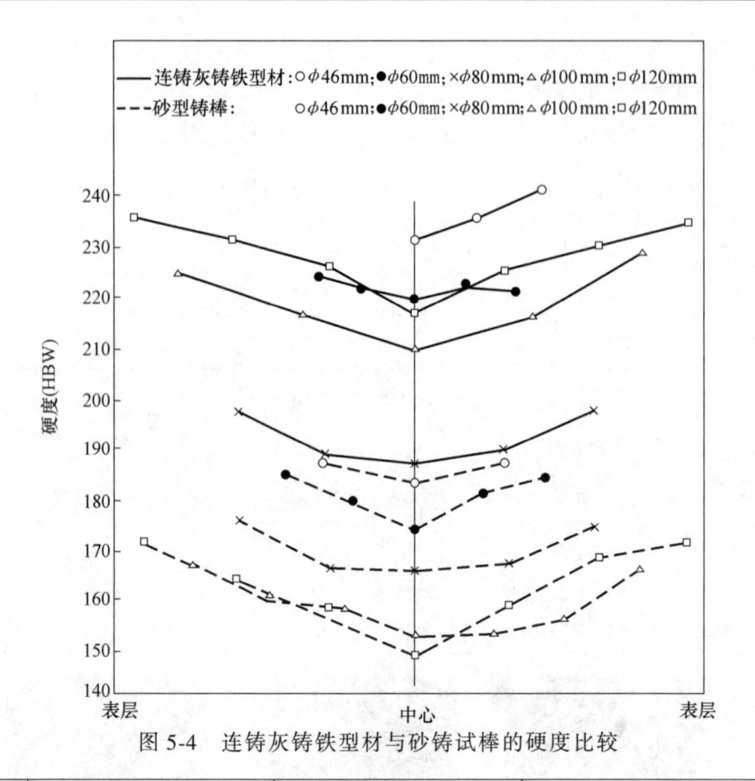

图 5-4 连铸灰铸铁型材与砂铸试棒的硬度比较

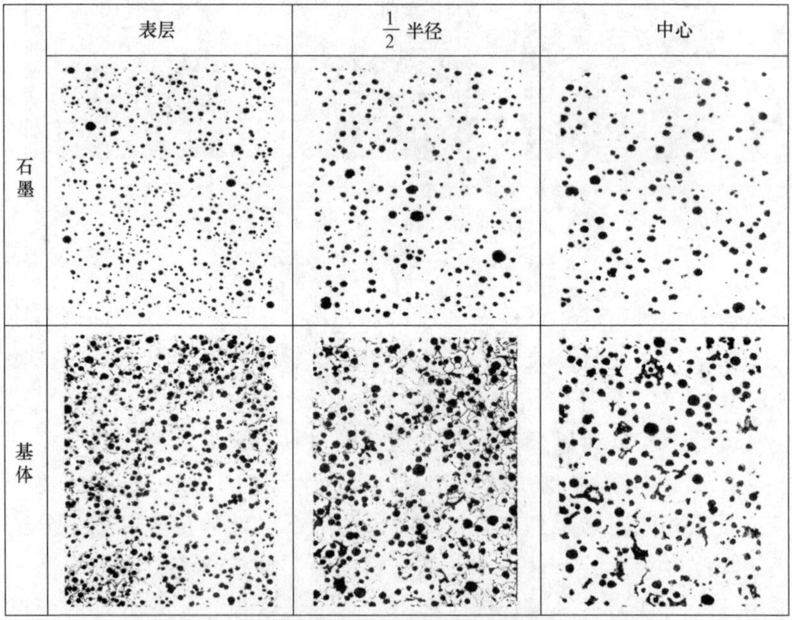

	表层	$\frac{1}{2}$半径	中心
石墨			
基体			

图 5-5 ϕ80mm 球墨铸铁型材铸态金相组织

注：基体腐蚀 4%硝酸酒精（×100×1/2）

表 5-7　球墨铸铁定量金相及力学性能测定结果

试　样	石墨球平均直径 /μm	平均石墨球数 /(个/mm^2)	平均单个铁素体晶粒面积 /$μm^2$	球化率 (%)	R_m /MPa	$R_{p0.2}$ /MPa	A %	化学成分(%)			
								C	Si	RE	Mg
连铸试棒	22.03	523.0	359.9	90	517.5	361.2	23.36	3.3	3.1	0.012	0.026
砂铸试棒	58.62	162.7	668.5	80	430	262.4	16.08	3.6	2.8	0.019	0.021

表 5-8　球墨铸铁型材与砂铸球墨铸铁等温淬火后的性能对比

试样条件	球化等级	石墨大小等级	基体组织	R_m/MPa	A(%)	硬度(HRC)
砂 铸	1~2	5~6 级	上贝氏体+下贝氏体+残留奥氏体	1300.8	4.43	33~36
连 铸	1~2	7 级	上贝氏体+下贝氏体+残留奥氏体	1320.9	10.4	36~38

注：表中数据为六组试样平均值。

连铸型材有优良的抗疲劳性能，采用 ϕ80mm 连铸型材在 1/2 半径处取样，与 ϕ30mm 砂铸试棒在弯曲应力作用下，转动 10^5 次得出的疲劳强度的比较结果见表 5-9。在抗拉强度相近的前提下，连铸型材的疲劳强度较砂铸试棒提高 57.5%，疲劳比提高 58.1%。

表 5-9　灰铸铁连铸型材与砂铸试棒抗疲劳性能比较

试样条件	试样号	抗拉强度 R_m /MPa	R_m 的平均值 /MPa	疲劳强度 σ_{-1} /MPa	σ_{-1}/R_m
连铸	L-1 L-2 L-3	311.4 342.0 299.0	317.5	210.8	0.664
砂铸	S-1 S-2 S-3	324.8 311.2 320.7	318.9	133.0	0.420

注：每组 10 支试样，分别测定能承受 10^5 循环次数的试样有效载荷数据的平均值，每组有效载荷数据不少于 3 个。

表 5-10 是连铸型材与砂铸试棒的密度比较，就碳当量同为 4.2%而言，砂铸试棒的密度为 7.075g/cm^3，而连铸型材的密度为 7.141g/cm^3。由于连铸型材的材质致密，故其耐压气密性好。图 5-6 所示为灰铸铁耐压气密性试样，在 1mm 壁厚条件下测定的耐压性对比见表 5-11。表中砂铸材质在较低的压力下即开始渗漏，依次出现点渗、周渗直到破裂；而连铸材质自始至终无渗漏，直至破裂。

表 5-10 连铸型材与砂铸试棒的密度比较

编号	101(连铸)	102(连铸)	103(连铸)	2(砂铸)	3(砂铸)
密度/(g/cm^3)	7.141	7.230	7.141	7.075	7.140
CE(%)	4.2	4.18	4.47	4.2	4.05

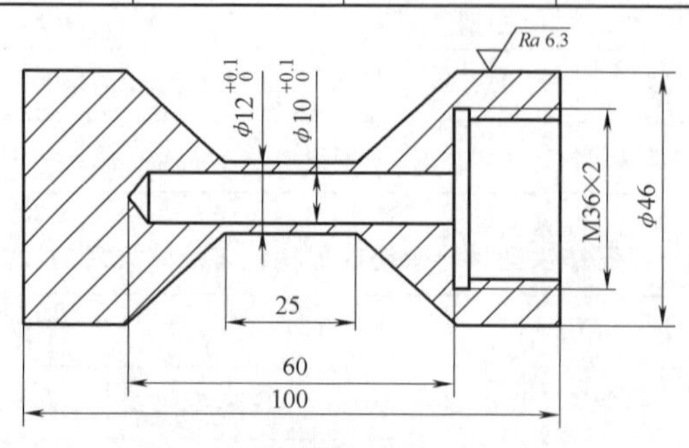

图 5-6 灰铸铁耐压气密性试样

表 5-11 灰铸铁耐压气密性试验结果 (单位：MPa)

条件	状态	编号	点渗压力	周渗压力	爆破压力	备注
砂型铸造	铸态	2	13.72	23.52	32.34	CE=4.16%
		3	15.68	22.54	29.4	CE=4.05%
		4	9.8	17.64	20.58	CE=4.36%
水平连铸	正火	107-9	—	—	34.38	CE=4.47%
		107-14	—	—	32.34	—
		105	—	—	41.14	CE=4.25%
	铸态	102	—	—	40.18	CE=4.18%
		105	—	—	至 43.12 无爆、无漏	—

表 5-12 为 ϕ60mm 的连铸型材与砂铸试棒的切削加工性能比较。由于连铸型材的组织均匀且致密，故切削加工性能好，在切削速度和进给量相同的情况下，连铸型材比砂铸试棒可节电 30%左右，切削的剥离性好，可高速切削。在相同切削条件下，连铸型材加工后有较好的表面质量，可以进行电镀或发蓝处理。

表 5-12 连铸型材与砂铸试棒的切削加工性能比较

	切削速度/(m/min)	进给量/mm	电耗/kW		切削速度/(m/min)	进给量/mm	电耗/kW
砂铸试棒	38	0.125	0.089	连铸型材	38	0.125	0.033
		0.250	0.213			0.250	0.135
	64	0.125	0.174		64	0.125	0.135
		0.250	0.522			0.250	0.337

5.2　铸铁型材的质量检验

5.2.1　质量的在线检验

铸铁型材是在连铸条件下生产的，其质量检验方式和手段也有其自身的特点。在线检验是保证产品质量的关键环节，在线检验主要包含以下几方面：

(1) 铁液成分快速分析　检查铁液成分是否符合产品要求，如果不符应及时调整配料及进行炉前处理，避免成批型材因成分不合格造成的废品。

(2) 铁液孕育及球化质量检验　在生产过程中应及时掌握保温炉中铁液的球化及孕育情况，定时从保温炉取样，浇注试片，从宏观断口判断铁液球化与孕育质量的方法简捷迅速，但需要有较丰富经验的检验人员才能迅速做出正确判断。如果采用铁液球化质量炉前分析仪则较为可靠。

(3) 型材断口检验　从压断后的型材断口特征及白口层的检验，也可粗略地掌握生产情况，往往这一工作也需要有经验的检验人员来做，一旦发现问题可及时调整，以减少废品。

(4) 外观检验　从型材外观上检验是否符合产品要求，如果发现型材表面铸痕超过要求或存在裂纹，则应分析原因并及时纠正，问题严重时只能终止生产。

5.2.2　出厂前的质量检验

铸铁型材作为铸造毛坯出厂前应例行的检验与一般铸造毛坯相同，如化学成分、金相、力学性能、外观质量及按用户商定的检验项目。由于铸铁型材是在连铸条件下采用水冷石墨型工艺生产的，其检验方法也与常规砂铸铸坯的有所不同。一般铸造情况下，采用浇注 ϕ30mm 试棒或基尔试块加工的试棒来测定铸件的力学性能，而铸铁型材只能是本体取样，因此其力学性能试样的取样应在具有代表性的部位，一般当型材尺寸较小时为中心取样，较大时为 1/2 半径处取样。灰铸铁型材检验时，对于同一牌号型材应根据不同尺寸大小确定不同的性能指标，表 5-5 是参照灰铸铁件国家机械行业标准 JB/T 10854—2008 制定的灰铸铁型材力学性能指标。由于是连铸，型材生产中应按时取样，一般每两小时取一组试样，在出厂检验时应对每组试样进行检测，发现有不合格产品时应确定合格与不合格品的界线，并将不合格品剔除。

由于铸铁型材的牵引运动是间歇拉停方式，型材结晶器前沿的凝壳与铸型之间的摩擦作用使凝壳被撕裂又被铁液填充焊合，铸铁型材的表面在每个步长的位置均有焊合的痕迹，称之为结合纹，一般情况下结合纹深度很浅视为正常。铸铁型材的这种凝固特点，使其表面常常存在着不规则层，这种不规则层在零件加工时会被去掉，为了保证去除表面不规则层，铸铁型材表面最小加工余量见表5-13。

表 5-13 铸铁型材表面最小加工余量 （单位：mm）

截面形状	型材尺寸	灰铸铁	球墨铸铁
圆　形	>25~45	1.5	1.5
	>45~100	2.0	2.0
	>100~150	2.5	3.0
	>150~250	3.0	3.5
正方形、矩形	>25~45	2.5	3.0
	>45~100	3.0	4.0
	>100~150	4.0	5.0
	>150~250	5.0	6.0

5.3 铸铁型材的常见缺陷分析及防止方法

在正常情况下，铸铁型材出现缺陷的机会是较少的，但由于操作不当铸造缺陷也会发生。表5-14列出了水平连铸铸铁型材常见缺陷分析及防止方法。

表 5-14 水平连铸铸铁型材常见缺陷分析及防止方法

缺陷名称	缺陷特征	原因分析	防止及处理方法
表面白口	铸铁型材的表层或冷速较快的尖角部存在白口凝固层，硬度大，无法加工	铸铁的凝固过程受化学成分、冷却速度及孕育处理的影响，化学成分不当，铸铁型材局部冷速过快，孕育效果衰退	1）检查铁液碳当量是否过低，在不超限的情况下适当提高C、Si量 2）加强铁液孕育处理 3）调整牵引工艺参数，在不泄漏的条件下，适当提高拉拔速度 4）铸铁型材出厂前应经高温退火消除白口
球化不良	在铸铁型材显微组织中石墨球化等级不合格或出现球化衰退	铁液中残留镁量和残留稀土量在连铸过程中不断减少，使铁液中的残留镁量和残留稀土量过低	1）适当提高球化剂加入量 2）提高拉拔速度以减少铁液在保温炉中的停留时间

（续）

缺陷名称	缺陷特征	原因分析	防止及处理方法
横向裂纹	铸铁型材表面出现垂直于轴线方向的裂纹，主要存在于型材前进时步与步之间的结合纹处，其深度超过规定的加工余量	铸铁型材在牵引过程中每一步与下一步之间铸焊不好，产生冷隔；拉拔速度过慢，石墨型磨损表面粗糙，使型材表层运动时摩擦力过大产生撕裂	1）提高铁液温度 2）调整牵引工艺参数，适当加快牵引速度 3）调整牵引的周期和占空比，增大周期，增加停留时间 4）尽力保护好石墨型，特别是拉拔初期，不要过早使石墨型拉伤 5）选择强度和硬度好的石墨坯料
气孔及夹渣	型材断面上出现气孔或夹渣，气孔的内壁光滑，夹渣一般出现在靠近型材拉制位置的上方	铁液冲入保温炉时夹带进入结晶器；球墨铸铁型材化学成分选择不当时造成石墨漂浮	1）适当提高保温炉中铁液液面高度 2）经常清除保温炉中铁液液面的浮渣 3）提高铁液温度，提高流动性，有利于渣、气上浮 4）合理选择球墨铸铁的碳当量，避免石墨漂浮
缩松	铸铁型材心部在液芯最后凝固部分出现宏观或微观缩松	连铸过程中型材心部未凝固的液芯过长，其中一部分被凝固堵塞与保温炉中的铁液分隔开，得不到补缩	1）适当降低拉拔速度 2）调整牵引工艺参数，减小步长
型材表面粗糙	在铸铁型材表面出现轴向突起物，有时出现鱼鳞皮	石墨型严重刮伤，一般是由于生产初期，拉拔速度过慢使石墨型过早刮伤；连铸机调整不合适，结晶器歪斜；石墨坯料等级过低，不适合连铸使用	1）生产初始阶段，选择合适的拉拔速度 2）生产准备阶段，仔细调整生产线各主机轴线同轴，结晶器安装要正 3）选用合适的石墨坯料

第6章　铸铁型材的应用

铸铁型材由于其生产特点和性能优势，自产生之日起，便引起了人们的极大重视。经数十年的研究和应用，铸铁型材的应用领域和应用数量在不断扩展和增加。

6.1　铸铁型材的生产特点与性能优势

6.1.1　水平连铸铸铁型材的生产特点

在铸铁水平连铸的生产过程中，铁液从保温炉内连续不断地进入结晶器；进入结晶器的铁液在移动的过程中受循环水的强制冷却形成具有一定厚度的外壳；外壳在不断增厚的同时移出结晶器，并在大气中进一步冷却，凝固成完全固相的型材；型材通过牵引机后，由切割机与压断机构联合动作，截取成需要的长度。

上述各步骤连续进行，构成铸铁水平连铸的基本过程。

与钢坯连铸不同，铸铁水平连铸的结晶器以密封的形式同保温炉联为一体，固定不动。为了克服已凝固的外壳与结晶器之间的附着力和摩擦阻力，满足脱模要求，型材的移动是“一拉一停”重复进行的周期性运动。另外，铸铁水平连铸过程中的保温炉有较大的容积，在正常生产情况下，允许每隔一定时间加入一包铁液，即铁液加入保温炉的过程是以间歇的方式进行的。这样，间歇式地向保温炉内加入具有一定过热度的铁液；“一拉一停”周期性地将具有一定凝固层厚度的铸坯拉出结晶器；源源不断地按一定尺寸截取已完全凝固的型材，是铸铁水平连铸工艺过程的主要内容。

铸铁水平连铸的结晶器由外部的水冷套（也称“铁套”）和内部的石墨套装配而成。在生产中，将石墨套内孔加工成不同的形状、不同的大小，并给保温炉浇注不同成分的铁液，可以生产出不同截面形状、不同尺寸、不同材质的铸铁型材。

铸铁水平连铸具有连铸所共有的优点，如可连续生产，生产率高，劳动条件好，产品质量稳定等。除此之外，铸铁水平连铸还具有自己独特的优点：铸铁水平连铸的保温炉容积较大，且有一定的高度，炉内铁液从靠近炉膛底部处进入结晶器。这种形式能够得到铸造生产中所期望的两种理想效果：其一，铁液中的气体、夹杂可以充分上浮，保证了进入结晶器的铁液不含杂质；其二，型材在高压力头的作用下凝固，凝固过程中的补缩要求可得到充分满足。另外，在水冷结晶器的强制冷却作用下，凝固的铸铁型材组织细小而致密。

6.1.2　水平连铸铸铁型材的组织特点及性能优势

经过长期的研究与应用，水平连铸铸铁型材的组织特点及性能优势概括起来有以下一些方面：

1）灰铸铁型材的显微组织为细小片状石墨（外周为一层细小的 D 型石墨，内部为细小的 A 型石墨）和铁素体及珠光体基体，R_m = 250～350MPa，硬度为 150～240HBW，$E=(1.1\sim1.7)\times10^2$GPa。

2）球墨铸铁型材组织中石墨球细小圆整，球化率高，球数多，无晶间碳化物，力学性能兼有高强度和高塑性。铁素体基体球墨铸铁：R_m = 400～500MPa，A = 10%～25%；珠光体+铁素体混合型基体球墨铸铁：R_m = 500～600MPa，A = 7%～10%；珠光体基体球墨铸铁：R_m = 600～700MPa，A > 2%，硬度为 180～240HBW。经热处理后可以获得各种需要的基体组织及性能，与砂铸球墨铸铁相比，球墨铸铁型材在强度相同时，其断后伸长率提高 50%～100%。

3）采用水平连铸和封闭结晶器的工艺使型材表面质量好，尺寸精度高，无夹砂、夹渣、气孔、缩孔、疏松等铸造缺陷。

4）弹性模量高，铸铁型材的弹性模量全断面各部位比一般砂型铸铁件高且均匀。

5）疲劳强度较高，疲劳比与一般砂型铸铁件相比约高 50%。

6）良好的耐压性能，当压力高达 65MPa 时，壁厚 1mm 的球墨铸铁试样无点渗和周渗现象。

7）机械加工性能良好，与砂型铸铁件对比，同材质型材切削性能好，铸铁型材的切削抗力大于砂型铸铁件而小于钢件；表面质量好，与砂型铸铁件、钢件相比，铸铁型材在不同速度下切削，其表面粗糙度相对波动小，无论在低速（<50m/min）切削，还是在高速（>200m/min）切削时，均能保证表面粗糙度值不大于 20μm。

8）铸铁型材表面进行玻璃、搪瓷涂层，铜、铬、钨电镀，碳氮共渗等表面处理，其性能均远好于砂型铸铁件。

9）铸铁型材的材质、形状和尺寸规格多，生产周期短，供货迅速。

10）铸铁型材可连续生产，生产率高，劳动条件好，排污少，产品质量稳定。

6.2 铸铁型材的应用领域

基于水平连铸铸铁型材的上述生产特点与性能优势，铸铁型材在国内外得到了广泛的应用。

6.2.1 铸铁型材在国外的应用情况

据相关文献报道，工业发达国家在各个领域广泛应用铸铁型材。主要应用在机床、液压及气动、纺织及印刷等通用机械、模具、汽车及动力、制冷等行业，并且很多国家使用铸铁型材代替砂型铸铁、钢、铜基合金等，取得了许多实际应用经验。早在20世纪七八十年代，德国、英国、美国、日本等发达国家就已经生产了截面为圆形、方形和异形的铸铁型材。

至今，在水平连铸铸铁型材产量中，大约有65%是直径为18～500mm的圆型材，25%是矩形和长方形截面的型材，其余约10%则是各种异形截面的型材和管材。

6.2.2 铸铁型材在我国的应用情况及前景

目前，国产的铸铁型材已开始在国内的液压、气动、机械制造、铁路运输、制冷、汽车及动力、海运、纺织及印刷机械、通用机械、石油钻探等行业中推广应用，目前应用较多的是液压、制冷、铁路运输、通用机械等行业，如液压行业用来制造液压阀体、液压集成块、齿轮泵的齿轮、泵体、油缸的活塞、制冷压缩机的滚套等；通用机械和机床行业中应用较多的如轴、辊、法兰、导轨等零件。铸铁型材使用效果良好，加工成品率很高，尤其是在液压行业中的应用更能体现其优点。在液压件的加工过程中，砂铸铸件毛坯的缺陷，如气孔、砂眼、缩松等，尤其是存在于中心部位的缺陷，只能在加工最后阶段被发现，而使零件报废，这样不仅产生铸件废品，而且大量工时被浪费，生产率低。使用铸铁型材后，毛坯加工成品率可高达95%～100%，极大地降低了零件的废品率，提高了工效，从而大幅度地提高了经济效益。

国产的铸铁型材在组织和性能上完全可以和进口型材相媲美，德国某纺织机械厂对使用我国型材加工的纺织机械零件进行了技术鉴定，美国ROTOREX公司对我国提供的国产铸铁型材也进行了技术鉴定，认为我国的铸铁型材已达到或超过他们的技术要求，且我国的铸铁型材费用相对较低，是理想的替代产品，今后将会得到更广泛的应用。

水平连铸铸铁型材的生产工艺稳定，组织致密，切削加工性好，综合力学性能高，加工成品率高，因而在机械制造的各领域中广泛用于制造使用要求高的机械零件。目前国内外铸铁型材应用的领域和典型零件列于表 6-1。

表 6-1　国内外铸铁型材应用的领域和典型零件

应用领域		典型零件
液压	阀	组合阀、减压阀、溢流阀、电磁阀、底板、液压集成块
	缸	活塞、顶盖、液压缸端盖、导向套
机床及一般机械	机床	楔铁、套筒、活塞、油缸端盖、销、弹簧卡套、齿轮、轴套、法兰盘、带轮类、导轨、刀盘、联轴器、卡盘、导杆
	印刷机械	油墨辊、导板、齿轮
	土木机械	阀、油缸活塞、集成块、辊子、带轮
	纺织机械	齿轮、轴承罩壳、平衡块、上辊、导管、轴承、轴瓦、槽筒轴
	农业机械	耕耘机带轮、活塞、顶盖、轴瓦、联合收割机带轮
	起重机械	轴承座、滑轮、轴套、轴瓦、平衡块
	冶金机械	轧机冷却段传送辊
	其他	造纸、包装、食品加工机械等部件，机加工刀杆、石油钻井保安部件、卷烟机减速齿轮
交通运输	汽车	发动机齿轮、机械密封、轴套、衬垫、平衡块、轴瓦
	船舶	锥杆导套、油缸、活塞、气门导套、引擎阀杆套
	铁路	铁路运输车辆配件
电器		旋转式空调压缩机转子、机座、电机齿轮、冷冻机转子、高频电机壳体
金属模具		玻璃、铝合金、塑料、砂轮、压力铸造制品的模具、研磨模具及珩磨套
泵		齿轮泵的齿轮、螺旋泵转子、化学泵轴、密封、转子、法兰盘、单向阀
一般通用部件		齿轮、带轮、滑轮、轴承、轴、轴瓦、轴套、凸轮、联轴器、法兰盘、平衡块、滚柱导轨、密封、辊子、底座、环、滚柱、螺母、平板、销子
其他		油封、热电偶保护管、进料辊、滚筒、喷枪内齿轮、活塞销、研磨套、导向辊子、连铸机辊子、汽缸筒、自动门阀

6.3　铸铁型材的应用图例

水平连铸铸铁型材在我国的应用领域正在不断扩大，其原因在于：铸铁水平连铸技术的经济效益十分显著，铸铁型材的力学性能特别优异。因而随着人们认识的不断深入，也就越来越被铸铁型材的生产者和使用者所同时关注。

水平连铸技术使得铸铁型材具有特别细小的结晶组织，因此它首先适用于制作液压件，可以说，铸铁型材是迄今制作液压件最理想的材料。它除了性能优异以外，生产成本低，并且比钢的机械加工性能也好得多。这是因为在切削过程中，铸铁型材的切屑可以自己“断屑”，从而极大地减小了切削困难。

国外在机床制造业中，使用水平连铸铸铁型材制造铣床、磨床、钻床工作台及机床导轨、轴承座等，生产成本明显下降，机加工的表面具有特别均匀的高强度性能和硬度指标，国外对异形截面型材的应用领域随着水平连铸工艺技术水平的提高而进一步扩大。水平连铸铸铁型材的机械加工性能良好，因此可以用其制作各种机械用的旋转体零件以及各种异形零件，如法兰、圆环、V带轮、柱塞等。目前，各种形状及壁厚的空心管材也在机械制造领域中广泛应用。由于机械零件的多样性，为适应水平连铸工艺的特点，要求对零件结构改型，故也需要设计人员与之配合。

另一广阔应用领域是齿轮。高质量的齿轮应采用渗氮处理，以提高齿轮的耐磨性。对齿轮来讲，在齿根处要有足够的振动强度和无噪声的磨合性，而这些只有靠铸铁才能达到。国外汽车齿轮中就有相当数量是用连铸球墨铸铁棒材加工经等温淬火后使用。目前，我国汽车发动机的非合金ADI正时齿轮生产试验表明，水平连铸球墨铸铁型材是制造ADI齿轮较理想的材料。

在汽车制造业中，如阀杆、导向套筒、曲轴轴承盖等零件，均可采用铸铁型材制造。要特别指出的是，由于连铸的型材应力很小，在轴承盖经机械加工以后，不会出现不允许的尺寸偏差，故制造成本可显著下降。20世纪70年代德国就已经使用铸铁型材加工汽车用轴承盖，并取得了十分显著的经济效益。另外，研究表明，采用连铸型材加工的阀座，其使用寿命比砂型铸造的提高了3倍。

国外水平连铸铸铁型材，采用的材质类别有普通灰铸铁、球墨铸铁、低合金铸铁和高镍铸铁，特别是高镍铸铁型材在恶劣的高温气、液环境下其稳定性超过常规耐蚀铸铁和中合金钢。

铸铁型材在广泛的领域内经长期的应用，所加工成的零件数不胜数，下面介绍铸铁型材在一些主要领域的应用。

6.3.1 液压

在液压领域内，应用铸铁型材加工成的部分零件如图6-1~图6-23所示。

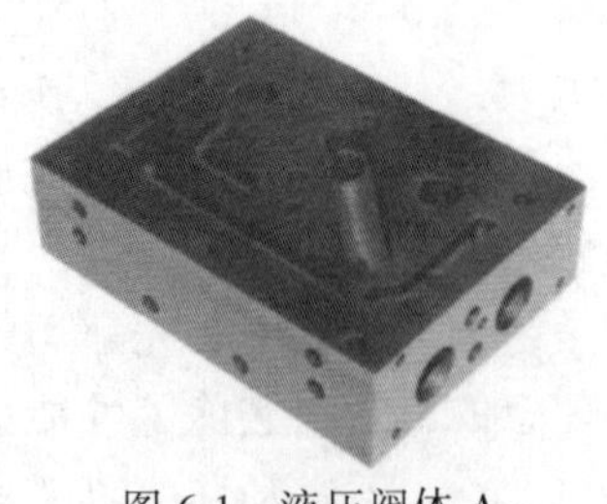

图6-1 液压阀体A

所用型材牌号、规格：HT/LZ250 □190mm×100mm

主要用途：平面磨床操纵箱液压系统

工作压力：20MPa

使用型材效果：原使用砂型铸件时加工废品率高，平均废品率为30%，甚至整批报废。使用铸铁型材后，废品率大幅度降低，加工表面光洁，使用效果良好，没有废料。

图 6-2 液压阀体 B

所用型材牌号：HT/LZ250

主要用途：液压阀阀体

工作压力：16MPa

使用型材效果：原使用砂型铸件时，平均废品率为30%~100%。使用铸铁型材后，废品率大幅度降低，使用效果良好，没有废料。

图 6-3 液压件盖板

所用型材牌号、规格：HT/LZ250 □190mm×100mm

主要用途：平面磨床操纵箱液压系统

工作压力：20MPa

使用型材效果：原使用砂型铸件时加工废品率高，平均废品率为30%，甚至整批报废。使用铸铁型材后，废品率大幅度降低，加工表面光洁，使用效果良好，没有废料。

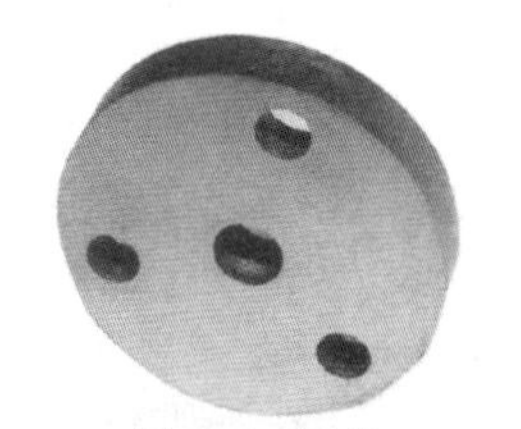

图 6-4 泵盖

所用型材牌号、规格：HT/LZ250 ϕ60mm

主要用途：手压泵盖

工作压力：3MPa

使用型材效果：砂型铸件的平均加工废品率较高。连铸型材的加工废品率很低，使用性能良好，没有废料。

图 6-5 液压集成块

所用型材牌号、规格：HT/LZ250 □140mm×80mm

主要用途：磨床磨头操纵箱液压系统

工作压力：20MPa

使用型材效果：砂型铸件废品率为30%，有时整批报废。使用铸铁型材后，成品率大幅度提高，使用效果良好，没有废料。

图 6-6 导向套 A

所用型材牌号、规格：HT/LZ250 ϕ90mm

主要用途：液压缸导向套

工作压力：10MPa

使用型材效果：原使用砂型铸件时，废品率较高，有时整批报废。使用铸铁型材后，一般没有加工废品。

图 6-7　导向套 B

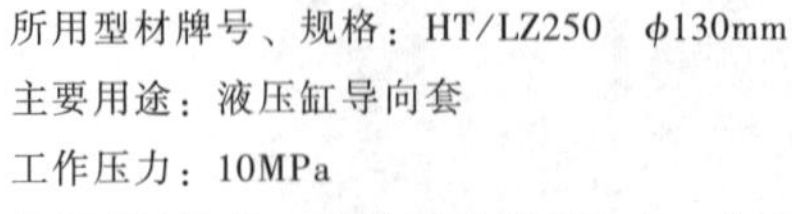

所用型材牌号、规格：HT/LZ250　ϕ130mm

主要用途：液压缸导向套

工作压力：10MPa

使用型材效果：原使用砂型铸件时，加工废品率为30%～70%。使用铸铁型材后，加工成品率极高，一般没有废料。

图 6-8　导向套 C

所用型材牌号、规格：HT/LZ250　ϕ115mm

主要用途：液压缸前导向套

工作压力：15MPa

使用型材效果：原使用砂型铸件时，废品率较高。使用铸铁型材后，废品率大幅度降低，没有废料，使用效果良好。

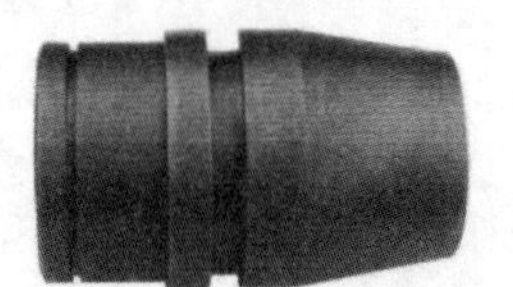

图 6-9　导向套 D

所用型材牌号、规格：HT/LZ250　ϕ60mm

主要用途：液压缸导向套

工作压力：15MPa

使用型材效果：原使用砂型铸件时，废品率较高，一般为30%～70%。使用铸铁型材后，加工废品率大幅度降低，加工性能优良，使用效果良好。

图 6-10　导向套 E

所用型材牌号、规格：HT/LZ250　ϕ65mm

主要用途：液压缸导向套

工作压力：10MPa

使用型材效果：原使用砂型铸件时，废品率较高，加工表面粗糙。使用铸铁型材后，加工废品率大幅度降低，加工性能优良，使用效果良好。

图 6-11　活塞 A

所用型材牌号、规格：HT/LZ250　ϕ90mm

主要用途：液压缸内活塞

工作压力：15MPa

使用型材效果：原使用砂型铸件时，废品率较高。使用铸铁型材后，废品率大幅度降低，没有废料，使用效果良好。

图 6-12　活塞 B

所用型材牌号、规格：HT/LZ250　ϕ70mm

主要用途：油缸活塞

工作压力：15MPa

使用型材效果：原使用砂型铸件时，加工废品率很高。使用铸铁型材后，几乎没有废料，使用效果良好。

图 6-13　前盖

所用型材牌号、规格：HT/LZ250　ϕ85mm

主要用途：液压缸前盖

工作压力：15MPa

使用型材效果：原使用砂型铸件时，废品率较高，一般为 30%~70%。使用铸铁型材后，加工废品率大幅度降低，加工性能优良，使用效果良好。

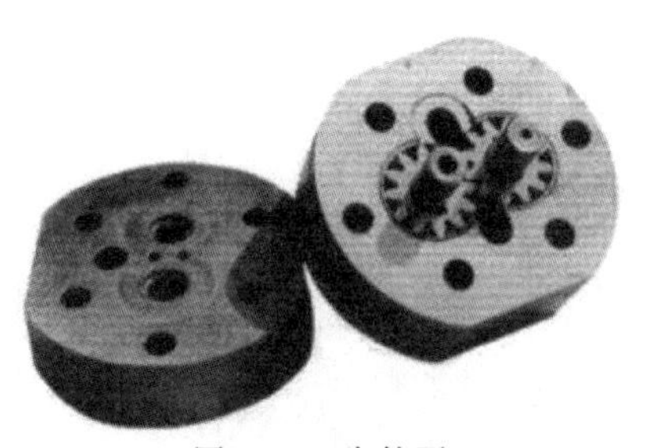

图 6-14　齿轮泵

所用型材牌号、规格：QT/LZ500-7　ϕ90mm

主要用途：齿轮泵体

工作压力：20MPa

使用型材效果：原使用砂型铸件时，废品率较高，加工表面粗糙，精度低。使用铸铁型材后，废品率大幅度降低，加工表面光洁，使用效果良好，没有废料。

图 6-15　液压集成块毛坯

所用型材牌号：QT/LZ450-10

主要用途：液压集成块

工作压力：30~40MPa

使用型材效果：型材出口德国，各项性能指标均满足使用要求，下方是型材毛坯，上方是粗加工的毛坯。

图 6-16　OMB 马达定子

所用型材牌号、规格：QT/LZ500-7　ϕ113mm

主要用途：拖动

工作压力：16MPa

使用型材效果：原使用砂型铸件时，废品率很高。使用铸铁型材后，废品率大幅度降低，使用效果良好，没有废料。

图 6-17　马达定子套

所用型材牌号、规格：QT/LZ500-7　□108mm×108mm

主要用途：拖动

工作压力：16MPa

使用型材效果：原使用砂型铸件时，废品率很高。使用铸铁型材后，废品率大幅度降低，使用效果良好，没有废料。

图 6-18　分油器 A

所用型材牌号、规格：HT/LZ250　□80mm×50mm

主要用途：机床供油分油器

工作压力：10MPa

使用型材效果：原使用砂型铸件时，由于其心部有气孔相通，造成机床供油不正常，还不易查出原因，用在加工中心上致使设备停机。使用铸铁型材后，彻底消除了供油系统的问题，改善了机床运行状况，效果很好。

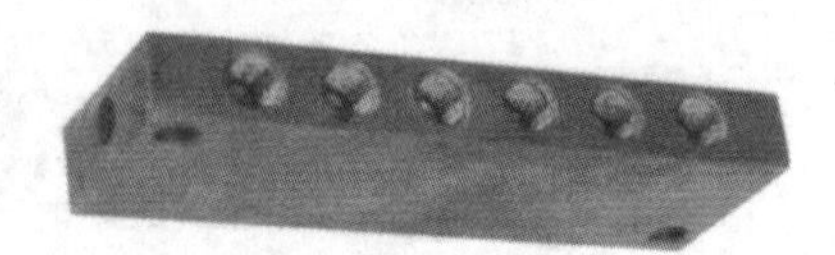

图 6-19　分油器 B

所用型材牌号、规格：HT/LZ250　□95mm×50mm

主要用途：机床供油分油器

工作压力：10MPa

使用型材效果：原使用砂型铸件时，由于其心部有气孔相通，造成机床供油不正常，还不易查出原因，用在加工中心上致使设备停机。使用铸铁型材后，彻底消除了供油系统的问题，改善了机床运行状况，效果很好。

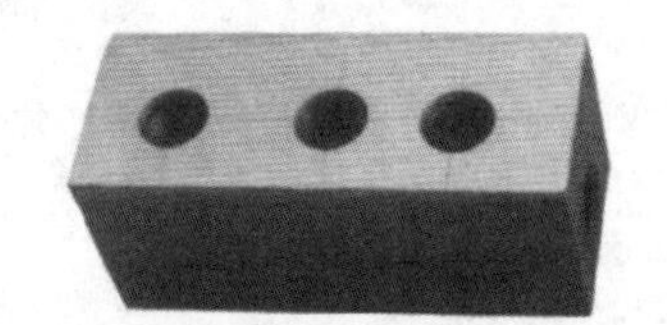

图 6-20　分油器 C

所用型材牌号、规格：HT/LZ250　□60mm×60mm

主要用途：机床供油分油器

工作压力：10MPa

使用型材效果：原使用砂型铸件时，由于其心部有气孔相通，造成机床供油不正常，还不易查出原因，用在加工中心上致使设备停机。使用铸铁型材后，彻底消除了供油系统的问题，改善了机床运行状况，效果很好。

图 6-21　分油器 D

所用型材牌号、规格：HT/LZ250　□80mm×80mm

主要用途：机床供油分油器

工作压力：10MPa

使用型材效果：原使用砂型铸件时，由于其心部有气孔相通，造成机床供油不正常，还不易查出原因，用在加工中心上致使设备停机。使用铸铁型材后，彻底消除了供油系统的问题，改善了机床运行状况，效果很好。

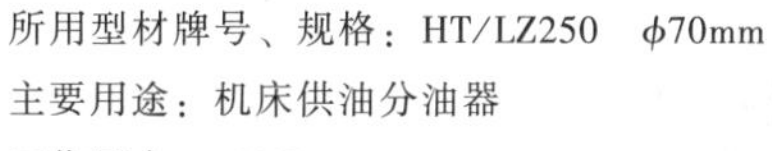

图 6-22　分油器 E

所用型材牌号、规格：HT/LZ250　ϕ70mm

主要用途：机床供油分油器

工作压力：10MPa

使用型材效果：原使用砂型铸件时，由于其心部有气孔相通，造成机床供油不正常，还不易查出原因，用在加工中心上致使设备停机。使用铸铁型材后，彻底消除了供油系统的问题，改善了机床运行状况，效果很好。

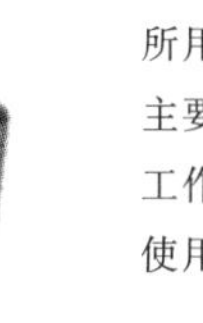

图 6-23　气动元件

所用型材牌号：HT/LZ300

主要用途：滑套

工作压力：25MPa

使用型材效果：使用铸铁型材后，效果很好。

6.3.2　机床

在机床领域内，应用铸铁型材加工成的部分零件如图 6-24～图 6-56 所示。

图 6-24　专用螺母

所用型材牌号、规格：HT/LZ250　ϕ60mm

主要用途：机床零件

使用型材效果：原使用铜质材料，成本较高。使用铸铁型材后，强度及耐磨性均满足要求，且价格较铜料低很多，加工成品率高，没有废料，效果良好。

图 6-25　变速带轮

所用型材牌号、规格：HT/LZ250　ϕ140mm

主要用途：机床传动

使用型材效果：使用铸铁型材后，各种性能均满足要求，使用效果良好，加工成品率很高，没有发现废料。

图 6-26　带轮 A

所用型材牌号、规格：HT/LZ250　ϕ110mm

主要用途：机床传动

使用型材效果：使用铸铁型材后，各种性能均满足要求，使用效果良好，加工成品率很高，没有发现废料。

图 6-27　带轮 B

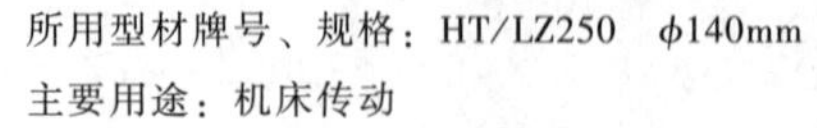

所用型材牌号、规格：HT/LZ250　ϕ140mm

主要用途：机床传动

使用型材效果：使用铸铁型材后，加工成品率高，使用效果良好，没有发现废料。

图 6-28　带轮 C

所用型材牌号、规格：HT/LZ250　ϕ110mm

主要用途：机床传动

使用型材效果：使用铸铁型材后，加工成品率高，使用效果良好，没有发现废料。

图 6-29　同步带轮 A

所用型材牌号、规格：HT/LZ250　ϕ90mm

主要用途：机床传动

使用型材效果：原使用砂铸件时，废品率较高。使用铸铁型材后，效果良好，各种性能均满足要求，加工成品率很高，没有发现废料。

图 6-30　同步带轮 B

所用型材牌号、规格：HT/LZ250　ϕ60mm

主要用途：机床传动

使用型材效果：原使用砂铸件时，废品率较高。使用铸铁型材后，效果良好，各种性能均满足要求，加工成品率很高，没有发现废料。

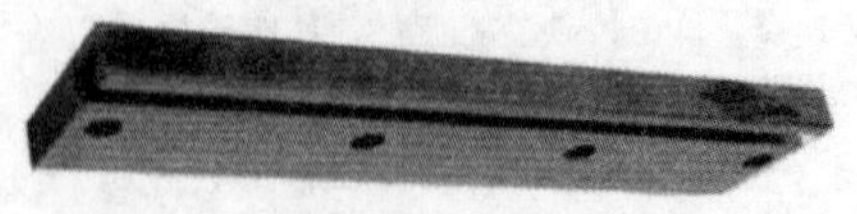

图 6-31　背板

所用型材牌号、规格：HT/LZ250　□95mm×50mm

主要用途：机床工作台连接部

使用型材效果：原使用铸钢件。因铸铁型材强度可满足要求，且加工性和耐磨性均好，故试用铸铁型材，效果良好。

图 6-32 左、右背板

所用型材牌号、规格：HT/LZ250 □100mm×50mm

主要用途：床身与升降台滑动结合部

使用型材效果：原使用砂型铸件时，有缩松现象。使用铸铁型材后，消除了缺陷，成品率高，加工余量小，省时省料，160 件中仅有一只废料，使用效果良好。

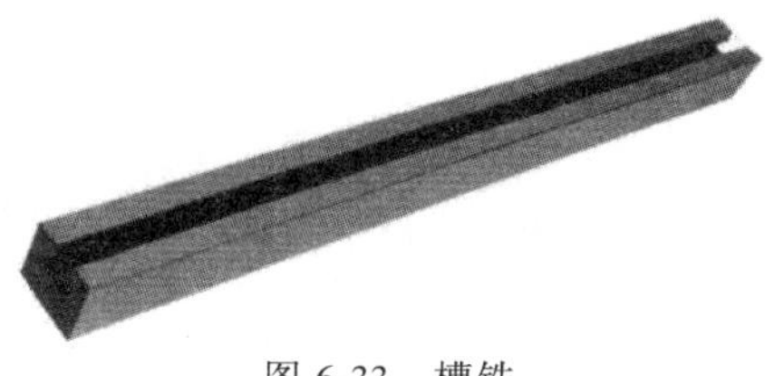

图 6-33 槽铁

所用型材牌号、规格：HT/LZ250 □60mm×60mm

主要用途：机床升降部

使用型材效果：铸铁型材组织均匀，加工余量小，成品率高，效果良好。

图 6-34 调整垫铁

所用型材牌号、规格：HT/LZ250 □80mm×80mm

主要用途：重型机床精度调整

使用型材效果：使用铸铁型材强度高，加工成品率高，效果良好。

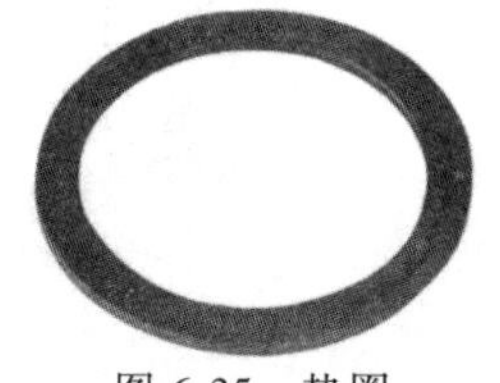

图 6-35 垫圈

所用型材牌号、规格：HT/LZ250 ϕ80mm

主要用途：机床零件

使用型材效果：使用铸铁型材效果良好，强度高，加工成品率高，没有发现废料。

图 6-36 导套

所用型材牌号、规格：HT/LZ250 ϕ70mm

主要用途：机床零件

使用型材效果：使用铸铁型材效果良好，强度高，加工成品率高，没有发现废料。

图 6-37 固定套

所用型材牌号、规格：HT/LZ250 ϕ100mm

主要用途：机床零件

使用型材效果：原使用砂型铸件时，由于存在铸造缺陷，废品率高。使用铸铁型材后，加工成品率很高，没有废料，使用性能良好。

图 6-38 法兰套 A

所用型材牌号、规格：HT/LZ250 ϕ70mm

主要用途：机床零件

使用型材效果：原使用砂型铸件时，由于强度略差，废品率较高。使用铸铁型材后，因材质致密，强度高，加工成品率高，没有废料，使用状况良好。

图 6-39 法兰套 B

所用型材牌号、规格：HT/LZ250 ϕ85mm

主要用途：机床零件

使用型材效果：原使用砂型铸件时，废品率较高，强度较低。使用铸铁型材后，成品率很高，强度较高，没有废料。

图 6-40 法兰盘

所用型材牌号、规格：HT/LZ250 ϕ140mm

主要用途：机床零件

使用型材效果：原使用砂型铸件时，废品率较高，强度较差。使用铸铁型材后，成品率很高，强度较高，没有废料。

图 6-41　套筒

所用型材牌号、规格：HT/LZ250　ϕ80mm

主要用途：机床零件

使用型材效果：原使用砂型铸件时，废品率较高。使用铸铁型材后，废品率大幅度降低，加工性能好，没有废料，使用效果良好。

图 6-42　锣盖

所用型材牌号、规格：HT/LZ250　ϕ90mm

主要用途：轴头压盖

使用型材效果：原使用砂型铸件时，废品率较高，表面粗糙。使用铸铁型材后，加工性能好，表面光洁，没有废料，使用效果良好。

图 6-43　轴套 A

所用型材牌号、规格：HT/LZ250　ϕ80mm

主要用途：机床传动轴套

使用型材效果：原使用砂型铸件时，废品率较高，表面粗糙。使用铸铁型材后，加工性能好，表面光洁，没有废料，使用效果良好。

图 6-44　轴套 B

所用型材牌号、规格：HT/LZ250　ϕ70mm

主要用途：机床传动轴套

使用型材效果：原使用砂型铸件时，废品率高。使用铸铁型材后，没有废料。

图 6-45　压环

所用型材牌号、规格：HT/LZ250　ϕ70mm

主要用途：隔离、定位等

使用型材效果：使用效果良好，没有废料。

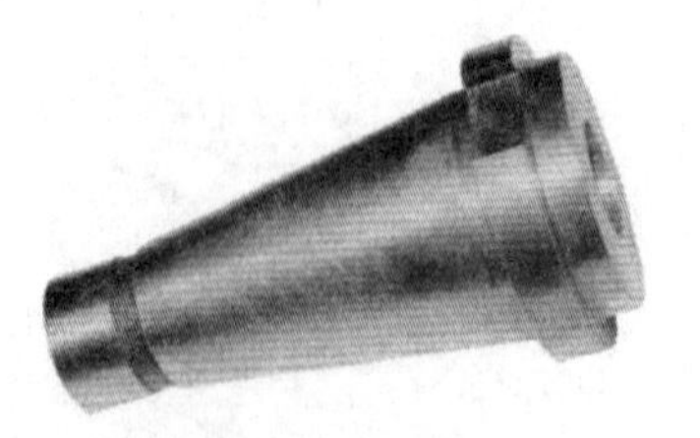

图 6-46 锥套 A

所用型材牌号、规格：HT/LZ250 ϕ90mm

主要用途：铣床工装

使用型材效果：替代钢件，加工性能好，成品率高，使用效果好。

图 6-47 锥套 B

所用型材牌号、规格：HT/LZ250 ϕ80mm

主要用途：铣床工装

使用型材效果：替代钢件，加工性能好，成品率高，使用效果好。

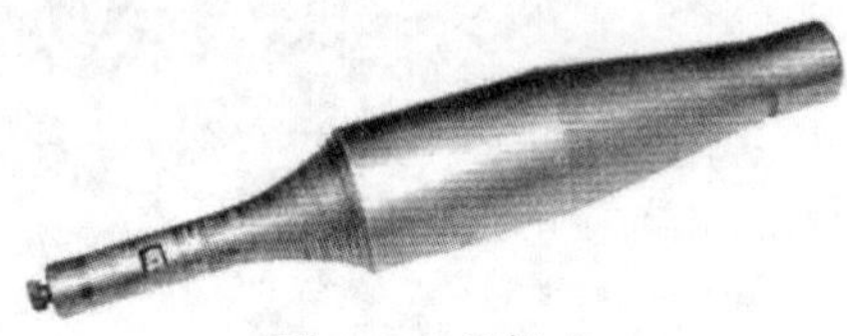

图 6-48 刀杆 A

所用型材牌号、规格：QT/LZ500-7 ϕ80mm

主要用途：铣床工装

使用型材效果：替代钢件，加工性能好，成品率高，使用效果良好，没有废料。

图 6-49 刀杆 B

所用型材牌号、规格：QT/LZ500-7 ϕ60mm

主要用途：铣床工装

使用型材效果：替代钢件，加工性能好，成品率高，使用效果良好，没有废料。

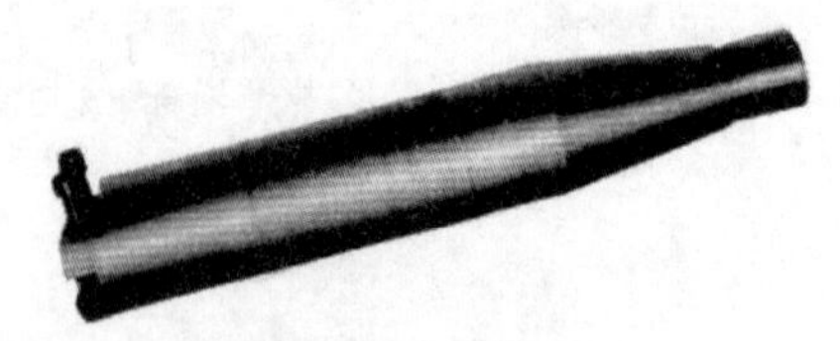

图 6-50 刀杆 C

所用型材牌号、规格：QT/LZ500-7 ϕ80mm

主要用途：铣床工装

使用型材效果：替代钢件，加工性能好，成品率高，使用效果良好，没有废料。

图 6-51 刀架

所用型材牌号、规格：HT/LZ250 □80mm×80mm

主要用途：铣床工装

使用型材效果：替代钢件，加工性能好，成品率高，使用效果良好，没有废料。

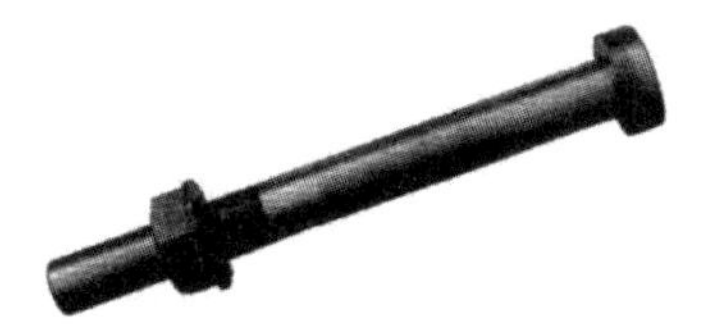

图 6-52　铰杆（心轴）

所用型材牌号、规格：QT/LZ500-7　ϕ60mm

主要用途：铣床固定

使用型材效果：铸铁型材加工成品率高，各项性能均满足要求，使用效果良好。

图 6-53　刀盘 A

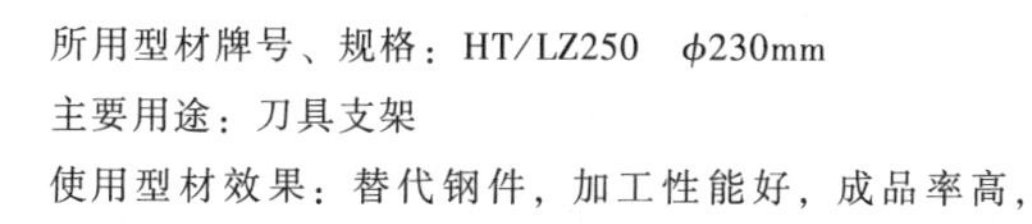

所用型材牌号、规格：HT/LZ250　ϕ230mm

主要用途：刀具支架

使用型材效果：替代钢件，加工性能好，成品率高，使用效果良好，没有废料。

图 6-54　刀盘 B

所用型材牌号、规格：HT/LZ250　ϕ250mm

主要用途：铣床工装

使用型材效果：替代钢件，加工性能好，成品率高，使用效果良好，没有废料。

图 6-55　端盘

所用型材牌号、规格：HT/LZ250　ϕ250mm

主要用途：刀具支架

使用型材效果：替代钢件，加工性能好，成品率高，使用效果良好，没有废料。

图 6-56　导轨

所用型材牌号、规格：HT/LZ250　□60mm×60mm

主要用途：机床导轨

使用型材效果：使用铸铁型材后，加工成品率高，加工表面质量提高。

6.3.3　冶金机械与动力机械

在冶金机械与动力机械领域内，应用铸铁型材加工成的部分零件如图 6-57~图 6-63 所示。

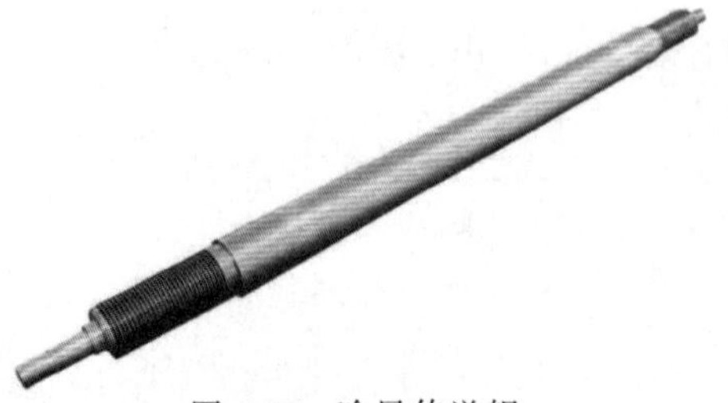

图 6-57　冷风传送辊

所用型材牌号、规格：QT/LZ450-10　ϕ135mm

主要用途：高速线材轧机

使用型材效果：设计使用铸铁型材，替代进口产品，各项性能指标均满足要求，加工成品率在 95%以上，使用效果良好。

图 6-58　锥杆导套

所用型材牌号、规格：HT/LZ250　ϕ70mm

主要用途：船用柴油机配件

使用型材效果：使用铸铁型材加工产品，替代进口，各项性能均达标，使用效果良好，没有废料。

图 6-59　密封环

所用型材牌号、规格：HT/LZ250　ϕ30mm

主要用途：船用柴油机配件

使用型材效果：使用铸铁型材加工产品，替代进口，零件加工成品率较高，使用效果良好，没有废料。

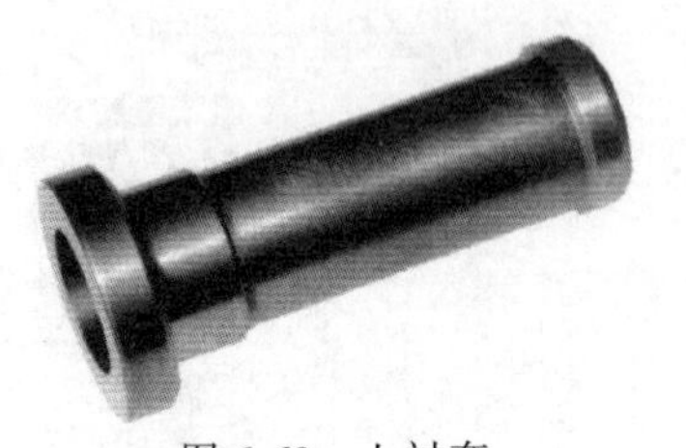

图 6-60　上衬套

所用型材牌号、规格：HT/LZ250　ϕ40mm

主要用途：船用柴油机配件

使用型材效果：使用铸铁型材加工产品，替代进口，各项性能均满足要求，使用效果良好，没有废料。

图 6-61　下衬套

所用型材牌号、规格：HT/LZ250　ϕ40mm

主要用途：船用柴油机配件

使用型材效果：使用铸铁型材加工产品，替代进口，各项性能均满足要求，使用效果良好，没有废料。

图 6-62　齿轮

所用型材牌号、规格：QT/LZ500-7　ϕ40～ϕ75mm

主要用途：传动

使用型材效果：原使用砂型铸件废品率高，不能满足性能要求。使用铸铁型材后，各项性能均满足要求，加工成品率大幅度提高。

图 6-63　蜗轮

所用型材牌号、规格：QT/LZ500-7　ϕ70mm

主要用途：减速机配件

使用型材效果：使用铸铁型材后，加工成品率高，没有废料。

6.3.4　印刷机械

在印刷机械领域内，应用铸铁型材加工成的部分零件如图 6-64～图 6-68 所示。

图 6-64　齿轮

所用型材牌号、规格：HT/LZ250　ϕ35～ϕ60mm

主要用途：传动

使用型材效果：使用铸铁型材后，加工成品率很高，强度性能有很大提高，使用效果良好，没有废料。

图 6-65　链轮

所用型材牌号、规格：HT/LZ250　ϕ100mm

主要用途：六彩印刷机零件

使用型材效果：使用铸铁型材后，效果良好，各项性能指标均满足要求，成品率很高，没有废料。

图 6-66　蜗轮

所用型材牌号、规格：HT/LZ250　ϕ140mm

主要用途：六彩印刷机零件

使用型材效果：使用铸铁型材后，各项性能良好，强度性能高，成品率很高，没有废料。

图 6-67　中心蜗轮

所用型材牌号、规格：HT/LZ250　ϕ70mm

主要用途：六彩印刷机零件

使用型材效果：使用铸铁型材后，各项性能指标均满足要求，较砂铸件成品率大幅度提高，没有废料。

图 6-68　变速蜗轮

所用型材牌号、规格：HT/LZ250　ϕ80mm

主要用途：六彩印刷机零件

使用型材效果：使用铸铁型材后，效果良好，较砂铸件省时省料，没有废料。

6.3.5　纺织机械与制冷机械

在纺织机械与制冷机械领域内，应用铸铁型材加工成的部分零件如图 6-69、图 6-70 所示。

图 6-69　槽筒轴

所用型材牌号、规格：HT/LZ250　ϕ45mm

主要用途：高速弹力丝机

使用型材效果：砂型铸件不能满足硬度低、强度高的要求。使用铸铁型材后，加工成品率高，性能达标，使用效果良好。

图 6-70　滚套

所用型材牌号、规格：HT/LZ250　ϕ35～ϕ56mm

主要用途：压缩机滚套

使用型材效果：零件精度较高，要求经超镜面磨削后不能有针孔。原使用砂型铸件时，废品率较高。使用铸铁型材后，废品率降低了 80%以上，各项性能指标均满足要求，使用效果良好。

6.3.6　农业机械

在农业机械领域内，应用铸铁型材加工成的部分零件如图 6-71～图 6-73

所示。

图 6-71　轴承盖

所用型材牌号、规格：HT/LZ250　ϕ55mm
主要用途：轴承保护与固定（微耕机）
使用型材效果：原使用砂型铸件时，加工表面粗糙，废品率高。使用铸铁型材后，表面光洁，成品率高，使用效果良好。

图 6-72　离合器片

所用型材牌号、规格：HT/LZ250　ϕ125mm
主要用途：农业旋耕机离合器部件
使用型材效果：由于零件直径较大、片薄、易断裂，使用砂型铸件时废品率为30%左右，使用铸铁型材后废品率降为3%左右。

图 6-73　带轮

所用型材牌号、规格：HT/LZ250　ϕ90mm
主要用途：农机传动
使用型材效果：使用铸铁型材后，没有废料。

6.3.7　食品机械

在食品机械领域内，应用铸铁型材加工成的部分零件如图 6-74～图 6-78 所示。

图 6-74　齿轮（粗齿）

所用型材牌号、规格：HT/LZ250　ϕ50～ϕ90mm
主要用途：压面机传动齿轮
使用型材效果：原使用砂型铸件时，废品率为20%～30%。使用铸铁型材后，废品率大幅度降低，没有废料，使用效果良好。

图 6-75　凸轮套

所用型材牌号、规格：HT/LZ250　ϕ70mm

主要用途：压面机传动装置

使用型材效果：原使用砂型铸件时，废品率为 15%～20%。使用铸铁型材后，废品率大幅度降低，没有废料，使用效果良好。

图 6-76　平辊

所用型材牌号：HT/LZ250

主要用途：压面机压辊

使用型材效果：原使用砂型铸件时，废品率为 20%，使用铸铁型材后，废品率大幅度降低，没有废料，加工表面光洁，使用效果良好。

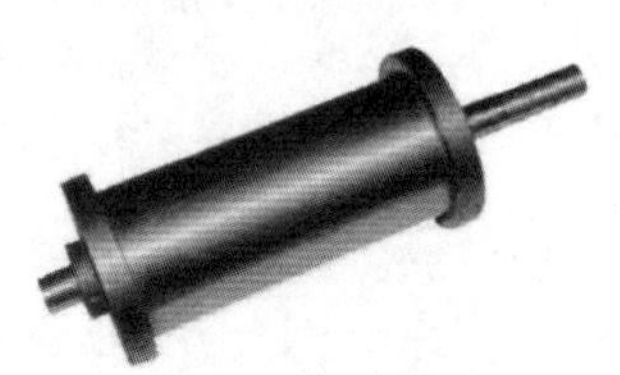

图 6-77　槽辊

所用型材牌号：HT/LZ250

主要用途：压面机压辊

使用型材效果：原使用砂型铸件时，废品率为 20%。使用铸铁型材后，废品率大幅度降低，没有废料，加工表面光洁，使用效果良好。

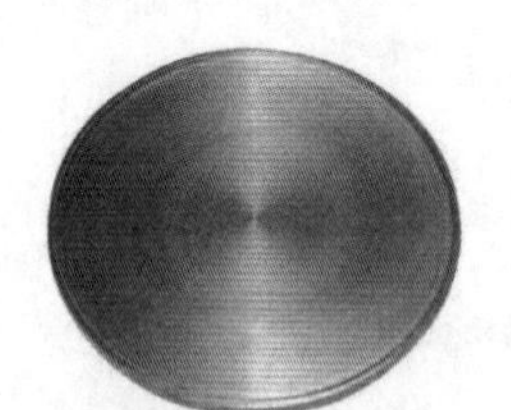

图 6-78　烧烤盘

所用型材牌号、规格：HT/LZ250　ϕ135mm

主要用途：食品加工

使用型材效果：原使用砂型铸件时，废品率高达 45%，尤其是中心部位疏松。使用铸铁型材后，成品率很高，加工表面光洁，使用效果良好。

6.3.8　通用机械

在通用机械领域内，应用铸铁型材加工成的部分零件如图 6-79～图 6-85 所示。

图 6-79　支架（机械手臂腕）

所用型材牌号、规格：HT/LZ250　□200mm×160mm

主要用途：支承座

使用型材效果：零件为小批量或单件生产，使用铸铁型材后，可直接加工，省去了制木模等前期工艺，且铸铁型材的强度等性能指标均能满足要求，使用效果良好，没有废料。

图 6-80　支架盖板

所用型材牌号、规格：HT/LZ250　□160mm×105mm

主要用途：配件

使用型材效果：零件为小批量或单件生产，使用铸铁型材后，可直接加工，省去了制木模等前期工艺，且铸铁型材的强度等性能指标均能满足要求，使用效果良好，没有废料。

图 6-81　法兰

所用型材牌号、规格：HT/LZ250　ϕ150mm

主要用途：连接件

使用型材效果：使用铸铁型材后，加工性能好，成品率高，基本没有废料。

图 6-82　密封圈

所用型材牌号、规格：HT/LZ250　ϕ150mm

主要用途：污水泥浆泵零件

使用型材效果：原使用砂型铸件时，由于材质差，易渗漏，成品率较低。使用铸铁型材后，改善了上述情况，加工表面光洁，成品率大幅度提高，使用效果良好。

图 6-83　珩磨套

所用型材牌号、规格：HT/LZ250　ϕ90mm

主要用途：摩托车零件加工

使用型材效果：铸铁型材硬度高，耐磨性优于砂型铸件。

图 6-84　研磨套

所用型材牌号、规格：HT/LZ250　ϕ100mm

主要用途：零件加工

使用型材效果：铸铁型材硬度高，耐磨性优于砂型铸件。

图 6-85　压板

所用型材牌号、规格：HT/LZ250　□65mm×55mm

主要用途：单晶炉配件

使用型材效果：原使用砂型铸件时，零件表面粗糙，加工废品率高。使用铸铁型材后，加工成品率大幅度提高，表面光洁，使用效果良好。

6.3.9　电工电子

在电工电子领域，应用铸铁型材加工成的部分零部件如图 6-86~图 6-92 所示。

图 6-86　压环 A

所用型材牌号、规格：HT/LZ250　ϕ145mm

主要用途：单晶炉配件

使用型材效果：原使用砂型铸件时，加工表面粗糙，强度差。使用铸铁型材后，加工性能好，强度高，表面光洁，使用效果良好，没有废料。

图 6-87　压环 B

所用型材牌号、规格：HT/LZ250　ϕ135mm

主要用途：单晶炉配件

使用型材效果：原使用砂型铸件时，加工表面粗糙，强度差。使用铸铁型材后，加工性能好，强度高，表面光洁，使用效果良好，没有废料。

图 6-88　压环 C

所用型材牌号、规格：HT/LZ250　ϕ145mm

主要用途：单晶炉配件

使用型材效果：原使用砂型铸件时，加工表面粗糙，强度差。使用铸铁型材后，加工性能好，强度高，表面光洁，使用效果良好，没有废料。

图 6-89 法兰盘 A

所用型材牌号、规格：HT/LZ250 ϕ95mm

主要用途：单晶炉配件

使用型材效果：原使用砂型铸件时，加工表面粗糙，强度差。使用铸铁型材后，加工性能好，强度高，表面光洁，使用效果良好，没有废料。

图 6-90 法兰盘 B

所用型材牌号、规格：HT/LZ250 ϕ85mm

主要用途：单晶炉配件

使用型材效果：原使用砂型铸件时，加工表面粗糙，强度差。使用铸铁型材后，加工性能好，强度高，表面光洁，使用效果良好，没有废料。

图 6-91 轴承座

所用型材牌号、规格：HT/LZ250 □67mm×55mm

主要用途：单晶炉配件

使用型材效果：零件形状复杂，砂型铸件容易造成某些部位的缺陷，性能差。使用铸铁型材后，避免了以上问题，各项性能指标均满足要求，加工成品率高，没有废料，使用效果良好。

图 6-92 高频电机壳体

所用型材牌号、规格：HT/LZ250 ϕ80mm

主要用途：电机外壳

使用型材效果：使用铸铁型材，有利于自动机床加工，使用效果好。

6.3.10 铁路运输

在铁路运输领域内，应用铸铁型材加工成的部分零件如图 6-93～图 6-96 所示。

图 6-93 机车泵上盖

所用型材牌号、规格：HT/LZ250 ϕ95mm

主要用途：机车泵部件

工作压力：25MPa

使用型材效果：原使用砂型铸件时，废品率较高，一般为 30%~70%。使用铸铁型材后，加工成品率大幅度提高，加工表面光洁，没有废料，由于铸铁型材耐压性好，没有渗漏现象，使用效果良好。

图 6-94 机车泵泵体零件

所用型材牌号、规格：HT/LZ250 ϕ95mm

主要用途：机车泵部件

工作压力：25MPa

使用型材效果：原使用砂型铸件时，废品率较高，一般为 30%~70%。使用铸铁型材后，加工成品率大幅度提高，加工表面光洁，没有废料，由于铸铁型材耐压性好，没有渗漏现象，使用效果良好。

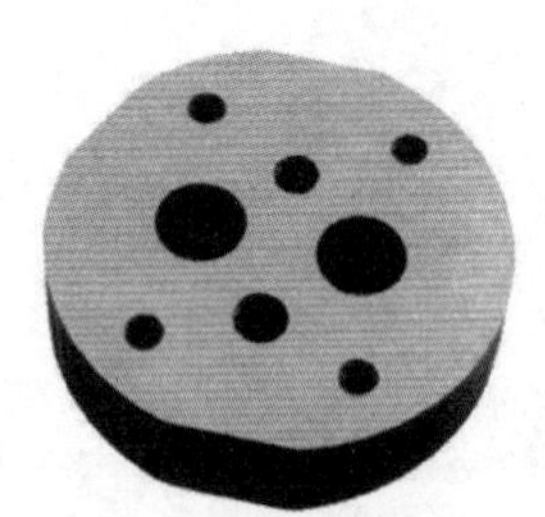
图 6-95 机车泵底盖

所用型材牌号、规格：HT/LZ250 ϕ95mm

主要用途：机车泵部件

工作压力：25MPa

使用型材效果：原使用砂型铸件时，废品率较高，一般为 30%~70%。使用铸铁型材后，加工成品率大幅度提高，加工表面光洁，没有废料，由于铸铁型材耐压性好，没有渗漏现象，使用效果良好。

图 6-96 套

所用型材牌号、规格：QT/LZ500-7 ϕ40~ϕ90mm

主要用途：机车转向架套

使用型材效果：这种零件用量很大，原使用砂型铸件时，不能保证产品质量的均一性，废品率相对较高。使用铸铁型材后，完全能保证球化质量和性能指标，出品率很高，加工性能好，表面光洁，使用效果良好。

6.3.11 石油钻探

在石油钻探领域内，应用铸铁型材加工成的部分零件如图 6-97～图 6-99 所示。

图 6-97　卡瓦（保安件）

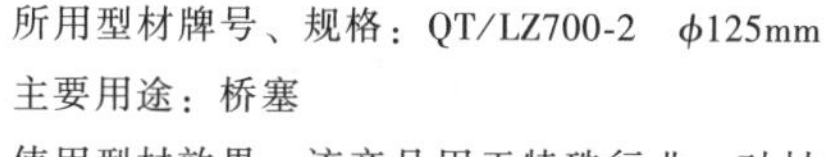

所用型材牌号、规格：QT/LZ700-2　ϕ125mm

主要用途：桥塞

使用型材效果：该产品用于特殊行业，对材质均匀性要求极高并且要有一定的强度，砂型铸件无法满足要求，使用铸铁型材后不仅可以满足要求，而且加工成品率在 90%以上，使用效果良好。

图 6-98　丢手环

所用型材牌号、规格：HT/LZ250　ϕ115mm

主要用途：桥塞

使用型材效果：原使用砂型铸件时，废品率较高，一般为 30%~80%。使用铸铁型材后，废品率大幅度降低，各项性能指标均满足要求，使用效果良好。

图 6-99　锥套

所用型材牌号、规格：HT/LZ250　ϕ115mm

主要用途：桥塞

使用型材效果：原使用砂型铸件时，废品率较高，一般为 30%~80%。使用铸铁型材后，废品率大幅度降低，各项性能指标均满足要求，使用效果良好。

6.3.12　模具

在模具领域内，应用铸铁型材加工成的部分零件如图 6-100~图 6-102 所示。

图 6-100　模具（研磨）

所用型材牌号、规格：HT/LZ250　ϕ80mm

主要用途：零件加工

使用型材效果：铸铁型材硬度高，耐磨性优于砂型铸件。

图 6-101　瓶口模衬环

所用型材牌号、规格：HT/LZ250　ϕ60mm

主要用途：玻璃瓶口模具

使用型材效果：砂型铸件加工表面粗糙，影响模具的使用效果。使用铸铁型材后，废品率大幅度降低，表面光洁，没有废料，使用效果良好。

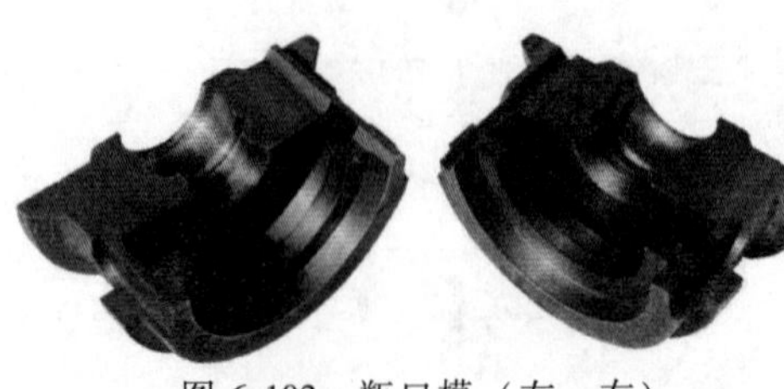

图 6-102　瓶口模（左、右）

所用型材牌号、规格：HT/LZ250　ϕ87mm

主要用途：玻璃瓶口模具

使用型材效果：砂型铸件加工表面粗糙，影响模具的使用效果。使用铸铁型材后，废品率大幅度降低，表面光洁，没有废料，使用效果良好。

第7章 铸铁型材凝固过程的数值模拟

铸铁水平连铸生产中保证型材质量及生产稳定性的关键在于选用合适的工艺参数，以控制型材的凝固过程。利用计算机模拟技术对型材凝固过程进行数值模拟，可以代替现场试验，使选择合理工艺参数的工作建立在更为科学的基础上，为保证型材质量及生产稳定性提供了有效力的手段。另外，水平连铸铸铁型材凝固过程的数值模拟是铸铁水平连铸生产自动化的基础，通过对水平连铸铸铁型材凝固过程的数值模拟，对促进我国铸铁水平连铸技术跨入世界先进行列将起到重要作用。

本章介绍水平连铸铸铁圆型材凝固过程的数值模拟，通过确立对于铸铁水平连铸动态凝固过程具有普遍适用性的数值模拟方法，建立一套通用于水平连铸铸铁圆型材凝固过程的数值模拟软件。该软件既可用于指导铸铁水平连铸的实际生产，也可作为分析、研究其宏观凝固过程的有效手段。

作为连铸，铸铁水平连铸与钢坯连铸有一个重要的共同点：连铸生产中保证型材质量及生产稳定性的关键在于选用合适的工艺参数，以控制型材的凝固过程。在钢坯连铸凝固过程的数值模拟方面，人们已做了比较多的研究，但在有关铸铁水平连铸凝固过程数值模拟方面的研究，仅有很少文献报道。究其原因，可能是由于，与钢坯连铸相比，铸铁水平连铸有三个显著不同的特点：①在型材与水冷套之间存在着石墨套，形成了多个界面，使其换热过程更为复杂，边界条件比钢坯连铸更加难以确定。②生产中型材的移动是“一拉一停”重复进行的周期性运动，从传热学的角度看，铸铁水平连铸总是处于不稳定传热的过程中。这样，即使对于“稳定阶段”的生产（这里所说的“稳定阶段”的生产，其物理实质是相邻“拉-停”周期内，换热系统温度场的变化规律相同），也不能采用稳态传热方程去描述。③拉拔速度较慢，轴向传热占有一定份额，因此进行铸铁水平连铸凝固过程数值模拟时，轴向传热必须予以考虑。基于铸铁水平连铸的以上三个特点，使得真实地模拟其凝固过程是一个更为复杂的课题。

20世纪90年代初期，我国有人基于型材表面传出的热流率等于自石墨套内侧传入石墨套的热流率，采用传热学反问题法，由实测石墨套温度场，通过数值计算反推出石墨套内侧热流率，以此作为型材表面的换热条件并同时考虑了轴向传热的作用进行型材温度场的数值模拟，得到了与实际情况基本吻合的模拟结果，为模拟铸铁水平连铸凝固过程提供了一种新的方法。然而，采用该模拟方法研究不同规格的型材在不同生产工艺条件下的凝固过程时，均需实测相应条件下石墨套内的温度场，故使其实用性受到一定限制。另外，该模拟方法中，由于将型材移动做匀速运动处理，并采用稳态传热方程描述其凝固过程，使得该模拟结果只能是在平均的意义上近似地显示了型材的温度场与主要工艺参数的关系。

下面针对铸铁水平连铸不同于钢坯连铸的特点，以水平连铸铸铁圆型材凝固过程中的整个热交换系统作为模拟对象，通过自由热收缩法计算型材与石墨套的界面换热系数，并采用静、动坐标系相结合的方法从非稳态传热的角度进行计及型材轴向传热的型材动态凝固过程的通用化数值模拟。这里所谓“动态凝固过程的通用化数值模拟”，是指所建立的方法能够模拟出与型材“一拉一停”周期性运动相联系的型材温度场和固相率场的动态变化过程，并且可适用于各种直径的型材与不同的工艺参数。

7.1 模拟对象及数值计算范围的确定

铸铁水平连铸的全部凝固过程，是铁液进入结晶器后形成凝固壳，以及凝固壳移出结晶器后继续向环境散热使壳内液芯完全凝固的过程。因此，将自结晶器入口处到离开结晶器出口一定距离处的整个热交换系统（包括型材与结晶器）作为模拟对象，根据圆型材及其结晶器几何形状对称的特点并假设其温度场也对称分布，取其一半进行数值计算。采用圆柱坐标系并将坐标原点取在石墨套入口端的中心时，数值模拟的计算范围如图 7-1 所示。图中石墨套与水冷套在文中统称为结晶器。

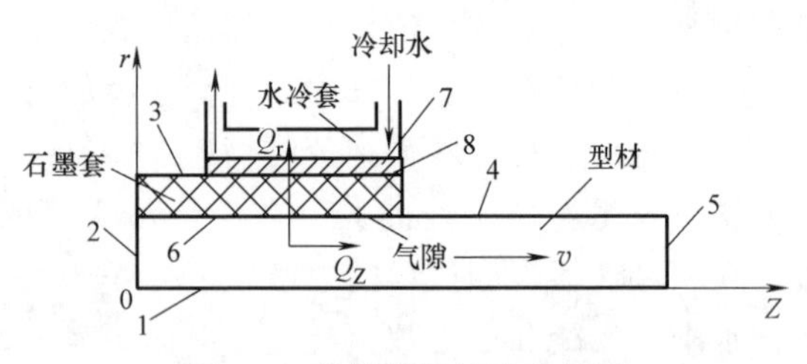

图 7-1 数值模拟的计算范围

1~8—传热边界

7.2 传热过程的控制方程

从整个连铸过程的角度考察，石墨套内的传热属于非稳态、变物性的热传导问题。在圆柱坐标系下，其传热方程为

$$\rho c_p \frac{\partial T}{\partial t}=\frac{\partial}{\partial r}\left(\lambda \frac{\partial T}{\partial r}\right)+\frac{\lambda}{r}\frac{\partial T}{\partial r}+\frac{\partial}{\partial Z}\left(\lambda \frac{\partial T}{\partial Z}\right) \tag{7-1}$$

式中 ρ——密度；

c_p——比热容；

λ——导热系数。

对于型材，当处于“拉-停”过程中的不同阶段时，其传热方程不同。在拉的过程中，由于导热的同时还存在着因型材移动引起的热量传输$\left(\rho c_p V\dfrac{\partial T}{\partial Z}\right)$以及相变产生的源项（$\dot{Q}$），故其控制方程为

$$\rho c_p\frac{\partial T}{\partial t}=\frac{\partial}{\partial r}\left(\lambda\frac{\partial T}{\partial r}\right)+\frac{\lambda}{r}\frac{\partial T}{\partial r}+\frac{\partial}{\partial Z}\left(\lambda\frac{\partial T}{\partial Z}\right)+\dot{Q}-\rho c_p V\frac{\partial T}{\partial Z} \tag{7-2}$$

在停的过程中，型材的传热方程为

$$\rho c_p\frac{\partial T}{\partial t}=\frac{\partial}{\partial r}\left(\lambda\frac{\partial T}{\partial r}\right)+\frac{\lambda}{r}\frac{\partial T}{\partial r}+\frac{\partial}{\partial Z}\left(\lambda\frac{\partial T}{\partial Z}\right)+\dot{Q} \tag{7-3}$$

铸铁水平连铸的拉、停过程中型材的传热方程不同，这使得关于连铸凝固过程数值模拟的已有方法不再适用于此，同时增加了其凝固过程数值模拟的难度。因此，可采用与拉拔速度相同且具有同样“拉-停”变化规律的运动坐标系描述型材的传热过程，这样，可以简化拉拔过程中型材传热的控制方程，并使型材在“拉-停”过程中的不同阶段具有同一形式的传热方程，以便于数值计算。在上述动坐标系中，型材在拉、停阶段的传热方程均统一为如下形式

$$\rho c_p\frac{\partial T}{\partial t}=\frac{\partial}{\partial r}\left(\lambda\frac{\partial T}{\partial r}\right)+\frac{\lambda}{r}\frac{\partial T}{\partial r}+\frac{\partial}{\partial Z'}\left(\lambda\frac{\partial T}{\partial Z'}\right)+\dot{Q} \tag{7-4}$$

7.3　换热边界条件

在水平连铸铸铁圆型材的凝固过程中，如果按照图 7-1 所示的范围考察，则边界 1~5 处的换热条件较易确定，分别如下：

边界 1 是型材中心线，具有绝热条件

$$r=0,\qquad \frac{\mathrm{d}T}{\mathrm{d}r}=0 \tag{7-5}$$

边界 2 是等温面，保温炉内的铁液由此进入结晶器

$$Z=0,\qquad T=T_0 \tag{7-6}$$

式中　T_0——保温炉内铁液温度。

边界 3 因与保温炉的耐火材料接触，可看作是绝热面

$$r=R_s,\ (Z<l_0),\ q=0 \tag{7-7}$$

式中　R_s——石墨套外圆半径；

l_0——石墨套伸入保温炉内的长度；

q——界面处的热流。

边界 4 上进行着辐射换热，属于第三类边界条件

$$r=R,\quad (Z>l),\quad -\lambda\frac{\partial T}{\partial r}=C_0\varepsilon(T_b^4-T_e^4) \tag{7-8}$$

式中 R——型材半径；

l——结晶器长度；

C_0——Stefan-Boltzmann 常数；

ε——铸件表面的黑度；

T_b——型材表面温度；

T_e——环境温度。

边界 5 是型材离开结晶器出口一定距离（$L=3l$）处的截面，由该处往后，因型材轴向温差较小，取其边界条件为

$$Z=L,\quad \frac{\partial T}{\partial Z}=0 \tag{7-9}$$

除上述边界条件之外，型材与石墨套之间（边界 6）的换热边界条件、冷却水到石墨套外表面（界面 7 到界面 8）的换热边界条件均是影响型材凝固过程的更重要的因素，但它们也最难精确计算，是本书中欲重点解决的问题。

7.3.1 型材与石墨套之间的换热边界条件

连铸过程中，金属液带入的全部热量是通过型材表面散失的，其中，结晶器内的散热最为强烈，是整个传热过程的控制因素。因此，正确处理型材表面与石墨套之间的换热边界条件是获得正确模拟结果的关键。然而，结晶器内型材散热的边界条件也最难精确计算。这是因为，金属液进入结晶器后，在以拉拔速度移动的同时，型材表面逐渐形成了凝固层并不断增厚，当凝固层增厚到一定程度时，型材表面与石墨套之间因型材收缩开始出现间隙，在随后的冷却过程中，间隙还将进一步增大，在通过结晶器的过程中，型材与结晶器之间的热阻是一个变量。

在连续铸钢方面，许多人对此进行了研究。从物理意义上看，影响型材与结晶器界面热阻的主要因素是界面间隙产生的位置及产生间隙后的传热值，其中，准确确定界面间隙产生的位置是处理型材与结晶器界面热阻的关键问题。从理论上讲，确定间隙出现位置的最合理方法是同时模拟型材的温度场与应力场。然而，由于型材凝固温度附近的高温力学性能尚无法精确确定，故依此模拟实际生产中的凝固过程仍有一定距离。目前，在用于指导钢坯连铸生产的数值模拟中，一般都对此做近似处理，取距离结晶器入口 $l/3$ 或 $l/2$（l 为结晶器的长度）处为出现间隙的位置。在铸铁水平连铸过程中，由于石墨套的存在，形成了多个界面，换热情况更为复杂，间隙出现的位置也愈加难以准确确定。为此，不直接计算界面间隙出现的位置，而采用自由热收缩法计算型材与石墨套的界面换热

系数。

1. 型材与石墨套界面换热的物理模型

根据结晶器内型材与石墨套的接触方式，可沿轴向将其分为三个部分，如图 7-2 所示。

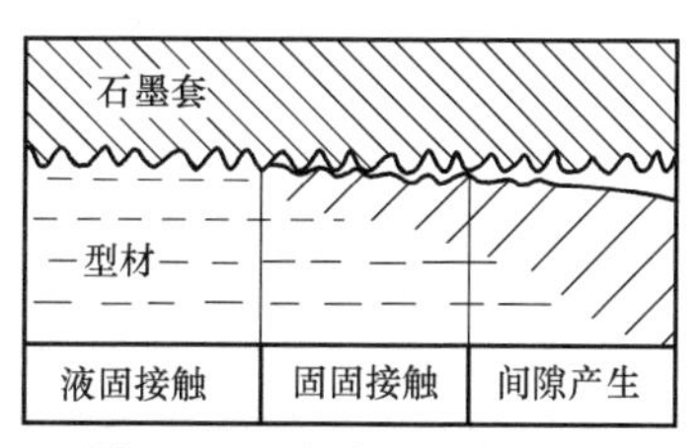

图 7-2　型材与石墨套界面接触状况示意图

连铸过程中，金属液自结晶器入口端进入石墨套。在开始阶段，虽然与石墨套相接触的是有一定过热度的液体金属，但由于石墨套表面因机械加工使其微观上凹凸不平，同时，液体金属与石墨不润湿，两者的接触并不充分，有微观间隙存在，致使液体金属与石墨套之间有一定的热阻，如图 7-2 中的液固接触部分。从某一位置起，液体金属开始凝固，凝固初期，因固相所占比例较小，形不成完整的凝固壳，因此，这一时期仍被认为属于液固接触阶段。当型材表面固相分数足够大时（一般认为固相分数达到 0.8 时，枝晶骨架形成），在型材的外层开始出现凝固壳并表现出向中心收缩的趋势，但因受内部液体金属静压力的作用，型材表面仍保持与石墨套内壁接触。此时的界面热阻比液固接触时会有所增加，如图 7-2 中的固固接触部分。当型材的凝固层具有一定厚度且其强度足以克服内部液体金属静压力时，型材和石墨套之间开始出现宏观间隙，界面热阻迅速上升，如图 7-2 中的间隙产生部分。

2. 计算型材与石墨套界面换热系数的方法

在普通铸造中，当铸件完全是液体时，金属液与铸型表面保持着较好的接触，一旦铸件表面出现了凝固层，由于铸型表面粗糙度的缘故，铸件表面只在某些点上与铸型表面接触，此时，界面换热以接触点的热传导为主，同时还存在着接触点周围气隙中的传导传热与辐射换热。瑞皮尔（Rapier）等人提出：上述情况下的界面换热系数可以用气隙的导热系数与有效气隙宽度之比值描述。关于气隙尺寸的变化规律，卢肯斯（Lukens）等人通过实验指出：虽然铸件与铸型的界面间隙是由铸件的热收缩、铸型的热收缩以及铸件内部金属液静压力等因素共同决定的，但其中铸件的热收缩是决定性因素，铸件/铸型界面处间隙尺寸的变化规律与仅由铸件热收缩计算所得到的规律相似。在连铸过程中，型材与石墨套的界面热阻虽然在形式上与普通铸造的界面热阻有所不同，但在本质上两者是一致的：它们都是由铸件（型材）的热收缩、铸型（石墨套）的热收缩以及铸件（型材）内部金属液静压力等因素共同决定的，并且铸件（型材）的热收缩是其决定性因素。基于上述分析，借鉴他人在普通铸造中所提出的计算铸件/铸型界面换热系数的方法，型材与石墨套之间的界面换热系数（$h_{c/m}$）也可采用下式描述

$$h_{c/m}=\frac{\lambda_g(T)}{B+C\Delta g} \tag{7-10}$$

式中 $\lambda_g(T)$——与温度 T 相关的气隙导热系数；

Δg——根据自由热收缩的原理求得的间隙宽度；

B——体现石墨套表面粗糙度所产生影响的参数，在石墨套加工方式一定的条件下是常数，它反映了 Δg 等于零时仍存在一定的热阻；

C——体现液体金属静压力所产生影响的参数，以反映此静压力对凝固层收缩的阻碍，$C\Delta g$ 代表实际间隙尺寸。

针对某一水平连铸生产线，生产中的金属静压力（由保温炉内的液面高度决定）可以认为是恒定不变的，但由于在不同凝固层厚度时液体静压力对形成间隙所能体现出的影响能力不同，式（7-10）中 C 是与凝固层厚度有关的函数，其表达式可由下述分析得到。

设型材半径为 R，凝固层厚度为 d，凝固层的平均半径为 R'，内部液体静压力为 p，如图 7-3a 所示。取圆心角为 $\mathrm{d}\theta$ 的微段弧 $\mathrm{d}s$（型材轴向为单位长度）进行受力分析（图 7-3b），可得

$$2N\sin\frac{\mathrm{d}\theta}{2}=p\mathrm{d}s \tag{7-11}$$

式中 N——因液体金属静压力的作用存在于凝固层内的拉力。

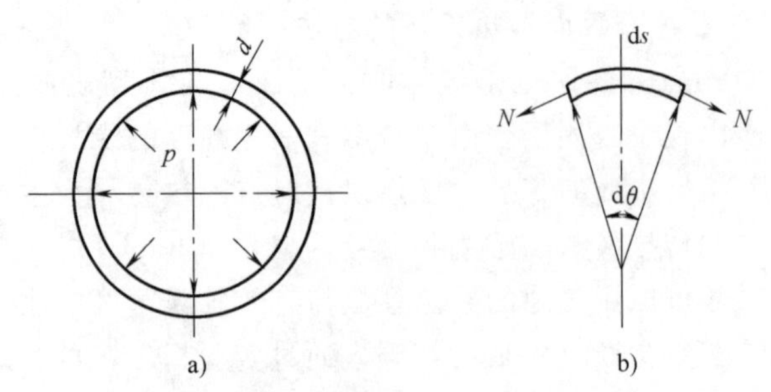

图 7-3 液体金属静压力对凝固层的作用

a）静压力均匀作用于凝固层 b）凝固层内部受拉应力

因为 $\sin\frac{\mathrm{d}\theta}{2}\approx\frac{\mathrm{d}\theta}{2}$，且 $\mathrm{d}s=R'\mathrm{d}\theta$，所以 $N=pR'$。于是，凝固层厚度截面上的拉应力为

$$u=\frac{N}{d}=\frac{pR'}{d} \tag{7-12}$$

而因为 $R'=R-\frac{d}{2}$，所以

$$u=\frac{p(R-d/2)}{d}=p\left(\frac{R}{d}-\frac{1}{2}\right)=p\left(\frac{1}{\delta}-\frac{1}{2}\right) \tag{7-13}$$

其中，$\delta=d/R$，称其为相对凝固层厚度。由式（7-13）可看出，因液体金属静压力而使凝固层中所产生的应力除与液体金属静压力 p 本身有关外，还与相对凝固层厚度 δ 有关。因为液体金属静压力可视为常数，所以 u 仅与 δ 相关，即 $u=u(\delta)$。u 体现了液体静压力对形成间隙的阻碍，在物理意义上与式（7-10）中的 C 等价，因此 C 也必然与 δ 相关，即有 $C=C(\delta)$，于是，式（7-10）可改写为

$$h_{c/m}=\frac{\lambda_g(T)}{B+C(\delta)\Delta g} \tag{7-14}$$

式（7-14）作为计算型材与石墨套界面换热系数的数学关系式在水平连铸铸铁型材凝固过程的数值模拟中具有通用性。这是因为式中的 $\lambda_g(T)$、Δg 及 δ 是随着模拟计算同步确定的变量，B、$C(\delta)$ 仅与石墨套的加工方式及液体金属静压力有关，而与生产工艺参数（如型材半径、拉拔速度等）无关。这里，所谓 $C(\delta)$ 与生产工艺参数无关，是指 $C(\delta)$ 与 δ 的具体函数关系仅由液体金属静压力确定，而不随型材半径、拉拔速度等因素改变。

B 的具体值及 $C(\delta)$ 的确切形式可通过实验与计算相结合的方法确定。由于其确定过程与实验结果有关，该项工作将在后续内容（见 7.8 节）中进一步介绍。

在数值模拟中，通过自由热收缩原理计算理论间隙尺寸（Δg）的方法可结合图 7-3 概述如下。

假设型材与石墨套之间自由热收缩所产生的间隙沿周向均匀分布（即不考虑型材自重对间隙尺寸的影响），在不计金属液静压力的作用时，型材与石墨套界面间隙的产生及变化过程如图 7-4 所示。其中，RW 表示初始温度（室温）下石墨套内表面所在位置，OR 是其半径。因为有水冷套的限制，高温下石墨套在径向上向内膨胀，且温度越高，膨胀量越大，所以，在连铸过程中，由于结晶器内由铁液入口处到型材出口处的温度逐渐降低，石墨套内表面的实际位置如图中 LM 所示。其中，在 LA 段，型材和石墨套为液态接触，无理论间隙。自位置 P 处（与型材表面 $f_s=0.8$ 相对应），因型材向中心收缩以及石墨套向外收缩，开始产生理论间隙，随后，间隙尺寸进一步增大，如图中三角形 AMN。对于此区间任一轴向位置处（如 S），其理论间隙尺寸是型材在此处相对于位置 P 处的收缩量 Δg_c 和石墨套在此处相对

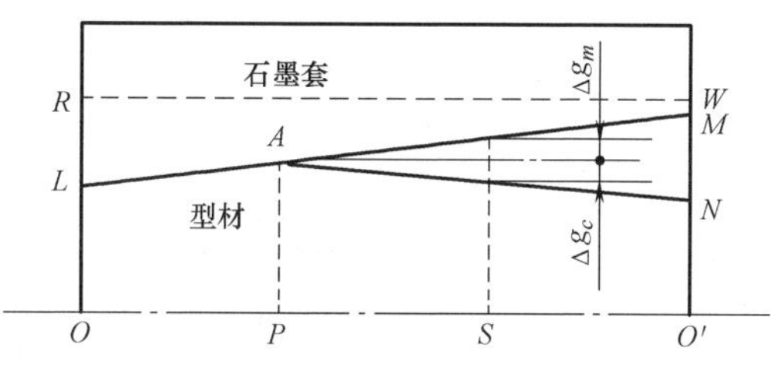

图 7-4 型材与石墨套的理论间隙示意图

于位置 P 处的收缩量 Δg_m 之和，即

$$\Delta g=\Delta g_c+\Delta g_m \tag{7-15}$$

Δg_m 与 Δg_c 可分别由下式计算得出

$$\Delta g_c=\beta_c R_c(\overline{T}_{cp}-\overline{T}_c) \tag{7-16}$$

$$\Delta g_m=\beta_m H_m(\overline{T}_{mp}-\overline{T}_m) \tag{7-17}$$

式中 β_c、β_m——型材与石墨套的线膨胀系数；

R_c、H_m——型材自由热收缩起始处（与型材表面 $f_s=0.8$ 相对应）的型材半径及石墨套厚度；

$\overline{T}_{cp}$、$\overline{T}_{mp}$——型材自由热收缩起始处的型材表面温度和相应位置处的石墨套径向平均温度；

$\overline{T}_c$、$\overline{T}_m$——所求间隙位置处型材凝固层与石墨套的径向平均温度。

7.3.2 冷却水到石墨套外表面的换热边界条件

连铸生产中，结晶器内型材释放的热量几乎全部是由冷却水带走的，因此，准确进行水冷套的换热计算，是保证型材凝固过程数值模拟精度的重要方面。从便于建立模拟程序，节约计算机内存，减少计算时间的角度出发，将冷却水到石墨套外表面的换热关系按综合换热边界条件处理，以其当量换热系数作为石墨套外表面的换热边界条件。

1. 冷却水与水槽之间的界面换热系数

结晶器中的冷却水在横截面如图 7-5a 所示的水槽内流动，与水槽界面进行对流换热，其换热系数可通过下述过程求得。

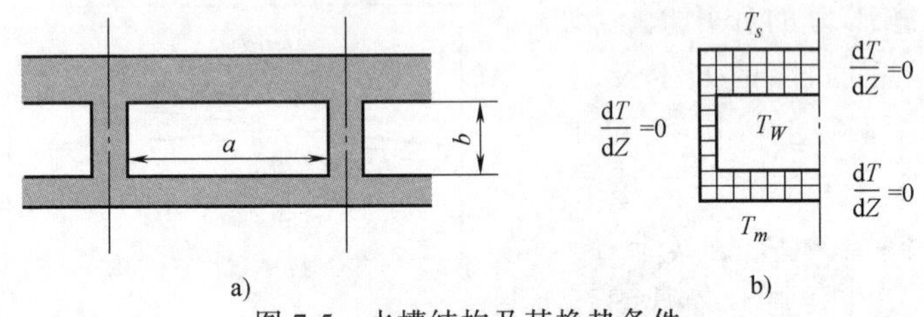

图 7-5 水槽结构及其换热条件

a）水槽横截面示意 b）剖分形式与边界条件

根据水槽横截面的几何尺寸（槽宽为 a，槽高为 b）、冷却水的流量（q_L），可求得水槽的当量直径（D_e）、冷却水的流速（v）及其雷诺数（Re）

$$D_e=\frac{2ab}{a+b} \tag{7-18}$$

$$v=\frac{q_L}{ab} \tag{7-19}$$

$$Re=\frac{vD_e}{\nu} \tag{7-20}$$

式中 ν——冷却水的运动黏度。

经计算，连铸生产中冷却水的雷诺数远大于 2200，属于紊流，取其努谢尔特数（Nu）的形式为

$$Nu=0.023Re^{0.8}Pr^{0.4} \tag{7-21}$$

式中 Pr——普朗特数。

由于努谢尔特数与换热系数还存在着下列关系

$$Nu=\frac{hD_e}{\lambda} \tag{7-22}$$

于是可得

$$h=\frac{Nu\cdot\lambda}{D_e} \tag{7-23}$$

式中 λ——冷却水的导热系数；

h——水槽内壁的换热系数。

2. 冷却水与石墨套外表面的当量换热系数

分析图 7-1 可知，若以冷却水与水槽之间的换热系数为基础，能够进一步求得冷却水与石墨套外表面的当量换热系数，则型材凝固过程数值模拟的几何空间可转化为仅由图 7-1 中型材与石墨套所构成的部分。这样，不仅可使模拟过程易于实现，而且可以有效地节约计算机内存，减少计算时间。

从原理上看，如果水槽内壁温度均匀一致，则由冷却水与水槽之间的换热系数可以求得冷却水与石墨套外表面的当量换热系数。根据图 7-5a 所示，在所考察的范围内（以一个水槽的换热范围为对象进行考察，即图中两条点画线所截取的部分），冷却水吸收的热量，既可由式（7-24）求出，也可表示成式（7-25）的形式

$$Q_1=(T_1-T_W)hS_1 \tag{7-24}$$

$$Q_2=(T_2-T_W)h_eS_2 \tag{7-25}$$

式中 T_1——水槽内壁温度；

T_W——冷却水温度；

S_1——水槽内壁面积；

T_2——石墨套外表面温度；

S_2——与一个水槽（即图 7-5a 中两条点画线所截取的部分）相对应的石墨套外表面面积；

h_e——冷却水与石墨套外表面的当量换热系数。

因为 $Q_1=Q_2$，所以

$$h_e = \frac{T_1 - T_W}{T_2 - T_W} \cdot \frac{S_1}{S_2} \cdot h \tag{7-26}$$

然而，连铸生产中水槽内壁的温度是不均匀的。为此，可通过下述方法确定冷却水与石墨套外表面的当量换热系数。

根据水槽的实际传热过程，假设每个水槽内冷却水温度均匀一致，而不同水槽内的冷却水温度彼此有所不同但也差异不大（因进出口水的总温差不大）；在一个水槽内，冷却水与水槽的热交换在 Z 向上相对于其几何中心线对称。据此，取一个水槽的一半进行二维稳态传热的直接差分数值计算，其剖分形式与边界条件如图 7-5b 所示。图中 T_m、T_s、T_W 分别代表水冷套的内、外表面温度及冷却水温度。

这里需要说明的是，因石墨套是在其外径尺寸相对于水冷套内径尺寸过盈的情况下压入水冷套的，两者界面处的热阻很小，在此以零计，故石墨套外表面温度即水冷套内表面温度。另外，水冷套外表面的温度是由实测确定的。

通过对图 7-5b 所示的对象进行数值计算，可得到水冷套内壁各单元温度 T_i，于是，在图 7-5b 所示范围内，冷却水所吸收的热量为

$$Q_1 = \sum (T_i - T_W) h A_i \tag{7-27}$$

式中 A_i——各单元与冷却水接触的面积。

从当量换热的角度看，冷却水吸收的热量也可通过下式求得

$$Q_2 = (T_m - T_W) h_e A_m \tag{7-28}$$

式中 A_m——与数值计算的对象相对应的石墨套外表面面积。

令 $Q_1 = Q_2$，有

$$\sum (T_i - T_W) h A_i = (T_m - T_W) h_e A_m \tag{7-29}$$

于是可得冷却水与石墨套外表面的当量换热系数

$$h_e = \frac{\sum (T_i - T_W) A_i}{(T_m - T_W) A_m} h \tag{7-30}$$

由式（7-30）可见，h_e 随石墨套外壁温度 T_m 和冷却水温度 T_W 而发生变化。考虑到实际上 T_m 和 T_W 值沿轴向不断变化，分别取不同的 T_m 和 T_W 值求出对应的 h_e 值，并对所得数据进行二元线性回归，可得到 h_e 随 T_m、T_W 变化的函数关系

$$h_e = f(T_m,\ T_W) \tag{7-31}$$

于是，在整个水冷套的长度范围内，从冷却水到石墨套外表面的当量换热系数得以确定，连铸凝固过程数值模拟的几何空间转化为仅由图 7-1 中型材与石墨套构成的部分。

7.4　模拟对象的剖分处理

根据型材与石墨套的几何特点，沿 Z 方向将石墨套伸入保温炉的部分（图 7-6 中 Z_0）作 N 等分，得到 ΔZ，以此作为整个模拟对象 Z 方向上的空间步长（沿 Z 方向如此剖分，其目的仅在于保证整个模拟对象在 Z 方向上为同一空间步长的前提条件下，使具有不同换热边界条件的部分不会同属于一个剖分单元，以便于数值计算）。在径向上分别对型材半径（R_b）、石墨套厚度（H_s）进行 m_b、m_s 等分，得到型材与石墨套径向的空间步长分别为 Δr_b、Δr_s。这样，数值计算中的剖分单元是由 ΔZ 与 Δr（Δr_b 或 Δr_s）构成的半圆环，如图 7-6 所示。

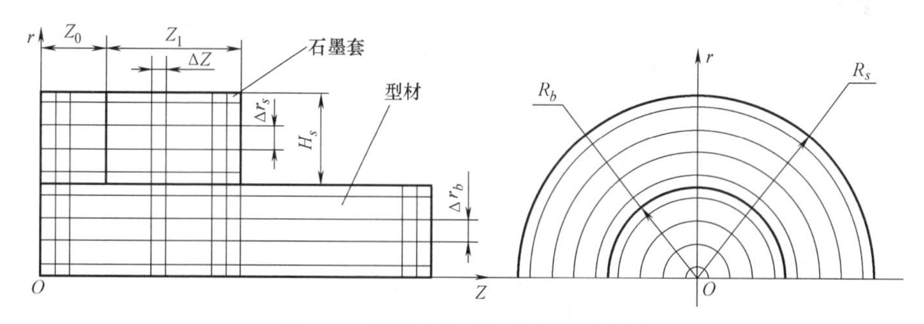

图 7-6　模拟对象的剖分处理示意图

7.5　数值计算中的差分方程

微分方程虽然从数学的角度能精确地描述事物的物理现象，但对于复杂问题难得其解。将微分方程转化为差分方程，并通过计算机求解得到事物发展变化的具体过程，是数值模拟的实质所在。在凝固过程的数值模拟中，直接差分法因其物理概念明确、能够适应各种复杂情况、易于建立差分方程，并且所建立的差分方程一般来说均为显式格式，而显式差分方程在数值计算中又具有格式简单、便于程序设计以及占用内存量少等优点。因此，直接差分法是凝固过程数值模拟中被广泛应用的方法。下面依此建立石墨套与型材传热过程的差分方程。

7.5.1　石墨套的差分方程

石墨套按图 7-6 所示方法剖分后，从数值计算的形式看，有十种类型的剖分单元，如图 7-7 所示。

1. 内部单元 A

根据热力学第一定律，单元 A 的热平衡方程可写成下列形式

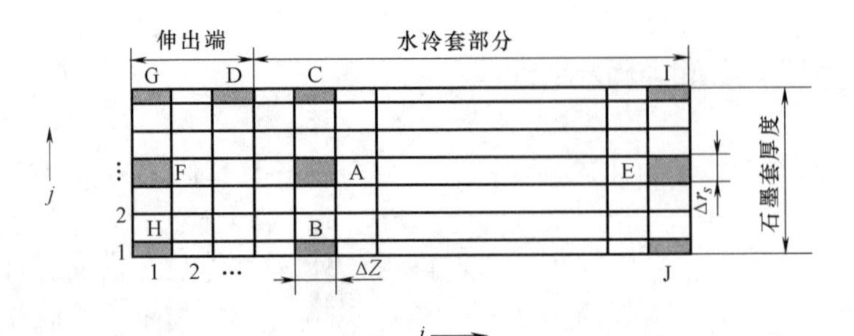

图 7-7 石墨套不同类型的剖分单元

$$\rho c_p \frac{U_{i,j}^{t+\Delta t}-U_{i,j}^{t}}{\Delta t}\pi[r_b+(j-1)\Delta r_s]\Delta r_s\Delta Z$$

$$=\frac{U_{i-1,j}^{t}-U_{i,j}^{t}}{\dfrac{\Delta Z/2}{\lambda_{i-1,j}}+\dfrac{\Delta Z/2}{\lambda_{i,j}}}\pi[r_b+(j-1)\Delta r_s]\Delta r_s-\frac{U_{i,j}^{t}-U_{i+1,j}^{t}}{\dfrac{\Delta Z/2}{\lambda_{i,j}}+\dfrac{\Delta Z/2}{\lambda_{i+1,j}}}\pi[r_b+(j-1)\Delta r_s]\Delta r_s+$$

$$\frac{U_{i,j-1}^{t}-U_{i,j}^{t}}{\dfrac{\Delta Z/2}{\lambda_{i,j-1}}+\dfrac{\Delta Z/2}{\lambda_{i,j}}}\pi\left[r_b+\left(j-\frac{3}{2}\right)\Delta r_s\right]\Delta Z-\frac{U_{i,j}^{t}-U_{i,j+1}^{t}}{\dfrac{\Delta Z/2}{\lambda_{i,j}}+\dfrac{\Delta Z/2}{\lambda_{i,j+1}}}\pi\left[r_b+\left(j-\frac{1}{2}\right)\Delta r_s\right]\Delta Z$$

令

$$\lambda_1=\frac{\lambda_{i-1,j}\lambda_{i,j}}{\lambda_{i-1,j}+\lambda_{i,j}};\ \lambda_2=\frac{\lambda_{i,j}\lambda_{i,j+1}}{\lambda_{i,j}+\lambda_{i,j+1}};\ \lambda_3=\frac{\lambda_{i,j}\lambda_{i+1,j}}{\lambda_{i,j}+\lambda_{i+1,j}};\ \lambda_4=\frac{\lambda_{i,j-1}\lambda_{i,j}}{\lambda_{i,j-1}+\lambda_{i,j}};$$

$$R_1(j)=[r_b+(j-1)\Delta r_s]\Delta r_s^{\,2};\quad R_2(j)=\left[r_b+\left(j-\frac{1}{2}\right)\Delta r_s\right]\Delta Z^2$$

$$R_4(j)=\left[r_b+\left(j-\frac{3}{2}\right)\Delta r_s\right]\Delta Z^2$$

经整理得

$$U_{i,j}^{t+\Delta t}=\left\{1-\frac{\Delta t[\lambda_1R_1(j)+\lambda_3R_1(j)+\lambda_4R_4(j)+\lambda_2R_2(j)]}{\rho c_pR_1(j)\Delta Z^2/2}\right\}U_{i,j}^{t}+$$

$$\frac{\Delta t[\lambda_1R_1(j)U_{i-1,j}^{t}+\lambda_3R_1(j)U_{i+1,j}^{t}+\lambda_4R_4(j)U_{i,j-1}^{t}+\lambda_2R_2(j)U_{i,j+1}^{t}]}{\rho c_pR_1(j)\Delta Z^2/2}$$

式中，U 代表石墨套单元温度，U 的下标表示该单元的位置，其中 i 是沿轴向的节点编号，j 是沿径向的节点编号，U 的上标表示单元温度的取值时刻。

通过类似过程所建立的其他类型单元传热过程的差分方程。

2. 内边缘单元 B

$$U_{i,j}^{t+\Delta t}=\left[1-\frac{\Delta t(\lambda_1 C_1+\lambda_3 C_1+\lambda_2 C_2+h_{c/m}C)}{\rho c_p C_1 \Delta Z^2/2}\right]U_{i,j}^{t}+\frac{\Delta t(\lambda_1 C_1 U_{i-1,j}^{t}+\lambda_2 C_2 U_{i,j+1}^{t}+\lambda_3 C_1 U_{i+1,j}^{t}+h_{c/m}CT_{i,n+1}^{t})}{\rho c_p C_1 \Delta Z^2/2}$$

式中　$C_1=\left(r_b+\frac{1}{4}\Delta r_s\right)\frac{\Delta r^2}{2}$；$C_2=\left(r_b+\frac{1}{2}\Delta r_s\right)\Delta Z^2$；$C=r_b+\frac{\Delta Z^2}{2}\Delta r_s$

$h_{c/m}$ 是石墨套与型材的界面换热系数；$T_{i,n+1}^{t}$ 代表型材表面单元的温度。

3. 外边缘单元 C（位于水冷套之内）

$$U_{i,j}^{t+\Delta t}=\left[1-\frac{\Delta t(\lambda_1 D_1+\lambda_3 D_1+\lambda_4 D_4+h_{mw}D)}{\rho c_p D_1 \Delta Z^2/2}\right]U_{i,j}^{t}+\frac{\Delta t(\lambda_1 D_1 U_{i-1,j}^{t}+\lambda_3 D_1 U_{i+1,j}^{t}+\lambda_4 D_4 U_{i,j-1}^{t}+h_{mw}DT_{i,w}^{t})}{\rho c_p D_1 \Delta Z^2/2}$$

式中　$D_1=\left[r_b+\left(j-\frac{5}{4}\right)\Delta r_s\right]\frac{\Delta r_s^2}{2}$；$D_4=\left[r_b+\left(j-\frac{3}{2}\right)\Delta r_s\right]\Delta Z^2$；

$$D=[r_b+(j-1)\Delta r_s]\frac{\Delta r_s}{2}\Delta Z^2$$

h_{mw} 是石墨套外表面到冷却水的当量换热系数；$T_{i,w}^{t}$ 代表冷却水温度。

4. 外边缘单元 D（属于石墨套伸入保温炉的部分）

$$U_{i,j}^{t+\Delta t}=\left[1-\frac{\Delta t(\lambda_1 D_1+\lambda_3 D_1+\lambda_4 D_4)}{\rho c_p D_1 \Delta Z^2/2}\right]U_{i,j}^{t}+\frac{\Delta t(\lambda_1 D_1 U_{i-1,j}^{t}+\lambda_3 D_1 U_{i+1,j}^{t}+\lambda_4 D_4 U_{i,j-1}^{t})}{\rho c_p D_1 \Delta Z^2/2}$$

5. 出口端中间单元 E

$$U_{i,j}^{t+\Delta t}=\left\{1-\frac{\Delta t[\lambda_1 R_1(j)+\lambda_4 R_4(j)+\lambda_2 R_2(j)]}{\rho c_p R_1(j)\Delta Z^2/2}\right]U_{i,j}^{t}+\frac{\Delta t[\lambda_1 R_1(j)U_{i-1,j}^{t}+\lambda_4 R_4(j)U_{i,j-1}^{t}+\lambda_2 R_2(j)U_{i,j+1}^{t}-q_r R_r]}{\rho c_p R_1(j)\Delta Z^2/2}$$

其中，$R_r=[r_b+(j-1)\Delta r_s]\Delta r_s^2\frac{\Delta Z}{2}$；$q_r$ 是辐射换热的热流率。

6. 入口端中间单元 F

$$U_{i,j}^{t+\Delta t}=\left\{1-\frac{\Delta t[\lambda_3 R_1(j)+\lambda_4 R_4(j)+\lambda_2 R_2(j)]}{\rho c_p R_1(j)\Delta Z^2/2}\right\}U_{i,j}^{t}+$$

$$\frac{\Delta t[\lambda_3 R_1(j) U^t_{i+1,j}+\lambda_4 R_4(j) U^t_{i,j-1}+\lambda_2 R_2(j) U^t_{i,j+1}]}{\rho c_p R_1(j)\Delta Z^2/2}$$

7. 入口端外侧边缘单元 G

$$U^{t+\Delta t}_{i,j}=\left[1-\frac{\Delta t(\lambda_3 D_1+\lambda_4 D_4)}{\rho c_p D_1 \Delta Z^2/2}\right]\cdot U^t_{i,j}+\frac{\Delta t(\lambda_3 D_1 U^t_{i+1,j}+\lambda_4 D_4 U^t_{i,j-1})}{\rho c_p D_1 \Delta Z^2/2}$$

8. 入口端内侧边缘单元 H

$$U^{t+\Delta t}_{i,j}=\left[1-\frac{\Delta t(\lambda_3 C_1+\lambda_2 C_2+h_{c/m} C)}{\rho c_p C\Delta Z^2/2}\right]U^t_{i,j}+$$

$$\frac{\Delta t(\lambda_2 C_2 U^t_{i,j+1}+\lambda_3 C_1 U^t_{i+1,j}+h_{c/m} C T^t_{i,n+1})}{\rho c_p C_1 \Delta Z^2/2}$$

9. 出口端外侧边缘单元 I

$$U^{t+\Delta t}_{i,j}=\left[1-\frac{\Delta t(\lambda_1 D_1+\lambda_4 D_4+h_{mw} D)}{\rho c_p D_1\Delta Z^2/2}\right]U^t_{i,j}+$$

$$\frac{\Delta t(\lambda_1 D_1 U^t_{i-1,j}+\lambda_4 D_4 U^t_{i,j-1}+h_{mw} D T^t_{i,w}-q_r D_r)}{\rho c_p D_1 \Delta Z^2/2}$$

式中 $D_r=\left[r_b+\left(j-\frac{5}{4}\right)\Delta r_s\right]\frac{\Delta r_s^2}{4}\Delta Z$。

10. 出口端内侧边缘单元 J

$$U^{t+\Delta t}_{i,j}=\left[1-\frac{\Delta t(\lambda_1 C_1+\lambda_2 C_2+h_{c/m} C)}{\rho c_p C_1\Delta Z^2/2}\right]U^t_{i,j}+$$

$$\frac{\Delta t(\lambda_1 C_1 U^t_{i-1,j}+\lambda_2 C_2 U^t_{i,j+1}+h_{c/m} C T^t_{i,n+1}-q_r C_r)}{\rho c_p C_1 \Delta Z^2/2}$$

式中 $C_r=\left(r_b+\frac{1}{4}\Delta r_s\right)\frac{\Delta r_s^2}{4}\Delta Z$。

7.5.2 型材的差分方程

型材按图 7-6 所示方法剖分后，从数值计算的形式看，有四种类型的剖分单元，如图 7-8 中带阴影的部分。图中型材两端虚线构成的单元，是数值计算中的虚设单元。其中，左端虚设单元代表保温炉铁液，温度恒为 T_0，右端虚设单元其温度为型材尾端单元（即与该虚设单元相邻的型材单元）前一时间步长的计算结果。在前文所述的动坐标系中，当不考虑潜热时（潜热项将在数值计算过程中通过“改进的温度回升法”进行处理，见 7.6.2 节），通过直接差分法所建立的型材中各种类型单元传热过程的差分方程分别如下。

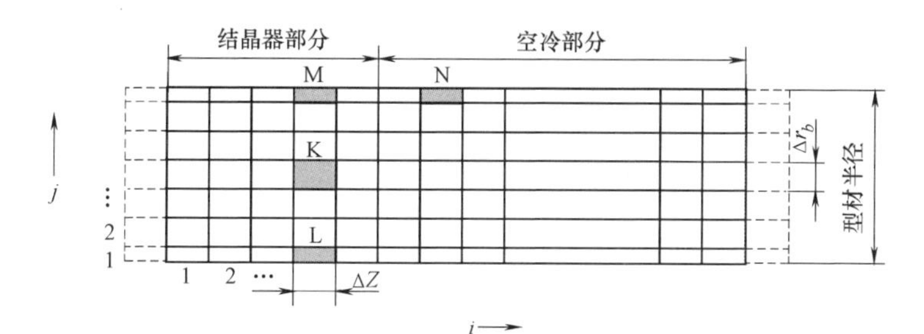

图 7-8　型材不同类型的剖分单元

1. 内部单元 K

$$T_{i,j}^{t+\Delta t}=\left[1-\frac{2\lambda_{i,j}\Delta t}{\rho c_p}\left(\frac{1}{\Delta r_b^2}+\frac{1}{\Delta Z^2}\right)\right]T_{i,j}^t+$$

$$+\frac{\lambda_{i,j}\Delta t}{\rho c_p}\left[\frac{T_{i,j-1}^t+T_{i,j+1}^t}{\Delta r_b^2}+\frac{T_{i,j+1}^t-T_{i,j-1}^t}{2(j-1)\Delta r_b^2}+\frac{T_{i-1,j}^t+T_{i+1,j}^t}{\Delta Z^2}\right]$$

式中，T 代表型材单元温度，T 的下标表示该单元的位置，其中 i 是沿轴向的节点编号，j 是沿径向的节点编号，T 的上标表示单元温度的取值时刻。

2. 中心单元 L

$$T_{i,j}^{t+\Delta t}=\left[1-\frac{2\lambda_{i,j}\Delta t}{\rho c_p}\left(\frac{2}{\Delta r_b^2}+\frac{1}{\Delta Z^2}\right)\right]T_{i,j}^t+\frac{\lambda_{i,j}\Delta t}{\rho c_p}\left(\frac{4T_{i,j+1}^t}{\Delta r_b^2}+\frac{T_{i-1,j}^t+T_{i+1,j}^t}{\Delta Z^2}\right)$$

3. 边缘单元 M（结晶器内）

$$T_{i,j}^{t+\Delta t}=\left\{1-\frac{\lambda_{i,j}\Delta t}{\rho c_p}\left[\frac{2}{\Delta r_b^2}-\frac{1}{2(j-5/4)\Delta r_b^2}+\frac{2}{\Delta Z^2}+\frac{2(j-1)h_{c/m}}{\lambda(j-5/4)\Delta r_b}\right]\right\}T_{i,j}^t+$$

$$\frac{\lambda_{i,j}\Delta t}{\rho c_p}\left[\frac{2T_{i,j-1}^t}{\Delta r_b^2}-\frac{T_{i,j-1}^t}{2(j-5/4)\Delta r_b^2}+\frac{T_{i-1,j}^t+T_{i+1,j}^t}{\Delta Z^2}+\frac{2(j-1)h_{c/m}U_{i,1}^t}{\lambda(j-5/4)\Delta r_b}\right]$$

4. 边缘单元 N（空冷部分）

$$T_{i,j}^{t+\Delta t}=\left\{1-\frac{\lambda_{i,j}\Delta t}{\rho c_p}\left[\frac{2}{\Delta r_b^2}-\frac{1}{2(j-5/4)\Delta r_b^2}+\right.\right.$$

$$\left.\left.\frac{2}{\Delta Z^2}+\frac{2(j-1)\sigma\varepsilon(T_{i,j}^t+273)^4/T_{i,j}^t}{\lambda(j-5/4)\Delta r_b}\right]\right\}T_{i,j}^t+$$

$$\frac{\lambda_{i,j}\Delta t}{\rho c_p}\left[\frac{2T_{i,j-1}^t}{\Delta r_b^2}-\frac{T_{i,j-1}^t}{2(j-5/4)\Delta r_b^2}+\right.$$

$$\left.\frac{T_{i-1,j}^t+T_{i+1,j}^t}{\Delta Z^2}+\frac{2(j-1)\sigma\varepsilon(T_e+273)^4}{\lambda_{i,j}(j-5/4)\Delta r_b}\right]$$

式中 σ——斯蒂芬-玻尔兹曼常数；

ε——辐射系数。

显式差分法要求差分方程中的时间步长必须满足稳定性条件。从热力学的观点看，稳定性的要求在于使前述差分方程中 $T_{i,j}^{t}$（或 $U_{i,j}^{t}$）的系数项（等式左边第一项的系数部分）不为负数，否则，单元某时刻的温度 $T_{i,j}^{t}$（或 $U_{i,j}^{t}$）越高，则该单元在下一时刻的温度 $T_{i,j}^{t+\Delta t}$（或 $U_{i,j}^{t+\Delta t}$）越低，这与热力学第二定律不符。据此，首先分别求得使前述各差分方程中 $T_{i,j}^{t}$（或 $U_{i,j}^{t}$）的系数项不小于零的时间步长 $\{\Delta t_n\}$，然后取其最小值（Δt）作为所有差分方程公用的时间步长

$$\Delta t = \min\{\Delta t_n\} \tag{7-32}$$

7.6 模拟过程的实现

7.6.1 模拟计算的方法

在普通铸件凝固过程的数值模拟中，根据某一时刻铸件、铸型的温度场及边界条件，通过差分方程，求出下一时刻各单元的温度值，并以此作为新的温度场，继续进行上述计算，直至得到最终解，是其基本方法。在铸铁水平连铸的凝固过程中，因型材相对于石墨套周期性地运动，其数值模拟方法有所不同。

本书中石墨套与型材的传热过程分别采用静、动不同的坐标系进行描述，因此将静坐标系中石墨套二维非稳态传热的数值计算与动坐标中型材的含有热源项二维非稳态凝固数值计算相耦合，是实现水平连铸铸铁型材凝固过程数值模拟所需解决的重要问题。为此，针对型材的运动特点，假设在型材拉的过程中其移动速度为 v，取时间间隔

$$\Delta\tau = \frac{\Delta Z}{v} \tag{7-33}$$

这意味着每经 $\Delta\tau$ 时间，型材移动 ΔZ 距离（即描述型材传热过程的动坐标相对于描述石墨套传热过程的静坐标移动 ΔZ）。以 $\Delta\tau$ 为时间间隔，进行连铸过程的凝固模拟，每完成一个时间间隔的全场计算，便将型材各单元的计算值传递一个空间步长，作为下一个时间间隔内再次进行计算的初值。即

$$\begin{cases} T_{i,j}^{(P)+1} \Rightarrow T_{i+1,j}^{(P+1)} \\ T_{i-1,j}^{(P)+1} \Rightarrow T_{i,j}^{(P+1)} \end{cases} \tag{7-34}$$

以此实现动坐标系中的计算值向静坐标系的转换。

当型材处于停的过程中时，为了统一起见，也取时间间隔为 $\Delta\tau$。此阶段内的 $\Delta\tau$ 仅表示数值计算中取定的时间间隔，每个时间间隔内型材各单元的计算值

也是静止坐标系中的温度场值，无须传递。

显而易见，此处的时间间隔并非显式差分法所要求的时间步长 Δt（见前文），并且，一般来说，Δt 远小于 $\Delta\tau$。为了解决这一矛盾，可在每个 $\Delta\tau$ 内进行 M（$M=\Delta\tau/\Delta t$）次计算。以此方式，在满足显式差分法所要求的时间步长的同时，实现石墨套与型材温度场的耦合计算。

在整个模拟计算过程（包括初拉阶段与稳定阶段）中，假设连铸开始时，塞入结晶器的引锭头其端面与连接在保温炉上的水冷套端面平齐，并且，引锭头前面的空腔（石墨套伸入保温炉部分的内腔）在连铸开始的瞬间充满金属液体。这样，此空腔内金属液初始温度取保温炉铁液温度（T_0），其余部分取室温。即 $t=0$：

$$\begin{cases} Z<Z_0, \quad T=T_0 \\ Z_0 \leqslant Z \leqslant L, T=28^\circ\mathrm{C} \\ 0 \leqslant Z \leqslant (Z_0+Z_1), \ U=28^\circ\mathrm{C} \end{cases} \tag{7-35}$$

式中　T——型材（或引锭头、引锭杆）的温度；

U——石墨套的温度；

Z_0——石墨套伸入保温炉部分的长度；

Z_1——水冷套的长度。

模拟计算进行到相邻两个“拉-停”周期（l）内拉（m）和停（s）的对应时刻的计算结果同时逼近，即满足

$$\begin{cases} \max\{\,|T^{t_s+l}(z,r)-T^{t_s}(z,r)|\,\} \leqslant 0.5^\circ\mathrm{C} \\ \max\{\,|U^{t_s+l}(z,r)-U^{t_s}(z,r)|\,\} \leqslant 0.5^\circ\mathrm{C} \\ \max\{\,|f_s^{\,t_s+l}(z,r)-f_s^{\,t_s}(z,r)|\,\} \leqslant 0.005 \end{cases} \tag{7-36}$$

及

$$\begin{cases} \max\{\,|T^{t_m+l}(z,r)-T^{t_m}(z,r)|\,\} \leqslant 0.5^\circ\mathrm{C} \\ \max\{\,|U^{t_m+l}(z,r)-U^{t_m}(z,r)|\,\} \leqslant 0.5^\circ\mathrm{C} \\ \max\{\,|f_s^{\,t_m+l}(z,r)-f_s^{\,t_m}(z,r)|\,\} \leqslant 0.005 \end{cases} \tag{7-37}$$

认为连铸过程达到稳定阶段，终止计算。

7.6.2　结晶潜热的处理方法

在凝固过程的数值模拟中，等价比热法与温度修正法是广泛采用的潜热处理方法。其中，等价比热法是将凝固范围内释放的潜热换算成等价比热来代替比热进行前文所述差分方程的数值求解，直接得到当前时间步长结束时的温度值；而温度修正法是在先不计潜热的情况下求解差分方程，得到“名义温度”，然后再

考虑潜热因素，对其修正，得到真值。用等价比热法处理潜热，虽然十分简便，但在对各单元的计算中，每遇到当 t 至 $t+\Delta t$ 时间内正好通过相变温度时，由于所使用的当量比热依然是 t 时刻的数值而有失真实性，这种现象在时间步长较大的情况下尤为严重，难免会产生较大误差；用温度修正法处理潜热需要较长的计算时间，而且以往常采用的温度修正法（即温度回升法）是一种不满足热平衡原则的近似方法，当所取时间步长较大时也会产生较大误差。因此，本书采用等价比热与温度修正相结合的方法（也称为改进的温度回升法）处理潜热。

关于采用等价比热与温度修正相结合的方法处理潜热，文献已有明确介绍，其中既包括在固相分数增加的情况下的潜热处理，也包括对铸件凝固过程中重熔现象的潜热处理，此处不再赘述。

7.6.3 有关物性值的确定

合理的物性值是保证凝固过程数值模拟可靠性的重要因素。为了使模拟结果更符合实际，本书涉及的物性值均为温度的函数。

根据相关文献，在计及金属液流动引起的热量传输的情况下，型材的导热系数按下式取值

$$\lambda_c=\begin{cases}C & T\geqslant T_L\\ \lambda(T)(1+\alpha f_L^2) & T_{EE}<T<T_L\\ \lambda(T) & T\leqslant T_{EE}\end{cases} \tag{7-38}$$

式中 C、α——常数；

f_L——液相分数，假设 $f_L=\dfrac{T-T_{EE}}{T_L-T_{EE}}$；

$\lambda(T)$——由文献取 $\lambda(T)=p-qT$，其中 $q=\dfrac{0.04}{T_{EE}-700}$，$p=0.06+q\dfrac{T_{EE}+700}{2}$。

相关文献给出了石墨导热系数及比热容的实验数据。经分段回归处理可得

$$\lambda_m=\begin{cases}0.19047-6.77974\times10^{-5}T-2.95356\times10^{-8}T^2 & T<845℃\\ 0.18854-9.96436\times10^{-5}T+1.57339\times10^{8}T^2 & T>845℃\end{cases} \tag{7-39}$$

$$c_{p,m}=\begin{cases}0.4747+3.259\times10^{-4}T & T<676℃\\ 0.4762+5.974\times10^{-5}T & T>676℃\end{cases} \tag{7-40}$$

式中 λ_m——石墨套的导热系数；

$c_{p,m}$——石墨套的比热容。

在计算型材与石墨套之间的界面换热系数时，需用到空气的导热系数。根据相关文献，其导热系数由下式确定

$$10^5\lambda_g = \frac{C_1 T^{1/2}}{1+C_2(1/T)\times 10^{C_3/T}} \tag{7-41}$$

式中 λ_g——空气的导热系数；

C_1、C_2、C_3——常数，其数值分别为 $C_1=0.632$，$C_2=245$，$C_3=-12$。

7.6.4 模拟程序的建立

根据前文所述内容，采用 Fortran 语言，建立了水平连铸铸铁圆型材凝固过程的数值模拟程序，其主流程图如图 7-9 所示。

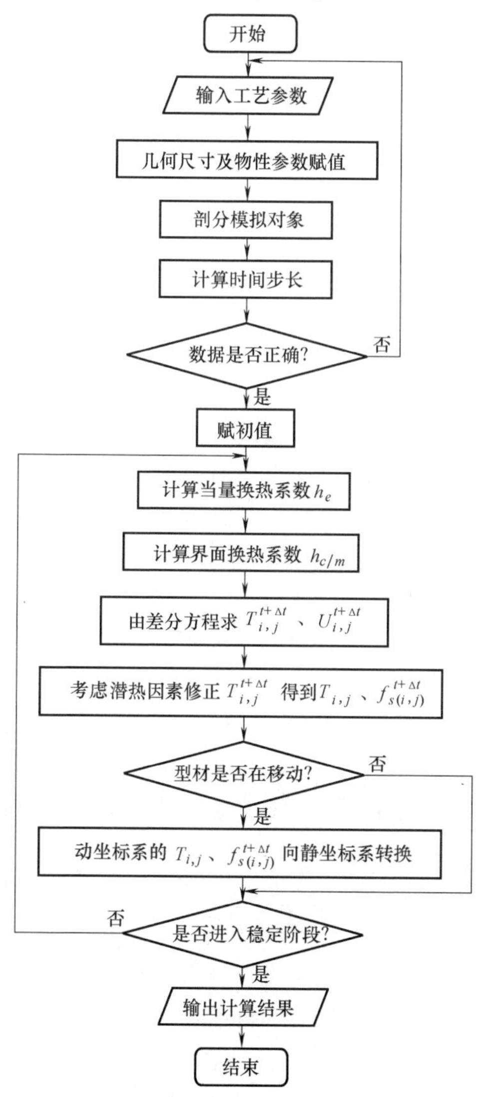

图 7-9 水平连铸铸铁圆型材凝固过程数值计算的主流程图

在整个计算过程中，以数据文件的形式记录下每一个时间步长的主要计算结果，最终可得到从连铸开始一直到稳定阶段型材液固界面的连续变化过程。采用 Qbasic 语言对计算结果进行后处理，实现了水平连铸铸铁圆型材凝固过程的可视化。

7.7 连铸过程的测温实验

进行连铸过程的测温实验，其目的在于确定式（7-14）中 B 的具体值和 $C(\delta)$ 的确切形式以及验证前文所提出的数值计算方法与其相应模拟软件的可靠性。

连铸测温实验的主要内容是测量石墨套的温度场。结合实际生产，这里对 ϕ52mm 灰铸铁圆型材在稳定生产阶段的石墨套温度场进行了现场测量。

7.7.1 石墨套测温方案

由于要借用相关文献的方法求得石墨套内侧的热流率分布，进而计算出石墨套与型材的温度场，以求得石墨套与型材界面换热系数的分布和理论界面间隙尺寸 Δg，再按式（7-14）确定上述 B 与 $C(\delta)$，故需根据该方法所提供的模拟软件的要求，将多只热电偶埋入石墨套，测量其不同半径处的两排温度。

在测温实验中首先需要合理地布置热电偶。模拟计算中假设型材与石墨套之间的间隙是均匀的，未考虑因型材的自重而使上、下间隙尺寸有所不同，因此布置热电偶时应尽可能地使其位于型材的左、右两侧（左、右两侧的间隙彼此相等且接近于假设条件）。在入口端附近，铁液尚未凝固，与石墨套之间的整个周边上均无间隙，该部分的热电偶可安放在上、下两侧，以避免所有热电偶均集中于左右两侧而人为导致热流不均。在石墨套中间部分，因型材/石墨套的界面间隙由无到有，热流率变化较大，此处热电偶较密集分布。在石墨套出口端附近，同一横截面上设置三个测温点，使所测温度可作为反问题求解石墨套内侧热流率的一个边界条件。约在两排测温点的中间位置，沿轴向安排三个测温点，用以验证数值模拟的结果。根据上述原则，在石墨套中共布置 22 支热电偶，石墨套的结构尺寸及热电偶的分布如图 7-10 所示。

由于石墨套内的热流以径向为主，为了减小埋设热电偶对石墨套传热所产生的影响，要求将热电偶沿轴向插入至测温点。这种方式需在石墨套内钻细长孔，从而使实验十分困难。为了克服此困难，将石墨套分为三段，各段内埋设的热电偶由该段石墨套与相邻石墨套的结合面处引出，并沿石墨套与水冷套界面通往结晶器之外。

按照数值计算求解石墨套内侧边界热流率的要求，两排测温点的径向设计尺

寸分别取 $R_1=32.16\text{mm}$ 及 $R_2=46.31\text{mm}$。但由于埋设热电偶的过程中难免会产生误差，测温点的确切位置在测温实验后将石墨套解剖并实测求得。

根据石墨套出、入口端温度差异较大的特点，选用 WREK-102（镍铬-镍硅）和 WRNK-102（镍铬-镍铜）两种不同类型的铠装热电偶，这样既可以降低实验费用，又有利于提高测量精度。两种热电偶的主要尺寸：套管外径为 2mm，长度为 500mm，套管内偶丝直径为 0.25mm。

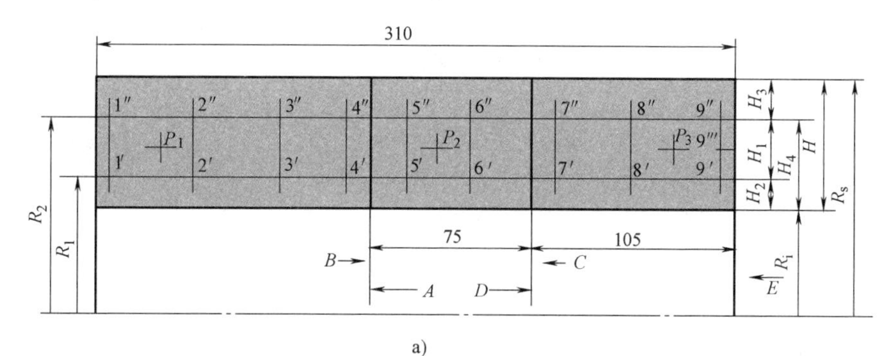

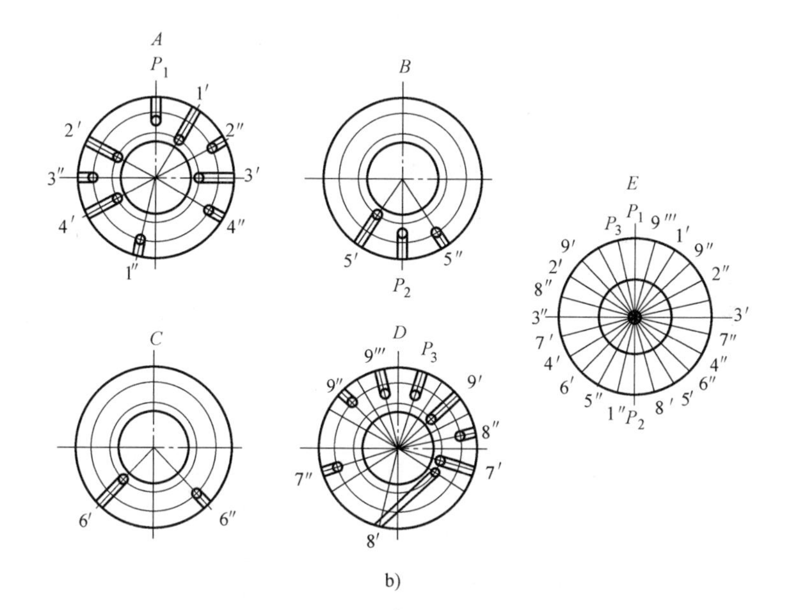

图 7-10　热电偶在石墨套中的分布示意图

a）热电偶在石墨套中的径向、轴向分布示意　b）热电偶在石墨套中的圆周分布示意

实验前，所有热电偶全部经过标准热电偶的校验。

实验中，在连铸生产进入稳定阶段后，同时采用两台标准直流电位差计逐个测量 22 支热电偶的热电势。其中，每台电位差计通过自行设计制作的多路转换开关以及连接导线与11支热电偶相连，以便于操作和缩短测量周期。由电位差计测得的热电势，经数据处理可得到测温点的温度值。

7.7.2 石墨套的测温数据及其处理

实测得到各热电偶的热电势及测点位置，根据分度表，在计入热电偶冷端补偿热电势后，可进而求得热电势的转化温度。在此基础上，进一步计入热电偶的自身误差，可得到测点的实际温度，其处理结果见表7-1。

表7-1 热电偶测量数据的处理结果

测点编号	测点位置 (Z, r)/mm	实测电位差的平均值/mV	补偿后的热电势/mV	热电势的转化温度/℃	实际测点温度/℃
1′	(4.7,32.2)	44.124	45.205	1102.6	1105.5
2′	(53.3,32.1)	38.926	40.007	967.7	971.0
3′	(85.2,32.6)	30.534	31.615	759.7	760.8
4′	(108.4,32.6)	25.796	26.877	646.6	647.3
5′	(145.1,32.6)	41.496	43.113	575.6	576.2
6′	(179.5,32.4)	38.792	40.409	542.1	540.7
7′	(221.0,32.1)	21.135	22.752	322.0	321.9
8′	(259.1,31.9)	19.316	20.933	298.7	298.5
9′	(305.4,32.0)	19.147	20.764	296.5	296.7
1″	(4.7,47.1)	39.138	40.219	973.1	976.0
2″	(51.2,46.3)	35.948	37.029	892.6	895.3
3″	(83.2,45.5)	25.761	26.842	645.7	646.7
4″	(114.5,45.9)	20.587	21.668	524.1	523.7
5″	(145.2,46.0)	20.378	21.995	312.3	311.8
6″	(178.5,45.1)	19.263	20.880	298.0	299.1
7″	(221.4,46.1)	18.248	19.865	285.0	285.1
8″	(260.5,45.5)	16.766	19.256	277.1	277.0
9″	(301.8,45.7)	18.153	19.770	283.7	284.0
9‴	(305.0,39.2)	18.608	20.225	289.6	289.8
P_1	(29.9,40.2)	41.854	42.935	1043.1	1048.4
P_2	(169.3,38.5)	21.284	22.901	323.9	323.9
P_3	(279.9,38.9)	18.667	20.284	290.4	290.0

从数值计算的角度看，要求两排测点分别位于R_1、R_2的半径处，并且每一测点均与另一排中的对应测点处于相同轴向位置的节点上。但在实验中，因不可

避免的误差，实际测点的位置并非如此。于是，根据石墨套内的传热特点，并结合数值计算中的单元剖分尺寸，按表 7-1 中的实际测点温度分别进行径向对数插值及轴向线性插值，其处理结果见表 7-2。对于表 7-2 中的数据进行分段回归，可得到所测量的石墨套内两排温度的分布曲线，如图 7-11 所示。

表 7-2 石墨套内两排测量温度的处理结果 （单位：℃）

第一排	1′	2′	3′	4′	5′	6′	7′	8′	9′
(R_1 = 32.16mm)	1110.9	975.8	753.6	653.5	584.1	556.9	320.8	298.1	296.4
第二排	1″	2″	3″	4″	5″	6″	7″	8″	9″
(R_2 = 46.31mm)	985.6	885.1	625.9	552.9	305.8	279.3	284.4	277.3	288.3

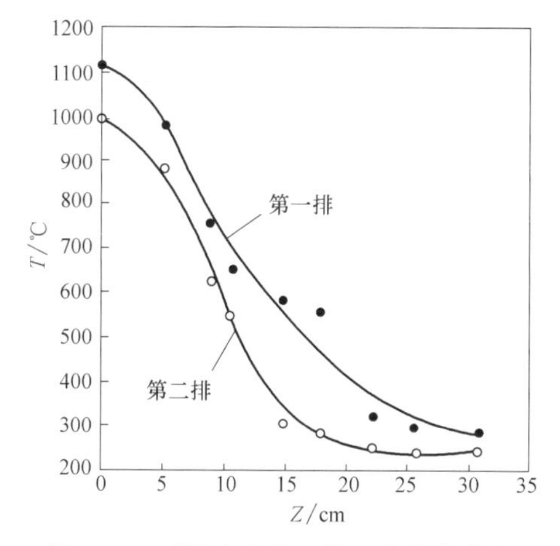

图 7-11 石墨套内的两排温度分布曲线

7.7.3 主要工艺参数

在测量石墨套内两排温度的同时，测量了连铸生产的主要工艺参数，以用于该生产过程的数值模拟。主要工艺参数见表 7-3。

表 7-3 主要工艺参数

保温炉内铁液温度/℃	拉拔周期/s	拉停比	型材拉拔速度/(cm/s)	冷却水流量/(cm^3/s)	冷却水进/出口处水温/℃	水冷套外表面入/出口端温度/℃
1324	5.31	1.59/3.72	2.47	646.91	18.6/48.1	60/20

连铸结束后，对型材的主要化学成分进行了分析，表 7-4 所列为型材主要化学成分及相关参数。

表 7-4　型材主要化学成分及相关参数

主要化学成分(%)	液相线温度/℃	共晶开始温度/℃	共晶结束温度/℃	密度/(g/cm³)	潜热/(cal/g)
C：3.15　Si：2.77　CE：4.08	1187	1155	1123	7.1	60

7.8　参数 B、$C(\delta)$ 的确定

测得石墨套内的两排温度后，借助已有的研究成果，采用传热学反问题法，可求出型材与石墨套界面的热流率，进而求得石墨套的温度场和型材的温度场及固相率分布。在此基础上，型材与石墨套之间的界面换热系数为

$$h_{c/m}=q/(T_c-T_m) \tag{7-42}$$

式中　q——界面热流率；

T_c、T_m——界面处的型材温度与石墨套温度。

型材与石墨套之间由于自由热收缩而形成的间隙尺寸（Δg）可通过式（7-15）、式（7-16）和式（7-17）求得。

在自由热收缩开始之前，$\Delta g=0$，于是，界面换热系数的计算公式由式（7-14）转化为

$$h_{c/m}=\frac{\lambda_g(T)}{B} \tag{7-43}$$

由此得

$$B=\frac{\lambda_g(T)}{h_{c/m}} \tag{7-44}$$

在自由热收缩开始之后，将已确定的 B 值代入式（7-14）可得

$$C(\delta)=\frac{\lambda_g(T)/h_{c/m}-B}{\Delta g} \tag{7-45}$$

求得不同轴向位置处的 $C(\delta)$ 后，对其进行回归处理，可得 $C(\delta)$ 与 δ 的确切关系。

采用上述方法，根据 ϕ52mm 型材生产过程中石墨套内两排温度的实测结果，经分析计算可得

$$B=1.2\times10^{-4} \tag{7-46}$$

$$C(\delta)=\begin{cases}0 & \delta<0.13\\ 5.48459\delta^2-1.42599\delta+0.09269 & 0.13\leqslant\delta\leqslant0.557\\ 1 & \delta>0.557\end{cases} \tag{7-47}$$

7.9　模拟结果的验证及其分析

为了验证前文所建立的型材与石墨套界面换热系数的计算方法、凝固过程的数值模拟方法及其模拟软件的可靠性与通用性，采用表 7-3 和表 7-4 中的数据，对该次测温实验的连铸过程进行数值模拟，模拟结果包括由初拉阶段到稳定生产阶段型材的温度场与凝固界面动态变化的全部过程，其中，进入稳定生产阶段后型材凝固状态的部分模拟结果如图 7-12~图 7-15 所示。表 7-5 所列为石墨套内三点位置的实测温度与模拟温度。

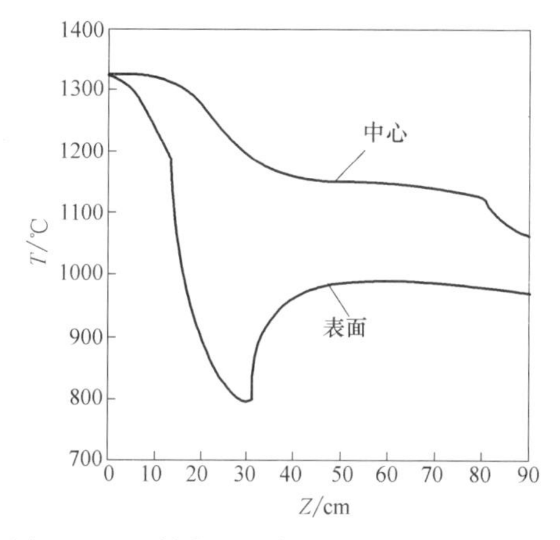

图 7-12　型材表面及中心处的模拟温度曲线

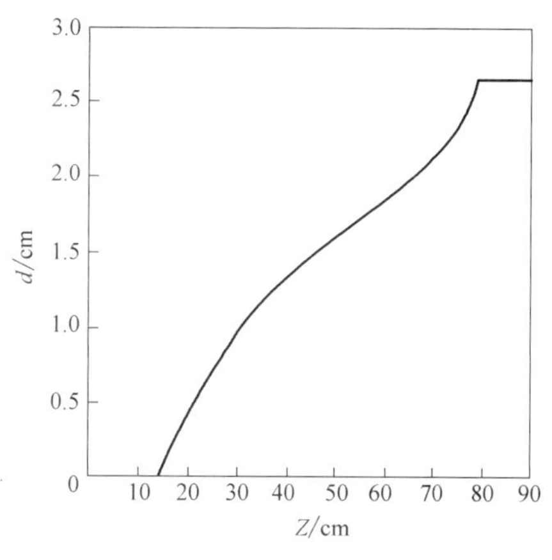

图 7-13　型材凝固层厚度的模拟结果

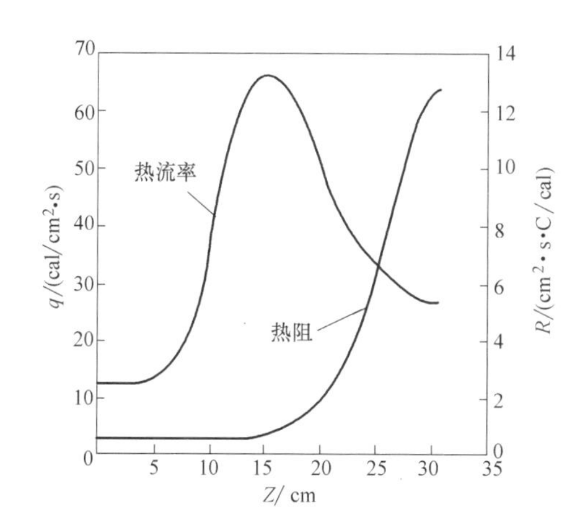

图 7-14　型材与石墨套之间界面热流率及热阻的模拟结果

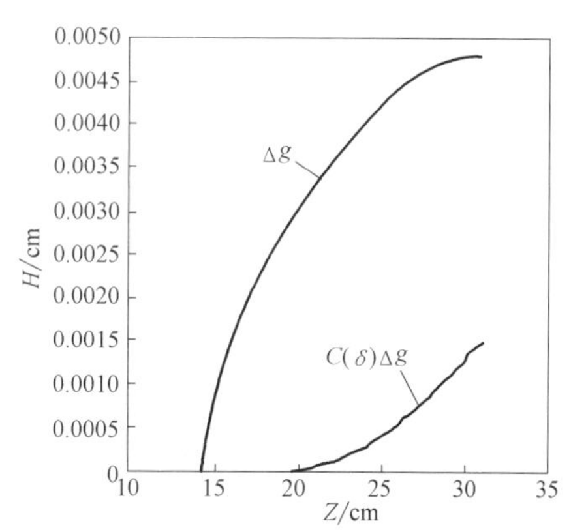

图 7-15　型材与石墨套之间间隙尺寸变化的模拟结果

表 7-5 石墨套内三点位置的实测温度与模拟温度

测点位置（Z，r）/cm	实测温度/℃	模拟温度/℃	误差（%）
P_1（2.99，4.02）	1048.4	1059.4	1.05
P_2（16.93，3.85）	323.9	328.1	1.30
P_3（27.99，3.89）	290.0	283.9	2.10

由表 7-5 可见，模拟结果与实测结果取得了较好的一致，三点处两者的相对误差均未超过 3%。

另外，将结晶器内型材表面的热流率（图 7-14）与表面积的乘积沿 Z 方向数值积分，可得单位时间内型材传入结晶器的热量

$$Q_1 = \int_0^l q(Z) \times 2\pi R_b \mathrm{d}Z = 2\pi R_b \Delta Z \sum_{i=1}^{n_Z} q_i = 22296.75\mathrm{cal/s} \tag{7-48}$$

而冷却水带走的热量可通过下式求得

$$Q_2 = \rho c_p V(T_1 - T_2) = 23033.84\mathrm{cal/s} \tag{7-49}$$

式中 l——结晶器长度；

R_b——型材半径；

n_Z——石墨套轴向剖分网格数；

V——冷却水的体积流量；

T_1、T_2——冷却水的进、出口温度。

可见，由模拟结果得到的型材传入结晶器的热量与冷却水带走的热量也十分接近，其相对误差小于 4%。

除上述验证工作之外，针对 ϕ80mm 灰铸铁型材，在其正常生产结束以前，将型材突然快速拉出，对实际凝固前沿形貌进行解剖分析，得其凝固界面，并将所得结果与相同工艺条件下凝固过程的数值模拟结果做比较。图 7-16 所示为 ϕ80mm 型材凝固前沿形貌。其解剖测量结果与相同工艺条件下的模拟结果比较如图 7-17 所示。

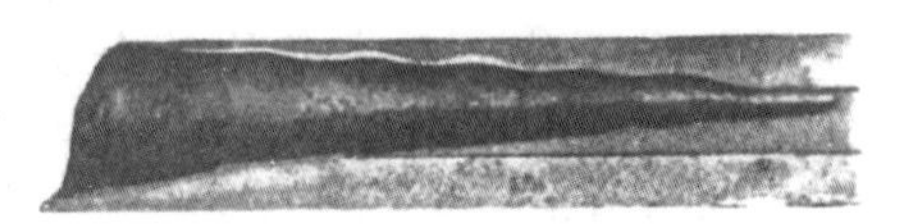

图 7-16 ϕ80mm 型材凝固前沿形貌

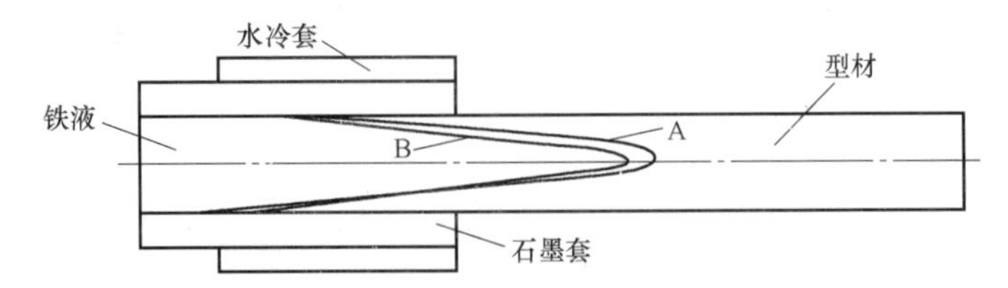

图 7-17 ϕ80mm 型材凝固前沿形貌实测结果与模拟结果的比较

A—实测结果 B—模拟结果

由图 7-17 可见，型材凝固前沿形貌的模拟结果与解剖测量结果大体接近。实际型材中同一断面上的凝固层厚度上下略有差异，这可能是凝固层形成后由于型材的自重而使上部间隙大于下部所致。同时，在突然快速拉出时尚有液体金属滞留下部没有流净，也加厚了下部凝固层厚度，这些因素在凝固数值模拟中未予考虑。

在上述验证结果中，由于针对不同直径的型材与其各自的工艺条件，相应的模拟结果均与其实测结果基本一致，这在说明前文所建立的求取型材与石墨套界面换热系数的方法、型材凝固过程的模拟计算方法以及相应的模拟软件的可靠性的同时，也说明了其通用性。

7.10　采用数值模拟方法分析连铸生产的凝固过程

基于前文所建立的数值模拟方法，下面以两种不同直径的型材为例分别分析其具体生产条件下的连铸凝固过程。

7.10.1　ϕ30mm 型材的凝固过程

当 ϕ30mm 型材在表 7-6 所列工艺参数下进行连铸生产时，其凝固过程的模拟结果如图 7-18 所示。

表 7-6　ϕ30mm 型材连铸生产时的主要工艺参数

型材主要化学成分(%)	保温炉内铁液温度/℃	拉拔周期/s	拉停比	型材拉拔速度/(cm/s)	冷却水流量/(cm^3/s)	冷却水进水温度/℃
C：3.15 Si：2.77 CE：4.08	1324	5.31	1.59/3.72	7.0	646.91	18.6

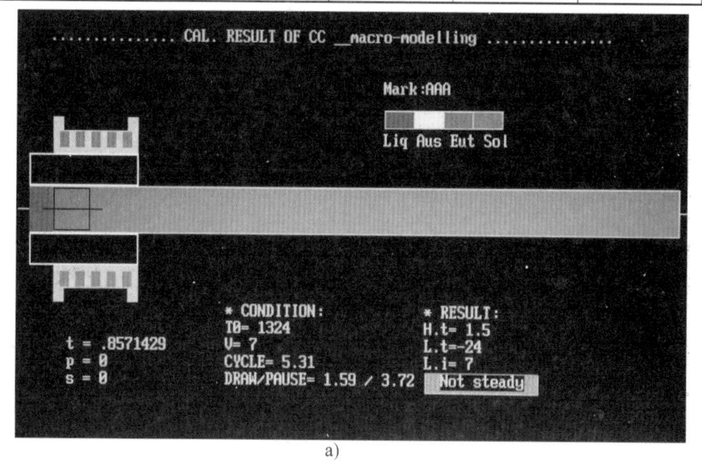

a)

图 7-18　ϕ30mm 型材凝固过程的模拟结果

a）开始拉拔的时刻

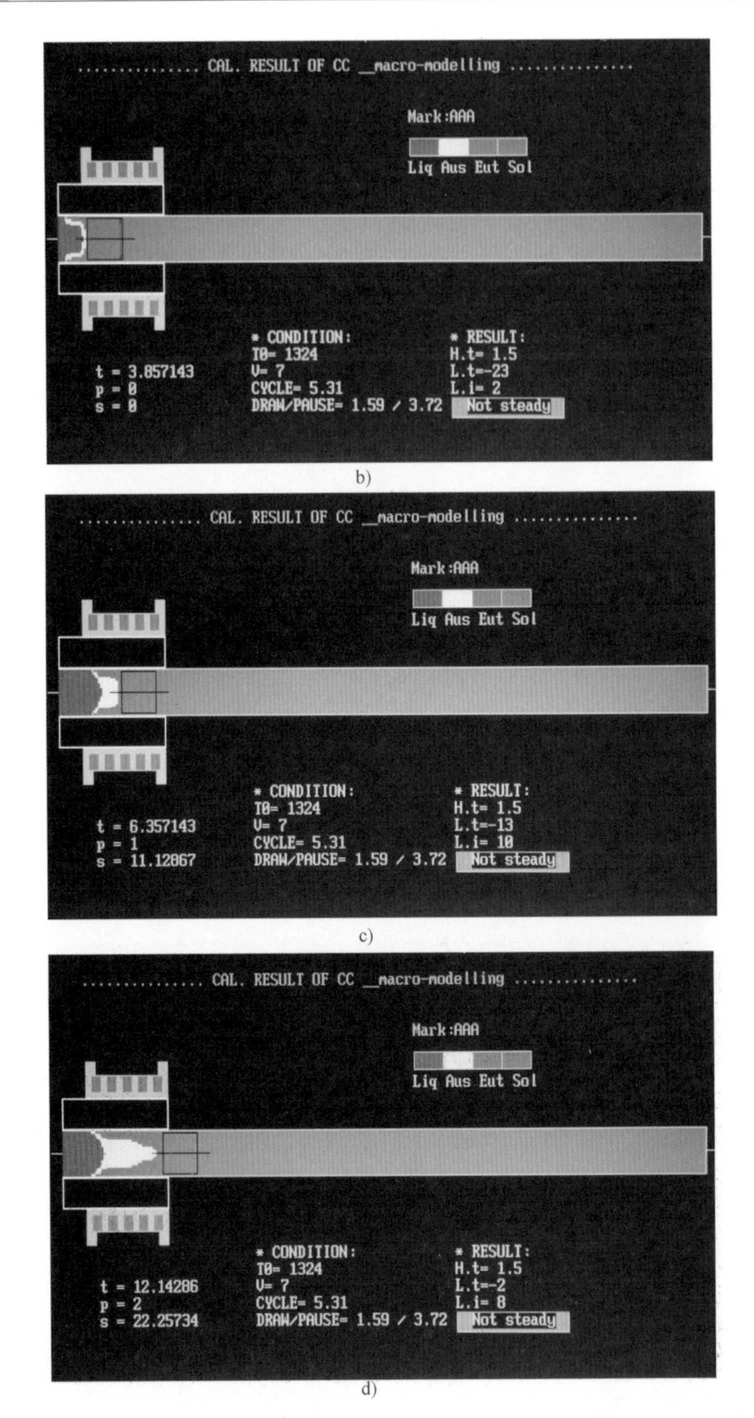

图 7-18　ϕ30mm 型材凝固

b）经历第 1 个周期的拉拔过程　c）第 1 个拉拔周期之后　d）第 2 个拉拔周期之后

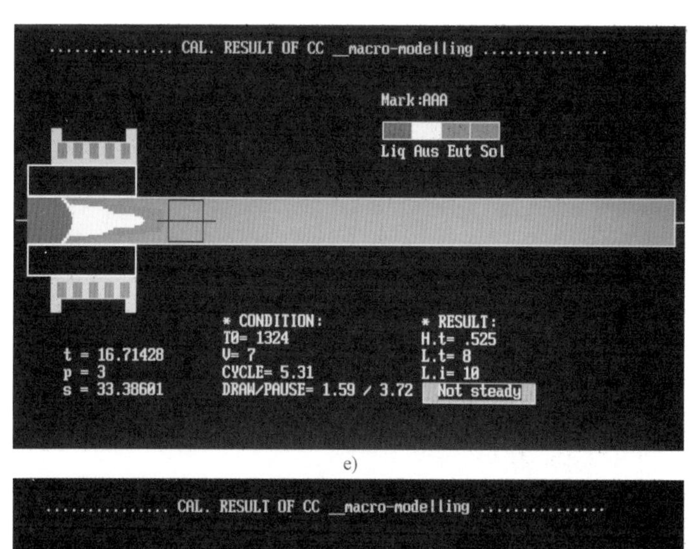

e)

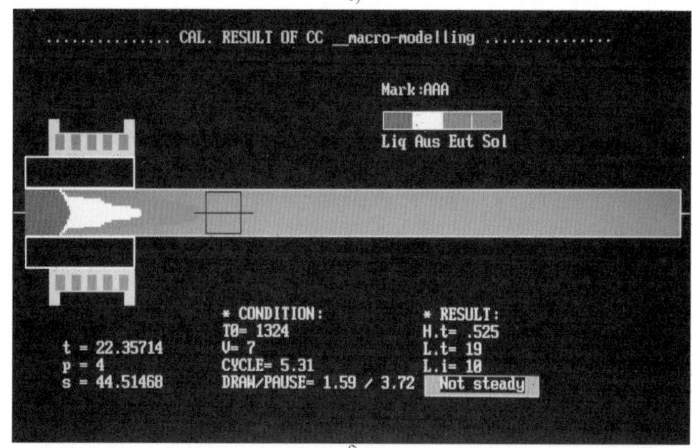

f)

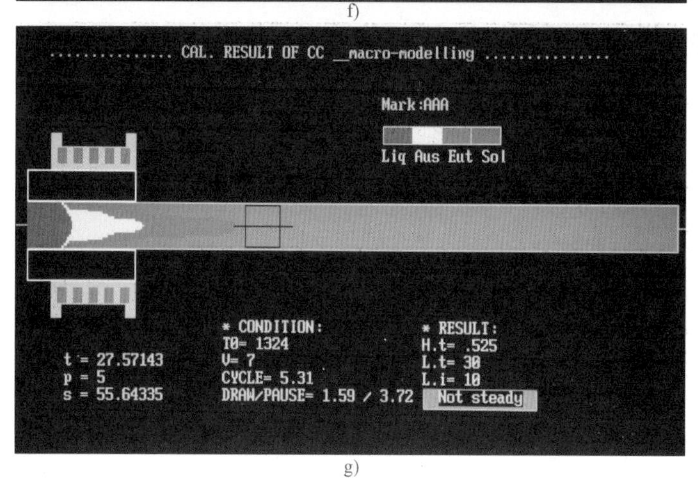

g)

过程的模拟结果（续）

e）第 3 个拉拔周期之后　f）第 4 个拉拔周期之后　g）第 5 个拉拔周期之后

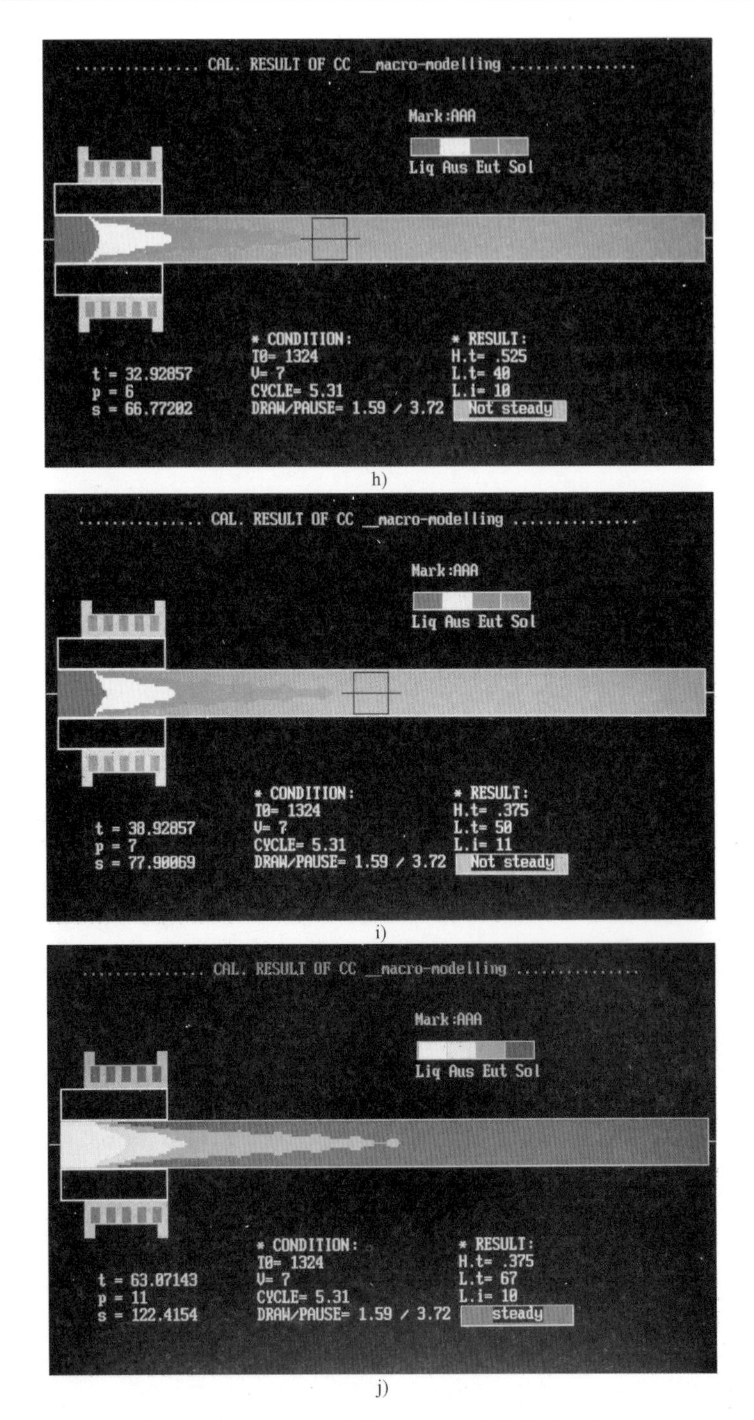

图 7-18 ϕ30mm 型材凝固过程的模拟结果（续）

h）第 6 个拉拔周期之后 i）第 7 个拉拔周期之后 j）第 11 个拉拔周期之后，凝固进入稳定生产阶段

图 7-18 中，t 代表拉拔时间（从开始拉拔的时刻起所经历的时间），p 代表拉拔的周期数，s 代表拉拔的距离（型材从开始拉拔的时刻起移动的距离），T0 代表铁液浇入保温炉的温度，v 代表拉拔速度（型材移动速度），H. t 代表结晶器出口处型材的凝固层厚度，L. t 代表液芯离开结晶器出口处的距离（液芯最远端离结晶器出口处的距离），L. i 代表从结晶器入口处到开始出现凝固层处的距离。

模拟结果包括了从初拉阶段到稳定生产阶段的全部过程。

图 7-18a~i 显示了 ϕ30mm 型材连铸的初拉阶段。图中“⊟”表示引锭头所在位置，引锭头右边的灰色部分代表引锭杆，引锭头左边的部分是正在凝固的型材，其中，灰色部位是已经凝固的部分，褐色部位是共晶凝固的部分，黄色部位是初晶凝固的部分，红色部位是温度在液相线以上的金属液。

图 7-18a~i 可视化地反映了自开始拉拔到进入稳定生产阶段型材凝固区域的形成、发展、变化过程。其中，由图 7-18d、e 可见，在第 2 个拉拔周期到第 3 个拉拔周期之间，引锭头移出结晶器（也即凝固的型材开始从结晶器出来），此刻，结晶器出口处，完全凝固的型材厚度最薄时为 H. t = 0. 525cm，型材内部是液芯，液芯离开结晶器出口处的距离 L. t = 8cm，从结晶器入口处到开始出现凝固层处的距离 L. i = 10cm。这三个数据是否在合适范围内对于保证型材不发生拉漏、拉断事故十分重要，其中，以 H. t 的影响尤为重要。

图 7-18j 显示了 ϕ30mm 型材连铸进入了稳定生产阶段。进入稳定生产阶段后，每一个拉拔周期内型材凝固区域的发展、变化，完全重复着上一个拉拔周期的过程。在图 7-18j 中，红色部位是已经凝固的型材，粉色部位是共晶凝固的部分，浅绿色部位是初晶凝固的部分，黄色部位是温度在液相线以上的金属液。从图 7-18j 中，不仅能够看到型材连铸进入稳定生产阶段后的凝固区域特征，而且能够看到结晶器出口处完全凝固的型材厚度 H. t、型材液芯离开结晶器出口处的距离 L. t 以及从结晶器入口处到开始出现凝固层处的距离 L. i 等重要参数。另外，由于铸铁水平连铸的拉拔过程是“一拉一停”的周期性过程，型材在停的过程中的散热强度高于拉的过程，致使型材在轴向的温度分布与拉-停节奏对应起伏，型材的液芯呈锥形竹节状，这种现象在小直径型材拉拔速度较快的情况下尤为突出。这里模拟的结果也正好显示了这一现象：如图 7-18j 所示，液芯最远端尚有未凝固的部分，但此处之前已有温度较低的部位已完全凝固，“卡死了”补缩通道，在这种情况下，如果再与型材成分对凝固收缩量的影响相叠加，则可能会使型材出现“轴线缩松”。这样的模拟结果也表明所采用的工艺参数，对于保证型材质量来说，并非最佳（若适当降低拉拔速度，则可使上述凝固区域的形状得到明显改观，从而可有效地降低型材出现“轴线缩松”的可能性）。

7.10.2 ϕ52mm 型材的凝固过程

当 ϕ52mm 型材在表 7-7 所列工艺参数下进行连铸生产时，其凝固过程的模拟结果如图 7-19 所示。

表 7-7 ϕ52mm 型材连铸生产时的主要工艺参数

型材主要化学成分(%)	保温炉内铁液温度/℃	拉拔周期/s	拉停比	型材拉拔速度/(cm/s)	冷却水流量/(cm^3/s)	冷却水进水温度/℃
C:3.15 Si:2.77 CE:4.08	1324	5.31	1.59/3.72	2.47	646.91	18.6

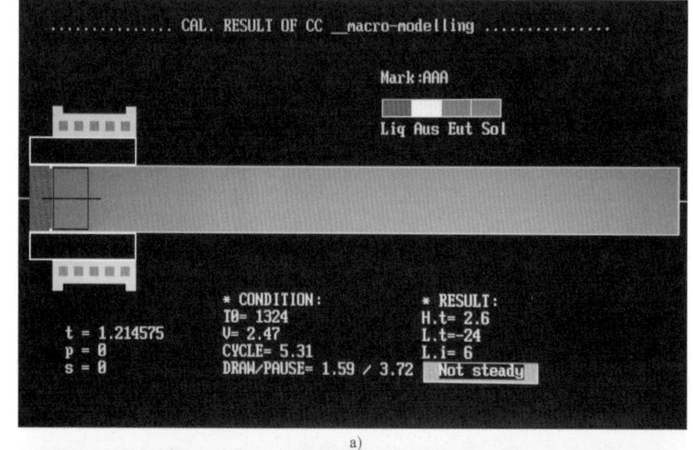

a)

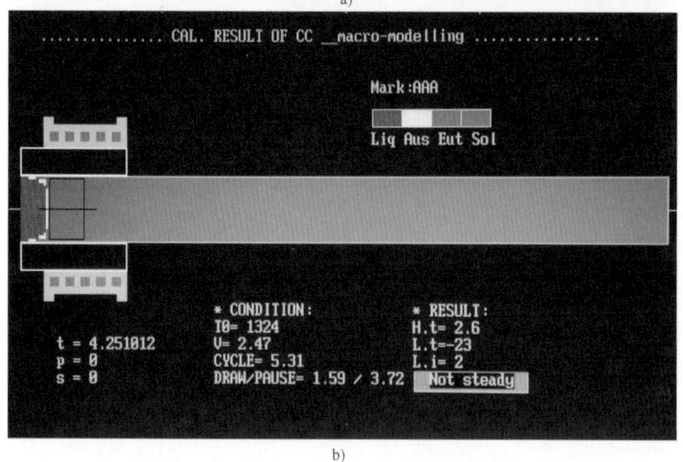

b)

图 7-19 ϕ52mm 型材凝固过程的模拟结果

a）开始拉拔的时刻 b）经历第 1 个周期的拉拔过程

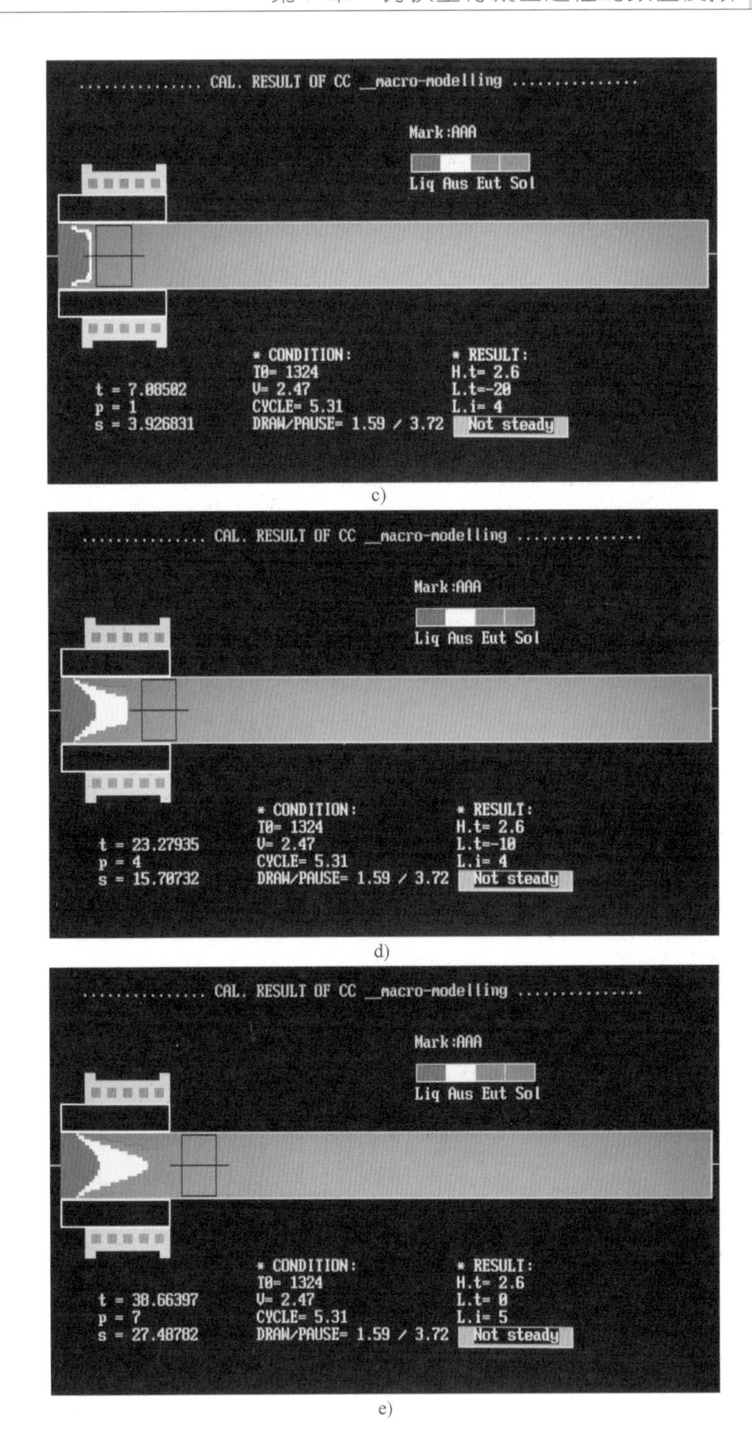

图 7-19　ϕ52mm 型材凝固过程的模拟结果（续）

c）第 1 个拉拔周期之后　d）第 4 个拉拔周期之后　e）第 7 个拉拔周期之后

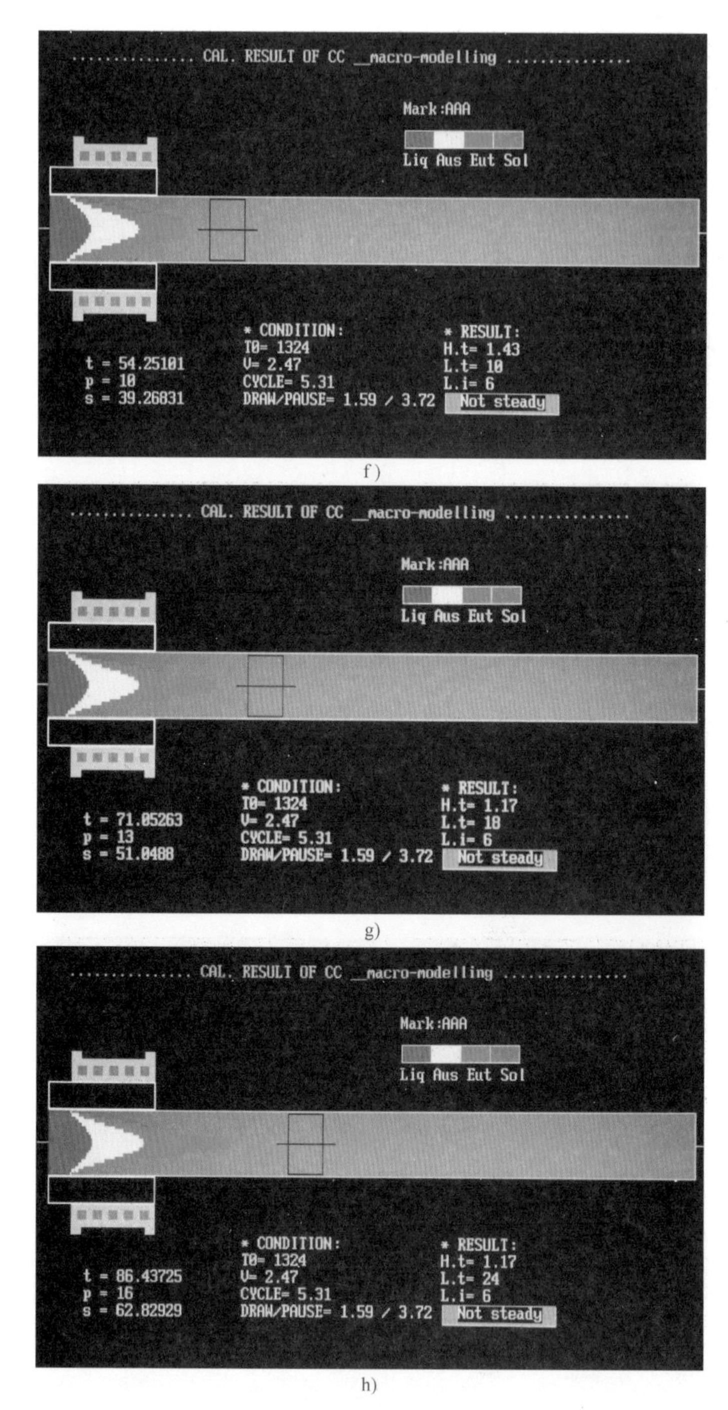

图 7-19 ϕ52mm 型材凝固过程的模拟结果（续）

f）第 10 个拉拔周期之后 g）第 13 个拉拔周期之后 h）第 16 个拉拔周期之后

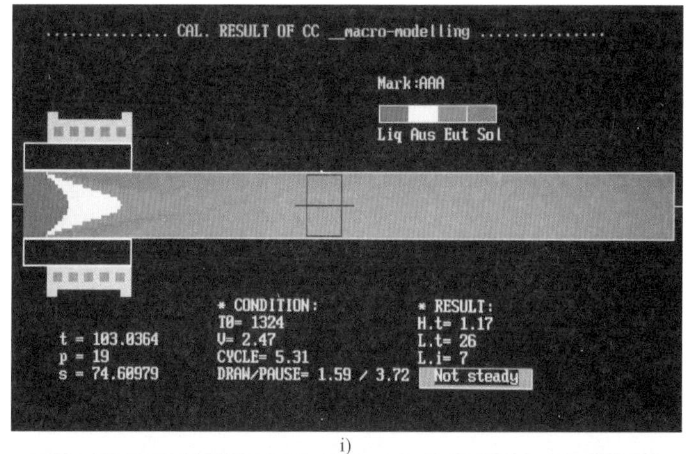

i)

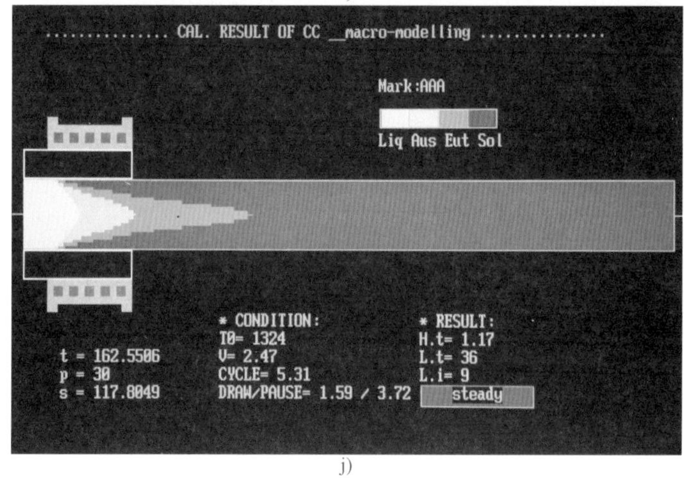

j)

图 7-19　ϕ52mm 型材凝固过程的模拟结果（续）

i）第 19 个拉拔周期之后　j）第 30 个拉拔周期之后，凝固进入稳定生产阶段

图 7-19 中各符号的意义与图 7-18 相同。图 7-19a～i 显示了 ϕ52mm 型材连铸的初拉阶段，图 7-19j 显示了 ϕ52mm 型材连铸进入了稳定生产阶段。图 7-19a～i 以及图 7-19j 中各部位的色彩意义同于图 7-18a～i 以及图 7-18j。

ϕ52mm 型材及其连铸过程，也是在建立模拟方法中确定型材与石墨套的界面换热系数的数值模拟等内容时所依据的对象，这里的模拟结果反过来也形象也显示了 ϕ52mm 型材在相应工艺参数下自开始拉拔到进入稳定生产阶段型材凝固区域的形成、发展、变化过程。

图 7-19a～i 显示了 ϕ52mm 型材连铸的初拉阶段。其中，由图 7-19e 可见，从开始拉拔，在经历了 7 个拉拔周期后，引锭头移出结晶器（也即凝固的型材开始从结晶器出来），此刻，结晶器出口处，型材已完全凝固 H. t＝2. 6cm。由图 7-19j

可见，经历了30个拉拔周期后，ϕ52mm型材连铸进入了稳定生产阶段。此时，连铸的拉拔过程已经历了将近3min（即图中的$t=162.5506s$），拉出的型材长度超过1.17m（即图中的$s=117.8049cm$）。

与ϕ30mm型材连铸过程相比较，在各自的工艺参数下，ϕ52mm型材初拉阶段的时间明显长于ϕ30mm型材（ϕ52mm型材约为3min；ϕ30mm型材约为1min，即图7-18j中$t=63.07143s$）；每个拉拔周期，ϕ52mm型材移动接近4cm（即图7-19中$2.47\times1.59cm=3.9273cm$），而$\phi$30mm型材移动大于11cm（即图7-18中$7\times1.59cm=11.13cm$）；凝固进入稳定生产阶段之前，$\phi$52mm型材与$\phi$30mm型材拉出的型材长度差异不大（$\phi$52mm型材约为1.17m；$\phi$30mm型材约为1.22m，即图7-18j中$s=122.4154cm$）；$\phi$52mm型材的凝固区域形貌始终是一种“喇叭”形状，喇叭口朝向保温炉，在此情形下，补缩通道畅通，无形成缩松之忧。

利用计算机模拟技术对型材凝固过程进行数值模拟，不仅可以分析现有型材生产工艺的合理性，而且，对于新型号型材的试制，可以代替现场试验，使选择合理的工艺参数的工作建立在更为科学的基础上。由此，为保证型材质量、生产稳定性以及提高生产率等提供了有效的手段。另外，它也是铸铁型材水平连铸技术由机械化走向自动化的基础。

第8章　铸铁水平连铸技术的近期研究

铸铁水平连铸技术自20世纪90年代初在我国进入工业化应用以来，已经历了20多年的生产实践。在此期间，围绕着生产的稳定性、生产效率、生产成本，型材的品种、规格、质量，自动化控制的程度以及生产过程的计算机模拟等方面，取得了一系列的技术进步。这些技术进步的日积月累，使得如今的铸铁水平连铸技术已非昔日可比。另一方面，也应该看到，相对于连续铸钢而言，铸铁水平连铸仍然是一种新兴的工业技术，还处在不断发展和完善的过程中，还有许多问题需要花大气力深入研究。本章概要介绍铸铁水平连铸技术近期取得的一些新的研究。

8.1　铸铁型材鼓肚缺陷的形成机理及其消除方法

在铸铁型材中，有一类矩形截面的型材，它除了适合于加工成与其形状近似的零件外，在制作液压件方面有着十分重要的应用。然而，生产中发现，该类型材易于产生鼓肚缺陷，即型材的平面发生鼓胀而凸起，使得型材的形状和尺寸较理想状态产生了明显差异，这种现象在球墨铸铁型材中尤为突出。铸铁型材的鼓肚缺陷如图8-1所示。

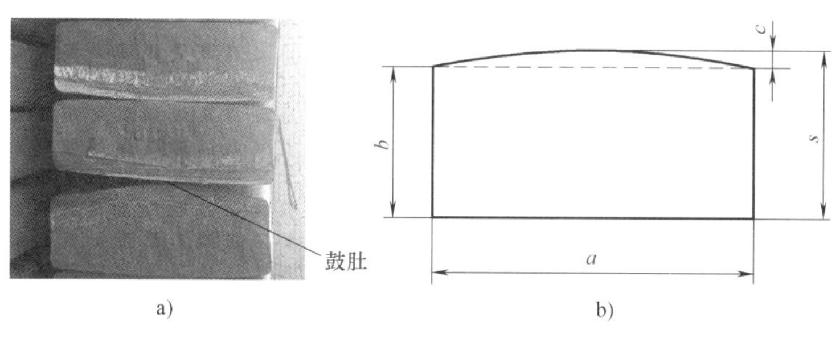

图8-1　铸铁型材的鼓肚缺陷

a）型材形貌　b）鼓肚示意图

图8-1a是型材出现鼓肚缺陷后的截面形貌，图8-1b是型材的鼓肚示意图。图中，a、b分别为型材的公称宽度和公称高度，s是型材的实际高度（最大值），c是型材的鼓肚量。

鼓肚缺陷严重影响了型材的形状和尺寸精度，不仅使生产企业造成铁液的浪费，而且增加了型材应用企业的加工成本，是矩形截面型材（尤其是球墨铸铁型材）水平连铸过程中应着力避免的问题。

下面，结合铸铁水平连铸的具体工艺过程，从热量传递、铸铁凝固特性、型材凝固过程等方面分析鼓肚缺陷的成因，提出对策并重点讨论采用“反弧度法”消除矩形截面型材鼓肚缺陷的技术方法。

8.1.1 鼓肚缺陷的形成机理及其影响因素

8.1.1.1 传热分析

1. 铸坯在结晶器内的传热

铁液在结晶器内经强制冷却，形成具有一定厚度的凝固壳，此期间的传热主要以传导传热和对流传热的方式进行。铸坯表面与石墨套之间的热交换是整个传热过程的控制因素。根据结晶器内铸坯与石墨套的接触方式，可沿轴向将其分为三个部分，如图 8-2 所示。

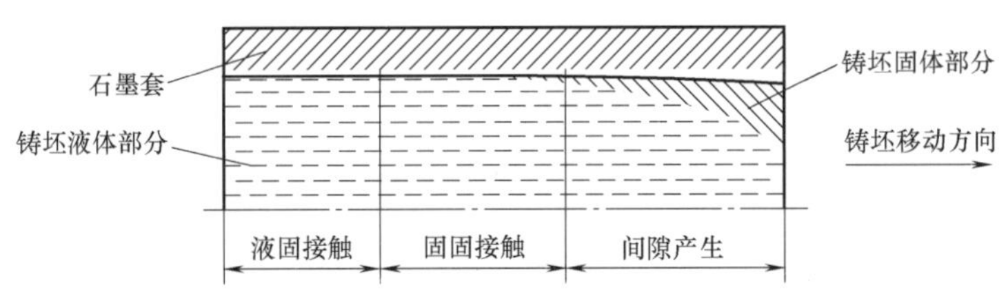

图 8-2 铸坯与石墨套界面的接触状况示意图

在铁液由保温炉进入石墨套的初始阶段，有一定过热度的液体金属与石墨套相接触。由于石墨套表面微观上凹凸不平，且液体金属与石墨不润湿，液体金属与石墨套之间有微观间隙存在，导致液体金属与石墨套之间有一定热阻，如图 8-2 中的液固接触部分。

凝固初期，固相所占比例较小，不能形成完整的凝固壳。当铸坯表面固相率足够大时，在铸坯的外层开始出现凝固壳并有向中心收缩的趋势，但因受到内部液体金属静压力的作用，铸坯表面在一定的距离内仍与石墨套内壁接触，此时的界面热阻比液固接触时有明显增加，如图 8-2 中的固固接触部分。

当铸坯凝固层具有一定厚度且其强度足以克服内部液体金属静压力时，铸坯和石墨套之间因铸坯的收缩而开始出现宏观间隙，界面热阻迅速上升而传热能力进一步减小，如图 8-2 中的间隙产生部分。

当铸坯和石墨套之间出现宏观间隙后，铸坯上、下表面与石墨套的接触情况是不同的。宏观间隙主要存在于铸坯上表面与石墨套之间，而铸坯的下表面因液态金属静压力和重力作用依旧可以与石墨套贴在一起。此后，由于铸坯上、下表面与石墨套的接触状态不同，传热能力不同，铸坯上表面与石墨套之间的传热能力弱于铸坯下表面与石墨套之间的传热能力。

2. 铸坯移出结晶器后的传热

当铸坯移出结晶器之后，进入了二次喷水区与空冷区。此时，铸坯由外部的凝固壳与内部的液芯组成。铸坯的热量传递主要有铸坯表面辐射散热、冷却水带走热量、铸坯与支承辊接触导热等，占主导地位的是二次喷水对铸坯表面的冷却作用。铸坯与冷却水之间的换热系数小于铸坯与结晶器石墨套之间的换热系数，铸坯内部高温液态金属继续向外散热。

8.1.1.2　凝固过程分析

图 8-3 所示为铸铁型材生产中凝固过程示意图。

在铁液由保温炉进入结晶器的初始阶段，铁液与石墨套内表面均匀接触，其后，矩形铸坯的角部因具有更好的传热条件而优先凝固并随之在铸坯周边形成凝固壳。当凝固壳生长到一定厚度足以抵抗内部铁液的静压力时，因收缩致使铸坯与石墨套之间产生间隙，间隙主要分布于上表面。此后，由于铸坯上表面的传热能力低于下表面而导致坯壳上部分的凝固层厚度小于下部分，坯壳内部的液芯中心线上移。所以刚拉出结晶器时的铸坯，其凝固壳厚度与液芯位置是不均匀、不对称的。

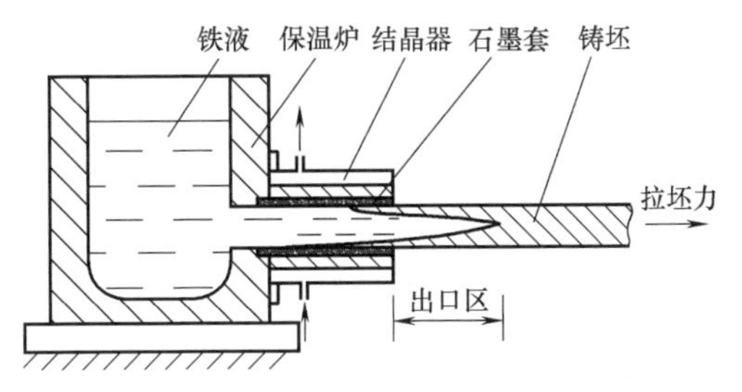

图 8-3　铸铁型材生产中凝固过程示意图

当铸坯从结晶器出来以后，由结晶器的强制冷却转换为喷水冷却，冷却能力大幅度减弱。此时，铸坯心部仍有相当比例的液态金属继续散热、凝固，当其向外传递的热量大于喷水冷却作用时，铸坯的凝固壳温度回升，铸坯顶部较薄的凝固壳会因熔失而变得更薄，在内部铁液较大的压力下，顶部的凝固壳会向上凸起形成鼓肚缺陷，严重时，顶部的凝固壳会被熔化而造成“拉漏”事故。

球墨铸铁型材比灰铸铁型材的鼓肚缺陷严重。之所以如此，是因为球墨铸铁的凝固特点与灰铸铁有明显的差异，主要表现在：

（1）球墨铸铁有较宽的共晶凝固温度范围　由于球墨铸铁共晶凝固时石墨-奥氏体两相的离异生长特点，使球墨铸铁的共晶团生长到一定程度后，其生长速度即明显减慢。此时共晶凝固的进行要借助于温度进一步降低来获得动力，产生新的晶核，因此共晶转变需要在一个较大的温度区间完成。

（2）球墨铸铁的糊状凝固特性　由于球墨铸铁的共晶凝固温度范围比灰铸铁宽，从而使得铸件凝固时，在温度梯度相同的情况下，球墨铸铁的液-固两相区宽度比灰铸铁大得多，如图 1-59 所示。这种大范围液-固两相区，使球墨铸铁表现出具有较强的糊状凝固特性（灰铸铁则表现为逐层凝固），不易形成坚固的凝固壳。

（3）球墨铸铁具有较大的共晶膨胀　球墨铸铁具有较宽的共晶凝固温度范围以及糊状凝固特性，因此在凝固时球墨铸铁型材的外壳长期处于较软的状态；在共晶凝固过程中，溶解在铁液中的碳以石墨的形式析出时，伴随着体积增加，由于球墨铸铁的碳含量通常高于灰铸铁，故其具有较大的共晶膨胀。

上述三个方面的综合影响，使得球墨铸铁型材比灰铸铁型材更容易出现鼓肚缺陷。

8.1.1.3　矩形型材传热、凝固的边角效应

型材坯壳在结晶器内的形成是一个伴随着收缩与膨胀的过程。如图 8-4 所示，坯壳的角部是二维冷却，铸坯角部温度因两向传热的叠加作用而比表面中心处的温度下降得更快（此现象通常被称为"边角效应"），所以坯壳四角处的凝固层厚度会大于四边中心部位。铸坯离开结晶器后，冷却能力大幅度降低，铸坯在内部高温液芯的加热作用下，顶部的较薄凝固壳会率先部分熔失而变得更薄，变薄的铸坯顶部因承受不住内部铁液的静压力，便会向上凸起形成鼓肚。

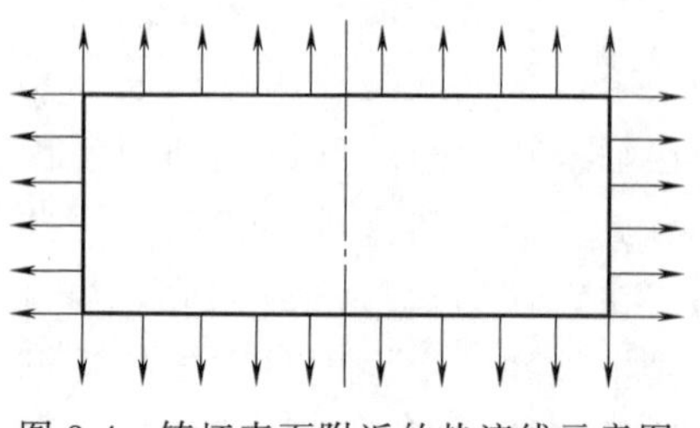

图 8-4　铸坯表面附近的热流线示意图

8.1.1.4　用圆形结晶器生产矩形型材的问题

用圆形结晶器（也称整体式结晶器）生产圆形型材，铸坯凝固过程中周围的石墨套是等厚的。厚度相同的石墨套，使得铸坯周围的散热条件基本相同，有利于铸坯形成均匀的凝固壳而不易出现鼓肚。但当用圆形结晶器生产矩形型材时，铸坯周围的石墨套是不等厚的（图 8-5a），铸坯四角处石墨套最薄（离铁套最近）、散热能力最强，铸坯四边中心处的石墨套较厚（离铁套较远，图 8-5a 中上、下边中心处离铁套最远）、散热能力较弱。这种散热能力的差异本身就会使得矩形铸坯四边中心部位凝固壳薄而易于出现鼓肚缺陷。

从传热学的角度看，生产矩形型材应采用组合式结晶器（图 3-4），它可以有效地解决石墨套四周传热能力不均匀的问题（图 8-5b），有利于铸坯在移出结晶器之前形成均匀的凝固壳，从而可防止或减轻鼓肚缺陷的产生。但由于组合式结晶器的结构复杂、制作成本高（包括铁套和石墨套均如此）、铸坯拉拔前的生产准备难度大而不易被广泛推广应用。

8.1.1.5　拉拔工艺与二次喷冷工艺对鼓肚缺陷的影响

连铸生产中的拉拔速度（这里是指"一拉一停"的平均速度）与铸坯移出结晶器之前的凝固壳厚度直接相关。较低的拉拔速度可使铸坯在石墨套内有较长的传热、凝固时间，形成较厚的凝固壳。当铸坯移出结晶器后，较厚的凝固壳可抵挡内部液芯的静压力而不易凸起，从而利于防止鼓肚缺陷的产生。

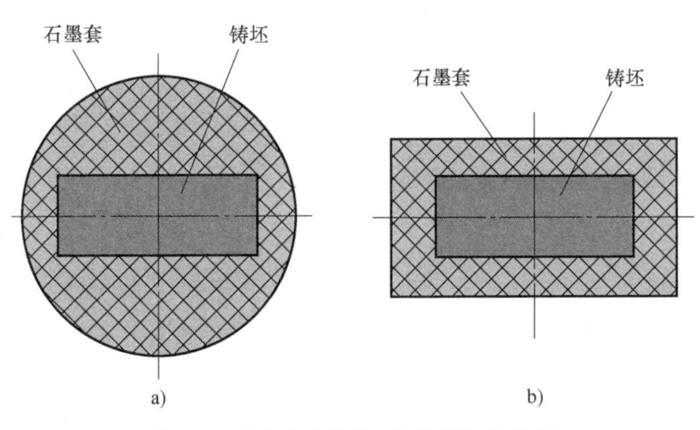

图 8-5　铸坯周围石墨套厚度的示意图

a）圆形结晶器　b）矩形结晶器

在连铸生产中，降低拉拔速度的程度是有限的。这不仅是因为，降低拉拔速度会降低生产率，更重要的在于：过低的拉拔速度会造成凝固区域向结晶器内部深入，如果凝固前沿深入到保温炉与结晶器接口的“水口”处，已凝固的部分在被拉拔移动的过程中易于损坏保温炉与石墨套的接口，导致石墨套内表面被“拉伤”而形成沟槽，型材表面因此产生“突棱”成为另一种表面缺陷。拉拔速度严重过低时还会致使型材拉断，出现生产事故。

二次喷冷，即铸坯移出结晶器后的喷水冷却，是提高型材生产率、预防“拉漏”事故、减小铸坯鼓肚程度的有效方法。二次喷冷示意图如图 8-6 所示，通过调节压缩空气的压力和水/气比例，使喷射出的水充分雾化，均匀连续地喷淋在出口区铸坯的顶部，使其薄弱的凝固壳冷却得以加强，凝固壳变厚，强度增加，可有效地防止鼓肚缺陷的产生。只是这一措施对于宽高比很大的矩形型材（俗称扁型材）仍然显得力不从心。

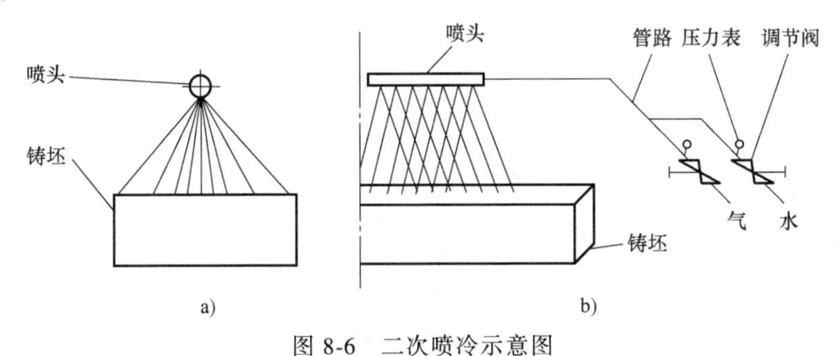

图 8-6　二次喷冷示意图

a）沿着铸坯轴向观察　b）沿着铸坯径向观察

上面分析了矩形型材鼓肚缺陷的形成机理以及预防鼓肚缺陷产生的一些工艺方法。合理运用这些工艺方法，对于防止宽高比接近于 1 的矩形型材（宽高比等于1时，称为方形型材）产生鼓肚缺陷会有明显的效果。然而由于这些工艺措施常常与其他方面相互制约，对于宽高比很大的矩形型材仅靠上述提及的工艺方法不能完全解决问题。下面着重讨论通过反弧度法防止鼓肚缺陷的技术方法。

8.1.2 采用反弧度法防止鼓肚缺陷的产生

所谓反弧度法，是指在利用圆形结晶器生产扁形球墨铸铁型材时，根据型材表面鼓起的程度，以与型材凸起相同的弧度、相反的方向加工石墨套内腔。这样，在扁形球墨铸铁型材水平连铸过程中，经型材表面向上鼓起后正好达到所要求的形状和尺寸，通过反向补偿的方式，防止形成鼓肚缺陷。

在应用反弧度法防止鼓肚缺陷的工艺技术中，首先需要准确掌握扁形球墨铸铁型材的鼓肚规律，包括型材鼓肚的弧度、鼓起的高度（鼓肚量）等。

8.1.2.1 矩形球墨铸铁型材鼓肚缺陷的规律

鼓肚缺陷，通常主要出现在尺寸较大的扁形球墨铸铁型材上，为了总结型材鼓肚缺陷的普遍规律，实际测量了某企业有鼓肚缺陷的各种矩形球墨铸铁型材的鼓肚情况，所测数据列于表8-1。表中 s_1、s_2、s_3、s_4、s_5 为每种型材的五组鼓肚高度实测值，鼓肚高度均值 s 是 s_1、s_2、s_3、s_4、s_5 的平均值。鼓肚高度的均值减去型材的公称高度 b 得到型材的鼓肚量 c。型材的宽高比 d 是型材的公称宽度与公称高度的比值。

表 8-1 型材鼓肚缺陷的检测结果 （单位：mm）

型材公称尺寸		宽高比	鼓肚高度实测数据					鼓肚高度	鼓肚量 c
宽 a	高 b	d	s_1	s_2	s_3	s_4	s_5	均值 s	
197	63	3.13	71.60	72.70	75.30	77.82	79.88	75.46	12.46
132	97	1.36	98.80	98.80	99.10	99.30	99.42	99.08	2.08
127	78	1.63	81.10	81.40	81.60	82.20	83.20	81.90	3.90
122	117	1.04	119.40	119.40	119.80	119.90	121.50	120.00	3.00
117	83	1.41	84.20	84.20	84.80	85.20	85.50	84.84	1.84
107	62	1.73	62.80	63.10	63.24	63.40	63.40	69.19	1.19
105	105	1	105.90	106.02	106.10	106.40	106.70	106.22	1.22
100	93	1.08	94.90	95.38	95.80	95.94	96.14	95.64	2.64
93	93	1	94.48	94.48	94.80	95.30	95.50	94.92	1.92
90	90	1	91.10	91.48	91.58	91.78	92.82	91.76	1.76
76	68	1.12	69.20	69.24	69.40	69.50	70.02	69.48	1.48
68	50	1.36	51.10	51.30	51.70	51.80	52.40	51.66	1.66

对表8-1中的数据进行分析、处理，通过建立多种回归预测模型（包括线性

模型和非线性模型）进行相关性分析，得到最优回归预测方程。

$$c=-0.046a-5.62d+0.052ad+7.002 \tag{8-1}$$

此式反映了矩形球墨铸铁型材鼓肚缺陷形成的规律，它定量地表明了型材鼓肚缺陷的程度（鼓肚量 c）与型材的宽度 a、宽高比 d 的关系。

8.1.2.2　采用反弧度法加工石墨套内腔及引锭头

在生产某一确定尺寸的矩形球墨铸铁型材时，首先，需要根据上述鼓肚形成规律，计算出鼓肚量 c；然后，应用反弧度法的技术思想，加工石墨套的内腔，即根据型材上表面凸起的弧度，以相反的方向，使石墨套内腔的上表面凹下相同的弧度。

加工石墨套内腔时，需要根据型材的宽度 a、鼓肚的程度（鼓肚量 c）以及鼓肚圆弧边缘与型材边缘的距离 e 确定出石墨套型腔上表面下凹的圆弧半径及其圆心所在位置，具体方法如图 8-7 所示。其中 e 值通常取 8～12mm 为宜。

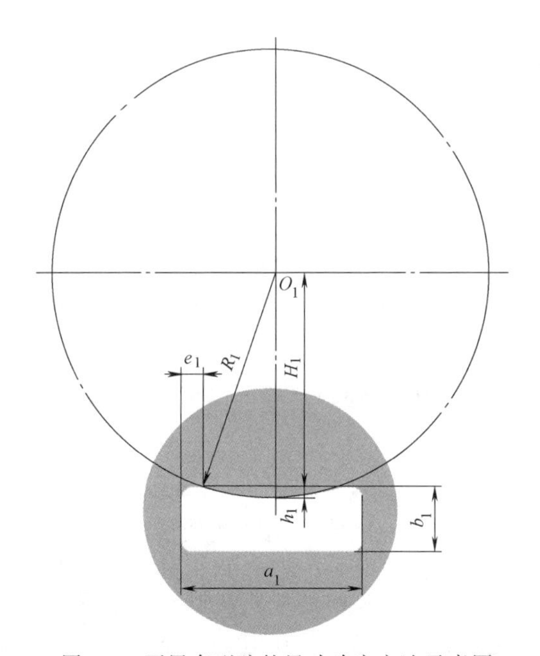

图 8-7　石墨套型腔的尺寸确定方法示意图

图 8-7 中，a_1、b_1 是石墨套型腔的宽和高（与型材的宽 a 和高 b 相对应），e_1 是型腔上表面下凹的圆弧边缘与侧边的距离，h_1 是型腔下凹圆弧的高度（与型材的鼓肚量 c 对应），R_1 及 O_1 是型腔下凹圆弧的半径及其圆心所在位置。

引锭头的形状、尺寸，须与石墨套的内腔相适应。在加工引锭头时，同样需要根据型材的宽度 a、鼓肚的程度（鼓肚量 c）以及鼓肚圆弧边缘与型材边缘的距离 e 确定出引锭头上表面下凹的圆弧半径及其圆心所在位置，具体方法如图

8-8 所示。

图 8-8 中，a_2、b_2 是引锭头的宽和高（与石墨套型腔的宽 a_1 和高 b_1 相对应），e_2 是引锭头上表面下凹的圆弧边缘与侧边的距离，h_2 是引锭头下凹圆弧的高度（与石墨套型腔下凹圆弧的高度 h_1 对应），R_2 及 O_2 是引锭头下凹圆弧的半径及其圆心所在位置。

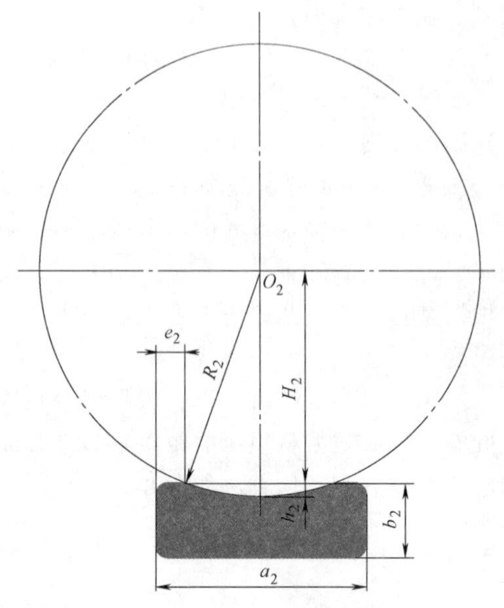

图 8-8 引锭头的尺寸确定方法示意图

前面在介绍石墨套、引锭头的加工方法时，所涉及的相关尺寸皆用了相同的符号和不同的下标，如型材的宽度、石墨套内腔中“型材”的宽度以及引锭头截面上“型材”的宽度皆用“a”表示，但下标不同（石墨套内腔中为 a_1，引锭头截面上为 a_2）。这里强调了下标的不同，是因为实际上型材、石墨套内腔以及引锭头的相应尺寸彼此之间皆不相同。例如，石墨套内腔的“a_1”大于型材的“a”（因考虑型材的收缩率所致），引锭头的“a_2”小于石墨套内腔的“a_1”（因考虑引锭头与石墨套内腔的配合间隙所致）。它们具体数值的确定方法与传统连铸中的确定方法相同，这里不再赘述。

图 8-9 是某企业针对 180mm×50mm 的扁形球墨铸铁型材应用反弧度法的生产实例。

所生产的扁形球墨铸铁型材，其宽高比较大（$d=3.6$），在传统方法的生产过程中，难以完全避免鼓肚缺陷。采用反弧度法，经过初拉阶段过渡，进入正常生产周期后，得到了完全没有鼓肚缺陷的扁形球墨铸铁型材。

这里需要指出两点：第一，型材的鼓肚缺陷与多种因素有关。在型材的自身方面，受截面形状、化学成分的影响；在生产过程中，受结晶器传热状态、拉拔工艺、二次喷冷强度的影响。当调整上述因素中可改变的方面能够消除鼓肚缺陷时，不必采用反弧度法。因为反弧度法会增加石墨套、引锭头的加工难度，从而增加了生产成本。第二，当用传统方法生产扁形球墨铸铁型材难以避免鼓肚缺陷时，反弧度法不失为一种强力、有效的技术措施。采用反弧度法时，首先应建立与本企业生产条件相适应的型材鼓肚缺陷的形成规律，简单地套用式（8-1）也许存在不完全合适的问题。另外，采用反弧度法，仍然需要与拉拔工艺、二次喷冷工艺等合理地匹配，才能获得理想的结果。

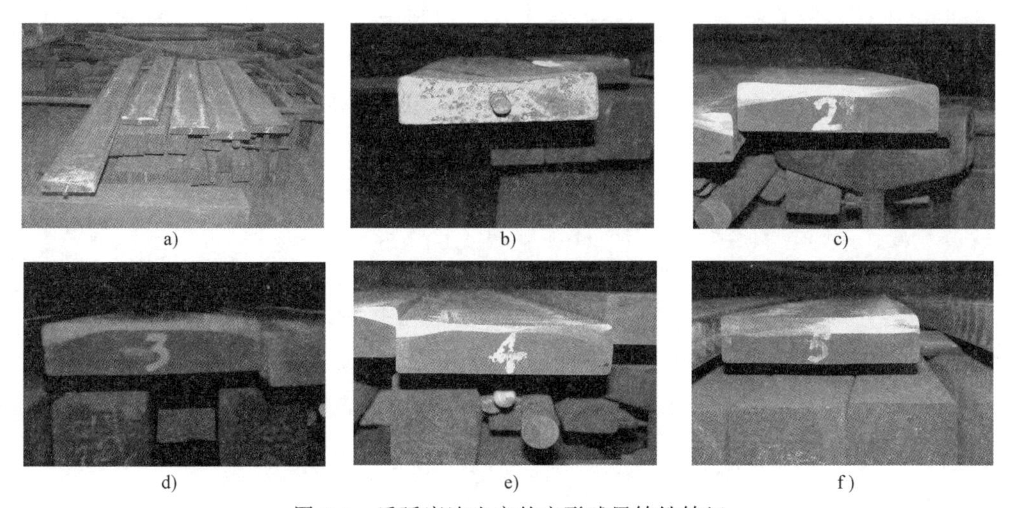

图 8-9　反弧度法生产的扁形球墨铸铁铸坯

a）初拉阶段（过渡期）的 5 根铸坯　b）最初拉出的铸坯截面形状（1#）

c）、d）、e）正常生产阶段前铸坯截面形状的依次变化（2#、3#、4#）

f）进入正常生产阶段时的铸坯截面形状（5#）

8.2　铸铁水平连铸的三次喷冷技术

一般情况下，铸铁型材的基体组织分为珠光体基体和铁素体基体两大类。珠光体基体的铸铁型材较铁素体基体的铸铁型材具有更高的力学性能（如强度、硬度等），占实际应用的大部分，通常称为高强度铸铁型材。为了得到高强度铸铁型材，迄今为止，国内外可采取的方法主要有两种：一种是加入大量合金元素 Cu、Mn、Ni、Mo 等，使型材在连铸过程中基体组织直接转变为珠光体；另一种是在加入少量合金元素的前提下对铸态的型材进行正火处理，通过进一步的热处理使其基体组织转变为珠光体。这两种方法虽然都能得到高强度铸铁型材，但由于前一种方法需要加入较多的贵重合金元素，后一种方法需要大量的电能消耗，它们都会使型材的生产成本大幅度增加，降低了铸铁型材的技术经济效益。

下面根据铸铁型材的生产特点，提出在铸铁型材水平连铸过程中进行三次喷冷的技术思想，探索一种既不加入大量贵重合金元素，也不进行热处理，仍可得到高强度铸铁型材的技术方法。该方法在进一步提升铸铁水平连铸技术水平的同时，可以大幅度地降低高强度铸铁型材的生产成本。

8.2.1　三次喷冷的技术思想

铸铁水平连铸的一个重要特点是铸坯移出结晶器时并未完全凝固，凝固的外壳里边还有大量的液芯。较普通铸造而言，相当于“铸件”在很高的温度就脱离了“铸型”而裸露出来，连铸这样的特点使得对“铸件”直接喷水冷却成为可能。在实际的铸铁水平连铸生产中，铸坯一移出结晶器，便得到了喷水冷却，此刻，铸坯的表面温度在900℃左右，芯部温度高于液相线。喷水的目的是提高生产率以及防止拉漏事故。喷水持续到铸坯内部凝固基本结束为止，通常称为“二次喷冷”（铸坯在结晶器内的冷却称为“一次冷却”）。这里提出的技术思想是在“二次喷冷”之后，当铸坯温度接近于共析转变时再一次进行喷水冷却，简称“三次喷冷”，目的在于造成此期间更大的冷却速度，使铸坯的基体组织在更大的过冷度下经非平衡的共析转变后成为珠光体或以珠光体为主的组织。由此实现在既不加入大量贵重合金元素，也不进行热处理的条件下，直接得到高强度铸铁型材的目的。

8.2.2 三次喷冷的实验研究及结果

1. 实验对象

在 ϕ120mm 球墨铸铁型材的水平连铸过程中进行三次喷冷实验。型材的牌号QT/LZ450-10，其化学成分见表 8-2。

表 8-2 QT/LZ450-10 球墨铸铁型材的化学成分

牌号	化学成分（质量分数，%）				
	C	Si	Mn	P	S
QT/LZ450-10	3.6	2.8	≤0.4	≤0.06	0.02

2. 实验装置

三次喷冷装置的结构简图如图 8-10 所示，主要由进水管、方形水包、水包支承架和回收水箱四个部分组成。进水管的一端设置有流量计和开关水阀，另一端与均匀间隔的三个并列方形水包相连。每个方形水包的四个侧边中心设置喷头，可对通过水包中央的铸坯进行喷水冷却。进水管上靠近三个方形水包的位置均设置有调节水阀。

3. 实验过程

如图 8-11 所示，实验前对该成分球墨铸铁型材用差示扫描量热仪（differential scamning calorimetry，DSC）测试的曲线进行分析，得到共析反应温度为762℃，使用红外辐射测温仪确定连铸过程中铸坯上比共析温度高出 100℃的位置（即 862℃处），将三次喷冷装置安装在该位置之后按照既定工艺对高温铸坯进行三次喷冷实验，然后对三次喷冷前后型材的组织性能进行对比分析。图 8-12 为三次喷冷实验现场图。

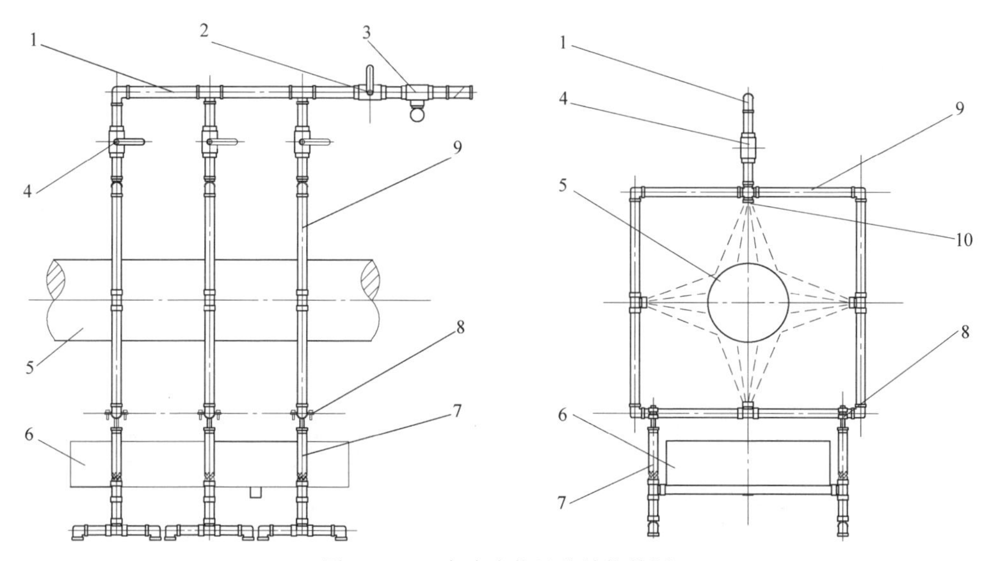

图 8-10　三次喷冷装置的结构简图

1—进水管　2—开关水阀　3—流量计　4—调节水阀　5—铸铁型材　6—回收水箱
7—水包支承架　8—水管固定卡扣　9—方形水包　10—实心锥形喷头

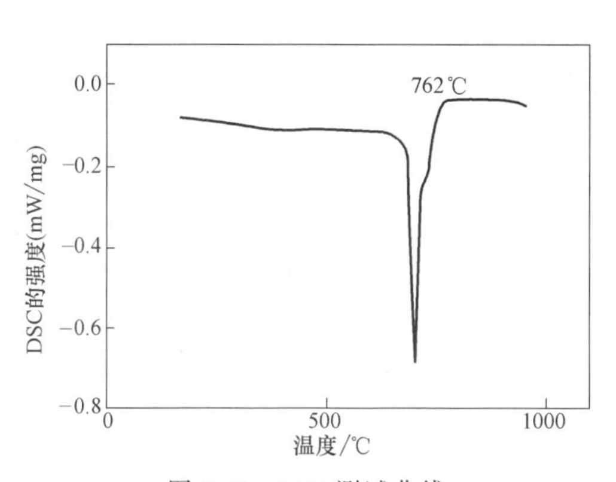

图 8-11　DSC 测试曲线

图 8-12　三次喷冷实验现场图

为了观察三次喷冷前后连铸型材的微观组织，特别是基体组织，将上述两种情况下的试样经过预磨、抛光，制备成金相试样，经过 4%的硝酸酒精侵蚀后，采用 Olympus GX71 型光学显微镜（OM）和 JSM-6700F 型场发射扫描电镜（SEM）观察其微观组织。使用 Image-Pro Plus 软件统计球墨铸铁型材不同部位单位面积石墨球数量、大小和球化率，同时，对其组织（珠光体数量和片层间距等）进行定量统计分析。拉伸试样取自距型材表面 10mm 处，试样有效截面尺寸为 ϕ14mm，试验在型号为 WE-600 的液压控制万能试验机上进行。硬度测试在

HB-3000 型布氏硬度计上进行，钢球直径 D 为 5mm，负荷 P 为 7500N，负荷保持时间为 10s，试样测试点分布在型材横截面的直径位置上，每隔 10mm 测试三点取平均值。

4. 实验结果

未进行三次喷冷的球墨铸铁型材不同部位显微组织如图 8-13 所示，表面、$R/2$（R 为型材半径）处和心部的珠光体含量分别为 28.6%，30.9%和 32.3%（金相组织的含量均为体积分数，后同），型材基体组织的珠光体量表面处最少，$R/2$ 处居中，中心处最多。

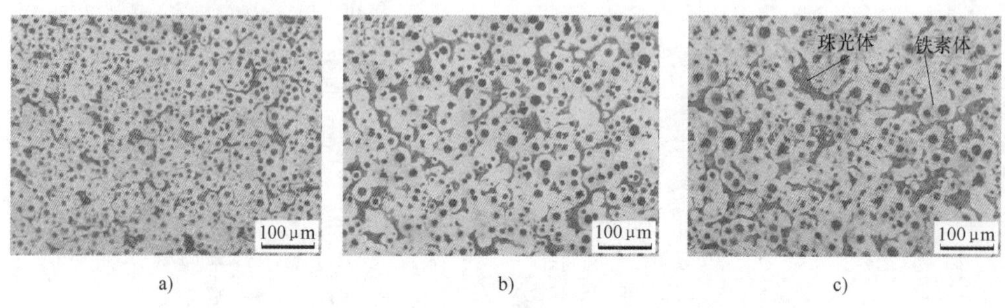

图 8-13 未进行三次喷冷的球墨铸铁型材不同部位显微组织

a）表面 b）$R/2$ 处 c）心部

在化学成分一定的前提下，型材基体中珠光体含量既与共析转变时的冷却条件有关，也与凝固过程中形成的石墨球的数量、大小以及分布状况有关。这两个因素对于型材截面上珠光体含量沿径向变化的影响是相反的，按前者分析，型材表面处的珠光体含量应多于中心处；而按后者分析，型材表面处的珠光体含量应少于中心处，两者的共同作用决定了珠光体的数量与分布。这里的实验结果表明，未进行三次喷冷的条件下，后者的影响处于主导地位。此时，型材表面处的石墨球数量最多、尺寸最小、石墨球间距也最小（图 8-14 及表 8-3），在共析转变中碳原子易于向已有的石墨球扩散沉积而不易形成珠光体，故表面处的珠光体含量最少。与此对应，中心处的珠光体含量最多。

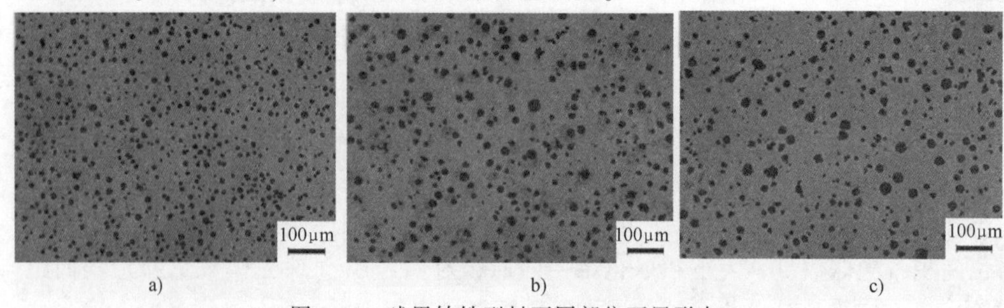

图 8-14 球墨铸铁型材不同部位石墨形态

a）表面 b）$R/2$ 处 c）心部

表 8-3　球墨铸铁型材不同部位石墨球形态及数量

位置	石墨大小等级	球化等级	石墨球数量/(个/mm^2)
表面	8	1	577
R/2 处	7	1	422
心部	6~7	2	345

经过三次喷冷的球墨铸铁型材不同部位显微组织如图 8-15 所示，表面、*R*/2 处和心部的珠光体含量分别为 70.8%，38.9%和 36.8%，型材基体组织的珠光体量表面处最多，*R*/2 处次之，中心处最少。

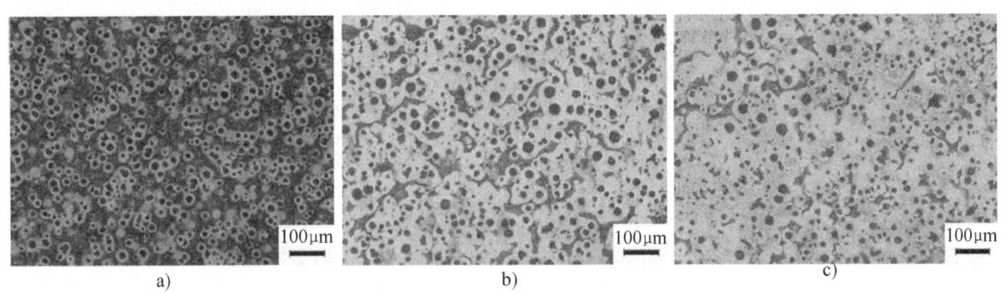

图 8-15　经过三次喷冷的球墨铸铁型材不同部位显微组织

a）表面　b）*R*/2 处　c）心部

这里的实验结果表明，在进行三次喷冷的条件下，共析转变时的冷却条件是影响珠光体含量的主导因素。此时，型材因受到三次喷冷的强制冷却而具有更高的冷却速度，致使共析转变在更大的过冷度下以非平衡的方式进行，从而形成大量的珠光体组织。由于三次喷冷对于型材表面的散热影响最为强烈，而随着向型材内部深入逐渐减缓，故表面处珠光体含量的增加最为显著。

经过三次喷冷以及未经过三次喷冷的球墨铸铁型材不同部位的珠光体含量对比结果如图 8-16 所示。可见，三次喷冷之后，型材表面、*R*/2 处和心部的珠光体含量皆比未经三次喷冷有明显增加，其中，表面增加最多（147.55%），*R*/2 处居中（25.89%），心部最少（13.93%），平均增加 62.46%。

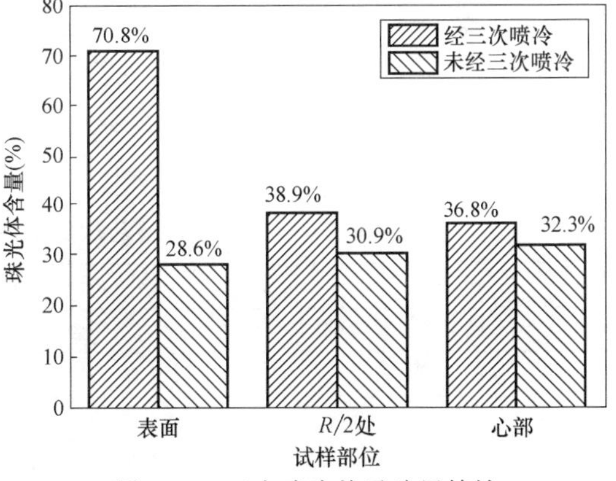

图 8-16　三次喷冷前后球墨铸铁型材不同部位珠光体含量

经过三次喷冷，在珠光体数量增加的同时，珠光体的片层间距也有明显减小。图 8-17 所示为三次喷冷前后球墨铸铁型材珠光体的组织形貌，经SEM分析，与未进行三次喷冷的型材相比，珠光体的片层间距从350nm减小为130nm。

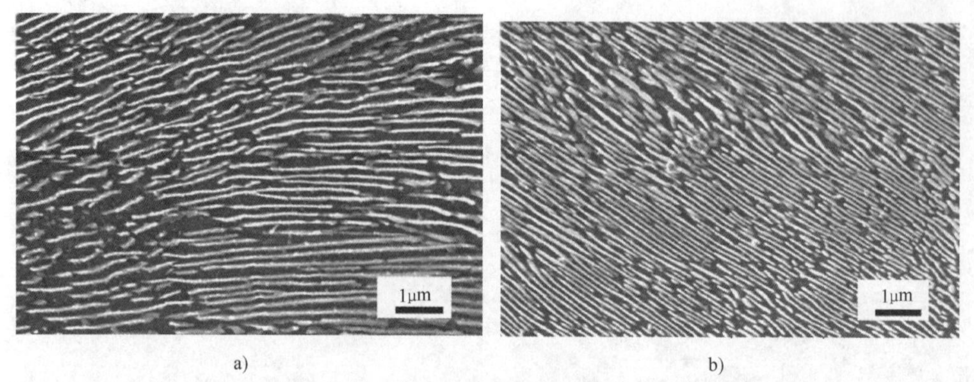

a) b)

图8-17 三次喷冷前后球墨铸铁型材珠光体的组织形貌（距型材表面10mm处）
a）三次喷冷前 b）三次喷冷后

经过三次喷冷以及未经过三次喷冷的球墨铸铁型材的力学性能测试结果见图8-18与表8-4。

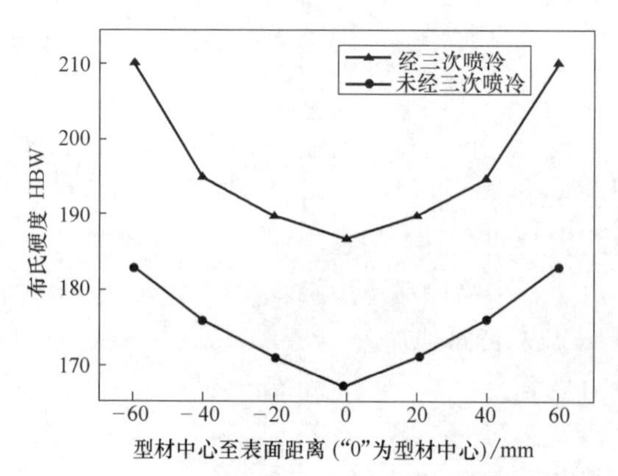

图8-18 三次喷冷前后球墨铸铁型材的硬度测试结果

表8-4 三次喷冷前后球墨铸铁型材的强度测试结果

工艺	水流量/(m^3/h)	抗拉强度/MPa
未经三次喷冷	0	450
经三次喷冷	5.58	669

结果表明，经过三次喷冷，球墨铸铁型材的硬度、强度皆有大幅度提高，其抗拉强度 R_m 由450MPa提高到669MPa，提高幅度为48.67%，十分显著。

5. “三次喷冷”堪称高强度铸铁型材的绿色制造技术

此前，为了得到高强度铸铁型材，通常采用的方法是在熔炼过程中大量加入

Cu、Mn、Ni、Mo 等合金元素使型材在连铸过程中基体组织直接转变为珠光体（简称高合金化法），或在加入少量合金元素的前提下对铸态的型材进行正火处理，通过热处理使其基体组织转变为珠光体（简称热处理法）。通过这两种方法得到高强度铸铁型材时需要加入较多的贵重合金元素或需要大量的电能消耗，它们都会使型材的生产成本大幅度增加。本节所介绍的三次喷冷方法，只需在水平连铸过程中的合适部位进行适当工艺的喷水冷却，几乎不增加成本便可得到高强度铸铁型材，开辟了生产高强度铸铁型材的新方法，极大地实现了节能降耗，堪称高强度铸铁型材的绿色制造技术。

8.3　由球墨铸铁型材制备 ADI

ADI 是等温淬火球墨铸铁（austempered ductile iron）的英文缩写，该缩写目前已为国际通用。这种材料在国内曾被普遍称为“奥贝球铁”（意指它的基体组织由奥氏体和贝氏体组成），但也有越来越多的学者认为这个名称并不确切。因为 ADI 中的“贝氏体”只是类似于钢中的贝氏体而并非传统概念中的贝氏体。

ADI 是 20 世纪 70 年代末出现的一种新型工程结构材料，它由球墨铸铁经等温淬火得到，其基体是针状铁素体与稳定的高碳奥氏体所组成的奥铁体（ausferrite）。ADI 在具有一定韧性的情况下，其抗拉强度比普通球墨铸铁可高出一倍，与合金锻钢接近，同时，由于铸铁材料的自身特点，它在减振、减磨、减重、降噪和低成本等方面是合金锻钢所无法比拟的。该材料特别适合于制作齿轮、曲轴等零件，并且在许多方面都大有作为，被誉为 20 世纪铸铁冶金领域中的重大成就之一（也有学者称其为铸铁冶金史上的第三个里程碑），引起了材料界、设计界、热处理界和铸造界的极大关注和兴趣。从近年的发展看，ADI 在国际上得到了迅速、大量推广、应用，产生了显著的经济效益和社会效果，而在我国却一直没有得到应有的发展。

ADI 在我国之所以一直未能很好地发展起来，受多方面因素影响，其中，铸件质量的问题是一个重要方面。ADI 是由球墨铸铁铸件毛坯经等温淬火得到的材料，这就决定了它的性能既取决于等温淬火工艺，也受球墨铸铁铸件毛坯质量的影响。ADI 对于铸件质量十分敏感，它不仅要求铸件毛坯不得有铸造缺陷，而且要求其组织、晶粒、化学成分等都应与普通球墨铸铁有所不同。我国球墨铸铁件的质量虽然在不断提高，但作为制备 ADI 的毛坯，从整体上看，一直都不够理想。

球墨铸铁型材因其独特的生产过程使其不但避免了常规铸造方法经常产生的铸造缺陷，而且晶粒细小、组织均匀致密，尤其是石墨球细小、圆整、数量多，使得球墨铸铁型材具有优异的力学性能。对于 ADI 来说，这些方面都是十分重要的。也正因为如此，由球墨铸铁型材得到的 ADI 有望获得比普通 ADI 更加优异的性能，被人们寄予了极大的期望。

8.3.1 ADI 等温淬火的组织转变过程及工艺参数的影响

1. ADI 等温转变及组织特点

ADI 的生产工艺启发于钢的等温淬火热处理工艺，但钢和球墨铸铁的金相组织本身存在着很大的不同。首先，普通碳钢中不含石墨相，这就决定了在等温淬火热处理过程中其基体中的碳含量是不会改变的，而球墨铸铁在加热过程中，碳原子会从高碳相（石墨）向奥氏体中扩散并溶入；其次，钢中硅元素的含量没有球墨铸铁中高，并且，球墨铸铁中合金元素的偏析比钢中严重。另外，钢等温转变后的理想组织也与球墨铸铁不同，钢等温转变后的理想组织为铁素体+高碳奥氏体+少量渗碳体，而 ADI 的理想组织是针状铁素体+残留奥氏体+石墨。

球墨铸铁等温淬火的一般工艺过程为：将球墨铸铁加热到 Ac_1 温度以上 30~50℃并保温一定时间，然后将其取出迅速淬入熔融的盐浴中，保温一段时间后取出空冷，如图 8-19 所示。

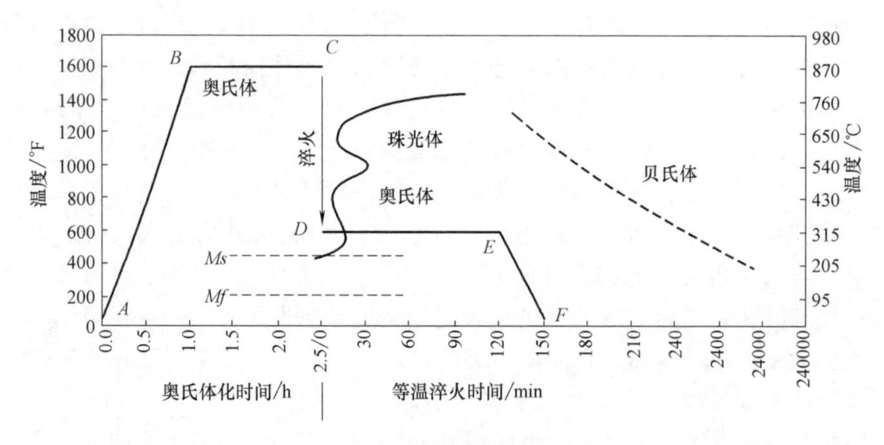

图 8-19 奥氏体等温转变示意图

球墨铸铁在盐浴中等温淬火时组织转变分为以下两个阶段。

第一阶段：$\gamma \rightarrow \alpha + \gamma_{HC}$，奥氏体分解为针状铁素体和高碳奥氏体。完全奥氏体化后的球墨铸铁淬入盐浴中，在较大的过冷度下，铁素体迅速在奥氏体中形核，同时碳原子不断扩散进入铁素体周围的奥氏体中，奥氏体中的碳含量不断增加，针状铁素体也不断长大。当奥氏体的碳含量增加到 1.8%~2.2%时，奥氏体较为稳定，空冷后不易发生马氏体转变，形成稳定的残留奥氏体。由第一阶段得到的组织为理想的 ADI 组织：针状铁素体+残留奥氏体+石墨。

第二阶段：$\gamma_{HC} \rightarrow \alpha + Fe_3C$，高碳奥氏体分解为铁素体和碳化物。随着等温淬火保温时间的延长，一方面铁素体不断长大，另一方面奥氏体的碳含量逐渐增加，然后保持不变，此后，当保温时间继续延长时，高碳奥氏体将析出碳化物。碳化物是一种脆性相，它的出现会急剧降低 ADI 的综合力学性能。所以在等温淬火过程中，应当尽可能地避免第二阶段的发生。

在等温淬火过程中，为了获得综合性能较好的 ADI，需要控制等温淬火过程中的组织转变。在特定的等温淬火温度下，随着保温时间的延长，铁素体形核并长大，在这期间存在一个适合的保温时间，学术上称为“工艺窗口”或“工艺区域”，国外称之为“process window”，如图 8-20 所示。工艺窗口会随着等温淬火温度的变化而缩小或加宽，有时还可能出现交叉，即第一阶段反应延长而第二阶段反应提前。“process window”概念最早是由 Rundman 提出来的，在窗口期内更有可能获得综合性能较好的材料，而窗口变窄或出现交叉就增加了热处理工艺的难度。通过添加合金元素（如 Ni、Cu、Mo）可以改变冷却曲线，从而拓宽工艺窗口，而且也能一定程度上抑制碳化物的析出。

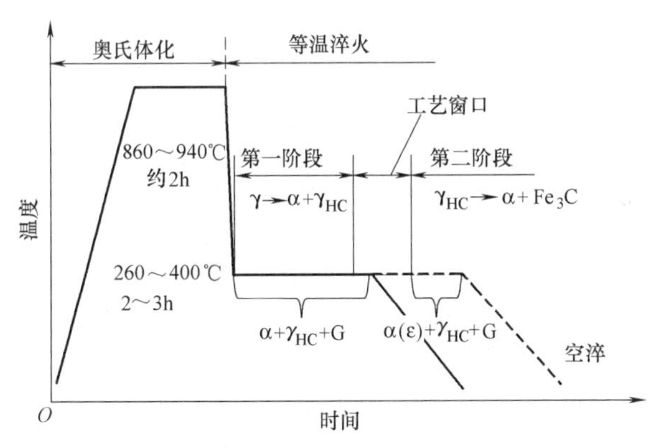

图 8-20　等温淬火工艺示意图

ADI 具有优异的综合力学性能与其组织是密切相关的，理想的 ADI 组织由石墨、针状铁素和高碳奥氏体组成。针状铁素体的数量和形态主要影响 ADI 的强度，高碳奥氏体作为软相，为 ADI 提供韧性。

2. ADI 的等温淬火工艺

等温淬火过程实际上是奥氏体的固态相变过程，影响奥氏体化程度的主要因素是奥氏体化温度和时间，合适的奥氏体化温度和时间有利于获得理想的组织，可极大地提高 ADI 的综合性能。

奥氏体化过程中伴随着碳化物的分解及合金元素的扩散，奥氏体化温度越高越有利于扩散过程的进行，且组织越均匀。当奥氏体化温度过高时会使基体组织的晶粒粗大，降低塑性和韧性。一般来说，奥氏体化温度应在 Ac_1 以上，以保证完全奥氏体化。也有个别案例如双相 ADI 的制备会选择在 Ac_1 以下的奥氏体、铁素体两相共存区进行奥氏体化。奥氏体化温度也与淬火零件的化学成分相关，当Si含量较高时也应对应较高的奥氏体化温度，而Cu、Ni等可使Ac_1温度下降。

奥氏体化的保温时间取决于热处理零件的壁厚、加热温度及升温速率。对于较厚的零件，工业上会采用分阶段加热的方法：先在低温（500~650℃）保温一定的时间，然后转到高温（850~950℃）继续保温，以保证零件完全奥氏体化。奥氏体化时间会影响奥氏体化程度，然而当奥氏体化温度较低，没有达到奥氏体转变的临界温度时，延长奥氏体化时间无法使材料完全奥氏体化。

等温淬火温度（盐浴温度）也是影响ADI组织形态和性能的主要因素，较低的等温淬火温度有利于得到晶粒细小的奥铁体组织，具有较高的强度和硬度，较小的断后伸长率。较高的等温淬火温度，容易获得晶粒较大的类似于羽毛状的组织，其强度和硬度较低，具有较高的断后伸长率。

等温淬火时间会影响奥氏体等温转变时碳原子的扩散距离和ADI的组织形态。转变过程中随着淬火时间的延长，碳原子由针状铁素体经过α/γ界面逐渐向未发生反应的过冷奥氏体扩散，使残留奥氏体的碳含量逐渐升高，在室温下具有较好的稳定性，不容易转变为马氏体。然而保温时间较长时，ADI组织粗大的同时可能伴随碳化物的析出，这对ADI的性能是非常不利的。

8.3.2 由球墨铸铁型材制备ADI的实验研究及结果

以某企业生产的普通球墨铸铁型材为毛坯，在此基础上，采用不同的等温淬火的温度、时间参数，研究由球墨铸铁型材得到ADI的热处理工艺以及组织与性能。

球墨铸铁型材的化学成分：C=3.85%，Si=2.8%，Mn<0.3%，P<0.05%，S<0.04%。球墨铸铁型材的铸态组织如图8-21所示，图中F代表铁素体，P代表珠光体。

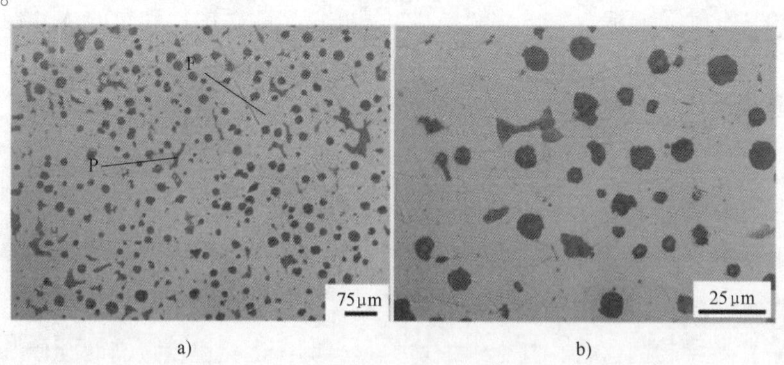

a) b)

图8-21 球墨铸铁型材的铸态组织

a）OM照片（200×） b）OM照片（500×）

球墨铸铁型材的铸态基体组织主要为铁素体（铁素体的含量为76.8%），其球化率为90%，球化等级为2级。

8.3.2.1 由球墨铸铁型材得到ADI的热处理工艺以及组织与性能

球墨铸铁等温淬火的热处理工艺涉及奥氏体化温度、奥氏体化时间、等温淬火温度和等温淬火保温时间四个关键参数。下面所做的实验中，奥氏体化温度在860~940℃之间取值，奥氏体化时间在60~120min之间选择，较高的奥氏体化温度对应较短的奥氏体化时间，较低的奥氏体化温度对应较长的奥氏体化时间，其目的在于既保证球墨铸铁型材完全奥氏体化又不使基体晶粒过于粗大。等温淬火温度在280~360℃之间取值，等温淬火保温时间在80~140min之间选择，较高的盐浴温度对应较短的保温时间，较低的盐浴温度对应较长的保温时间，其目的在于既可保证“第一阶段”（$\gamma \rightarrow \alpha + \gamma_{HC}$，奥氏体分解为针状铁素体和高碳奥氏体）充分进行又能避免“第二阶段”（$\gamma_{HC} \rightarrow \alpha + Fe_3C$，高碳奥氏体分解为铁素体和碳化物）的发生。进行等温淬火时，所选用的淬火冷却介质为50% KNO_3 +50% $NaNO_2$（质量分数）混合工业硝盐。等温淬火工艺参数见表8-5。

表8-5 等温淬火工艺参数

实验序号	奥氏体化温度/℃	奥氏体化时间/min	等温淬火温度/℃	等温淬火保温时间/min
1	860	90	280	140
2	900	90	280	140
3	940	90	280	140
4	900	60	360	80
5	900	90	360	80
6	900	120	360	80
7	860	120	280	110
8	860	120	320	110
9	860	120	360	110
10	940	60	320	80
11	940	60	320	110
12	940	60	320	140

1. 奥氏体化温度对ADI的组织与性能的影响

1、2、3号实验（表8-5）是保持奥氏体化时间（90min）、等温淬火温度（280℃）、等温淬火保温时间（140min）不变，仅改变奥氏体化温度（860℃、900℃、940℃）的实验。

图8-22所示为不同奥氏体化温度下ADI的金相组织，结合X射线衍射分析结果（图8-23）可知，其基体组织主要为铁素体（α-Fe）和残留奥氏体

(γ-Fe)。当奥氏体化温度为860℃时（图8-22a），图中白亮区相对较少，分布不均匀，铁素体针束围绕在石墨球周围呈发散状，石墨球聚集区铁素体针短小，分散区则较长。随着奥氏体化温度的升高，白亮区增多，分布于铁素体针之间类似于等轴块状。当奥氏体化温度升至940℃时（图8-22c），铁素体针和奥氏体晶粒尺寸略有增加。

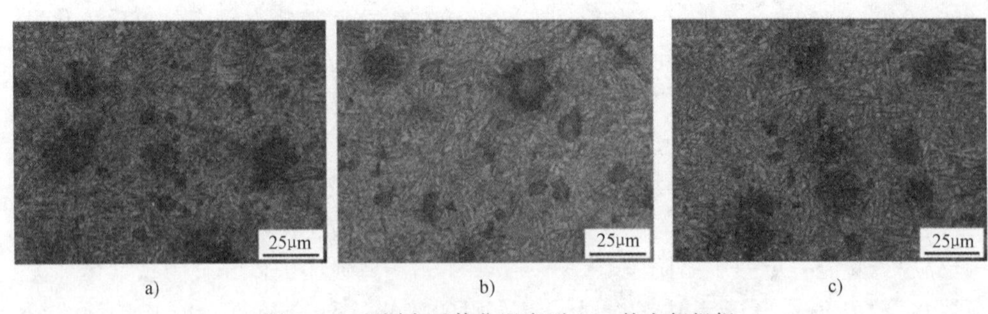

图8-22 不同奥氏体化温度下ADI的金相组织

a）860℃ b）900℃ c）940℃

表8-6是根据X射线衍射结果以及由γ相｛111｝和α相｛110｝衍射峰的衍射角和强度积分计算出的残留奥氏体含量及碳含量。随着奥氏体化温度的升高，残留奥氏体含量逐步增加，且残留奥氏体碳含量也在逐渐升高。当奥氏体化温度为860℃时，残留奥氏体的含量为22.36%，其碳含量为1.9307%。当奥氏体化温度升高至940℃时，残留奥氏体的含量为32.41%，其碳含量为2.0659%，残留奥氏体含量增加了44.95%，其中，从900℃升高至940℃时残留奥氏体含量变化不大。

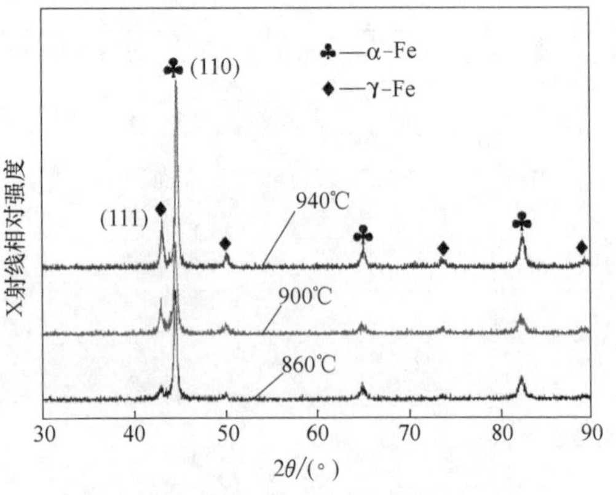

图8-23 不同奥氏体化温度下ADI的X射线衍射图谱

表8-6 不同奥氏体化温度下ADI的X射线检测结果与残留奥氏体含量及其碳含量的计算结果

实验序号	I_γ	$2\theta_\gamma$	I_α	$2\theta_\alpha$	$\varphi(\gamma)(\%)$	$w(C)(\%)$
1	792	43.091	4104	44.579	22.36	1.9307
2	1232	43.103	4073	44.642	31.10	1.9818
3	1920	43.017	5975	44.774	32.41	2.0659

注：I_γ—残留奥氏体的强度积分；$2\theta_\gamma$—残留奥氏体的衍射角；I_α—铁素体的强度积分；$2\theta_\alpha$—铁素体的衍射角；$\varphi(\gamma)$—残留奥氏体的含量；$w(C)$—残留奥氏体的碳含量。

图 8-24、图 8-25 和表 8-7 是不同奥氏体化温度下 ADI 的拉伸测试结果、硬度测试结果和力学性能测试结果。球墨铸铁型材经等温淬火热处理后其强度和硬度均得到大幅度提升，但断后伸长率明显降低。奥氏体化温度分别为 860℃、900℃、940℃时，其抗拉强度分别为 1397.3MPa、1347.6MPa、1387.1MPa，断后伸长率分别为 2.3%、3.7%、3.9%，洛氏硬度（HRC）分别为 40.32、39.70、39.92。相比于铸态下的抗拉强度，在相应的奥氏体化温度下其抗拉强度分别提高了 234.3%、222.4%、231.8%。

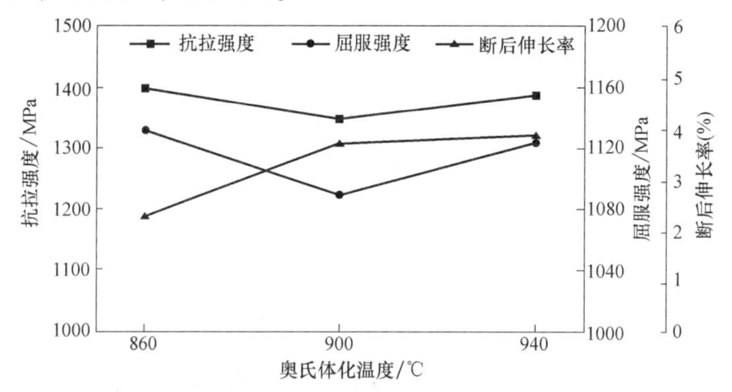

图 8-24　不同奥氏体化温度下 ADI 的拉伸测试结果

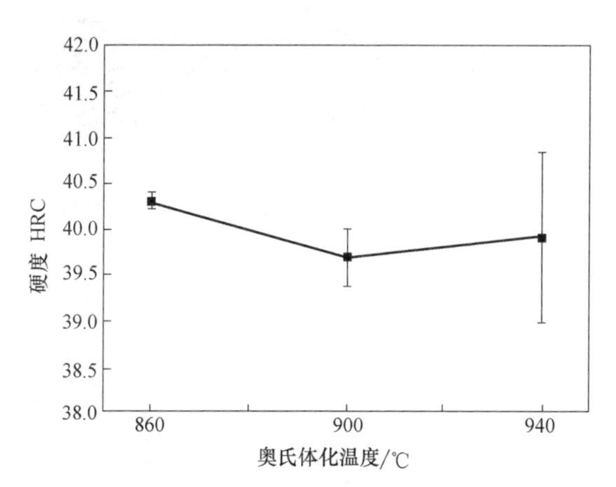

图 8-25　不同奥氏体化温度下 ADI 的硬度测试结果

表 8-7　不同奥氏体化温度下 ADI 的力学性能测试结果

实验序号	奥氏体化温度/℃	奥氏体化时间/min	等温淬火温度/℃	等温淬火保温时间/min	抗拉强度/MPa	屈服强度/MPa	断后伸长率(%)	硬度HRC
1	860	90	280	140	1397.3	1180.6	2.3	40.32
2	900	90	280	140	1347.6	1089.3	3.7	39.70
3	940	90	280	140	1387.1	1123.8	3.9	39.92

由实验结果可知，当奥氏体化温度为860℃时，ADI的抗拉强度较高，断后伸长率较低。随着奥氏体化温度的升高，ADI的强度和硬度变化不大，而断后伸长率略有提高。当奥氏体化温度为900℃和940℃时，抗拉强度均大于1300MPa，且断后伸长率大于3.5%，其综合力学性能优于我国牌号为QDT1200-3的性能。

2. 奥氏体化时间对ADI的组织与性能的影响

4、5、6号实验（表8-5）是保持奥氏体化温度（900℃）、等温淬火温度（360℃）、等温淬火保温时间（80min）不变，仅改变奥氏体化时间（60min、90min、120min）的实验。

不同奥氏体化时间下ADI的金相组织如图8-26所示，结合X射线衍射分析结果（图8-27）可知，基体组织主要为铁素体和残留奥氏体，铁素体类似于钢中的上贝氏体组织，呈板条状，白色的块状残留奥氏体夹在铁素体条之间。随着奥氏体化时间的增加，铁素体板条略有长大但形态变化不明显，铁素体和奥氏体分布逐渐均匀化。

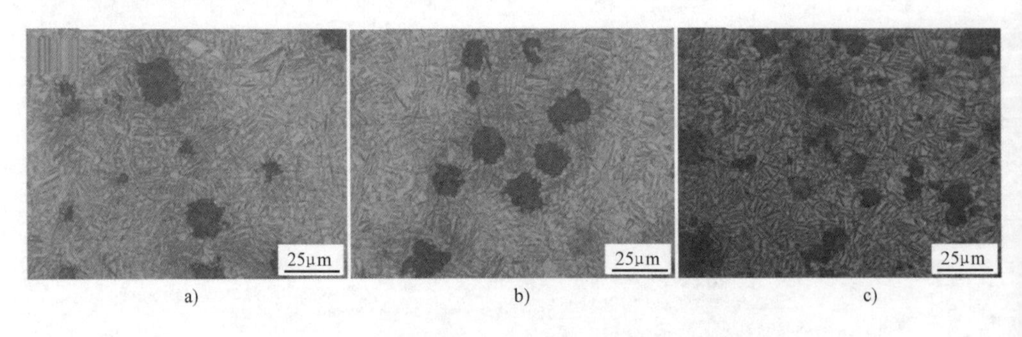

图8-26 不同奥氏体化时间下ADI的金相组织
a）60min b）90min c）120min

表8-8是根据X射线衍射结果以及由γ相{111}和α相{110}衍射峰的衍射角和强度积分计算出的残留奥氏体含量及碳含量。奥氏体化时间不同时，残留奥氏体含量及其碳含量均变化不大，且皆处于较高水平。可见，该温度（900℃）下已经可以获得足够的奥氏体化，并且，温度对于奥氏体化的影响比时间更为重要。

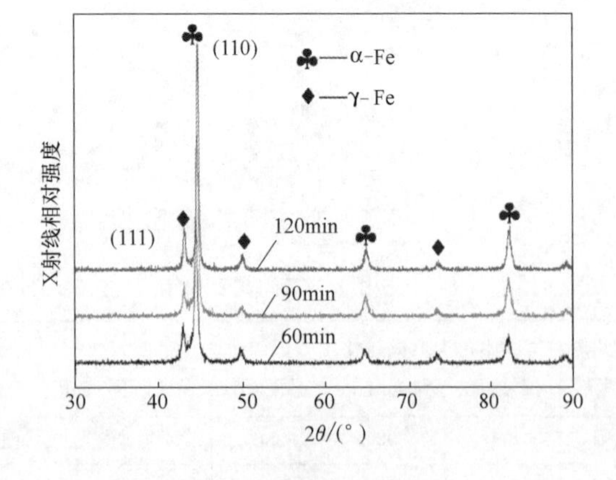

图8-27 不同奥氏体化时间下ADI的X射线衍射图谱

表 8-8　不同奥氏体化时间下 ADI 的 X 射线检测结果与残留奥氏体含量及其碳含量的计算结果

实验序号	I_γ	$2\theta_\gamma$	I_α	$2\theta_\alpha$	$\varphi(\gamma)$(%)	w(C)(%)
4	3056	42.979	7602	44.501	37.50	2.1356
5	4052	42.951	8082	44.672	42.80	2.1870
6	3772	43.278	8649	44.622	39.43	2.1201

注：I_γ—残留奥氏体的强度积分；$2\theta_\gamma$—残留奥氏体的衍射角；I_α—铁素体的强度积分；$2\theta_\alpha$—铁素体的衍射角；$\varphi(\gamma)$—残留奥氏体的含量；w(C)—残留奥氏体的碳含量。

图 8-28、图 8-29 和表 8-9 是不同奥氏体化时间下 ADI 的拉伸测试结果、硬度测试结果和力学性能测试结果。奥氏体化时间分别为 60min、90min、120min 时，其抗拉强度分别为 1112.3MPa、1253.2MPa、1078.9MPa，断后伸长率分别为

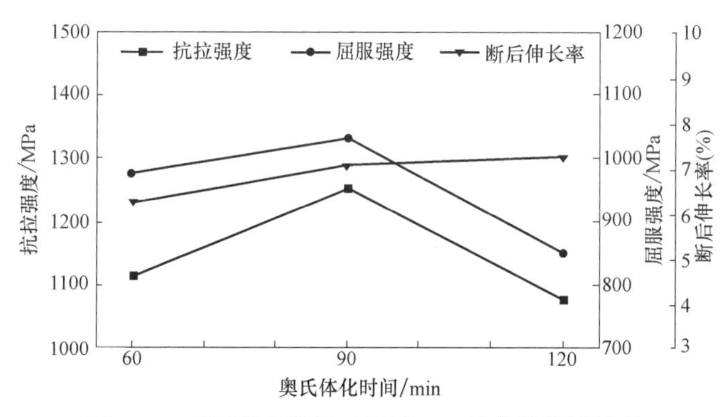

图 8-28　不同奥氏体化时间下 ADI 的拉伸测试结果

6.3%、7.1%、7.3%，洛氏硬度（HRC）分别为 31.9、32.7、27.7。随着奥氏体化时间的增加，ADI 的强度和硬度均呈现出先增加后减小的趋势，其断后伸长率略有增加，但都明显高于前面 1、2、3 号的实验结果。奥氏体化时间为 90min 时试样的强度较高，与 60min 时 ADI 的强度相比高出约 12.6%，比 120min 时的高出约 16%。当奥氏体化时间为 120min 时，材料的断后伸长率较高，为 7.3%。

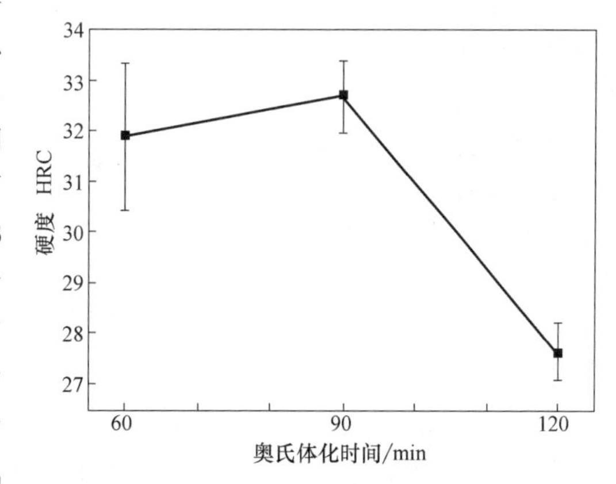

图 8-29　不同奥氏体化时间下 ADI 的硬度测试结果

表 8-9 不同奥氏体化时间下 ADI 的力学性能测试结果

实验序号	奥氏体化温度/℃	奥氏体化时间/min	等温淬火温度/℃	等温淬火保温时间/min	抗拉强度/MPa	屈服强度/MPa	断后伸长率(%)	硬度HRC
4	900	60	360	80	1112.3	975.4	6.3	31.9
5	900	90	360	80	1253.2	1031.3	7.1	32.7
6	900	120	360	80	1078.9	849.1	7.3	27.7

上述结果表明，当等温淬火工艺为 900℃+90min+360℃+80min 时，试样的抗拉强度为 1253.2MPa，断后伸长率为 7.1%，表现出较好的综合力学性能，与铸态相比其抗拉强度提高了 2 倍，而其断后伸长率约为铸态下的 70%。

3. 等温淬火温度对 ADI 的组织与性能的影响

7、8、9 号实验（表 8-5）是保持奥氏体化温度（860℃）、奥氏体化时间（120min）、等温淬火保温时间（110min）不变，仅改变等温淬火温度（280℃、320℃、360℃）的实验。

等温淬火温度不同时 ADI 的微观组织如图 8-30、图 8-31 所示，不同的等温淬火温度下 ADI 的微观组织呈现出明显差异。280℃等温淬火时所获得的铁素体晶粒细小，铁素体针与针之间的间距较小，铁素体针细而密，残留奥氏体含量较少。通过 OM 和 SEM 照片（图 8-30、图 8-31）可以看出，随着等温淬火温度的升高，奥氏体的含量和尺寸增加，当等温淬火温度达到 360℃时，组织中出现上贝氏体型铁素体，呈羽毛状，奥氏体的含量也相对较多。

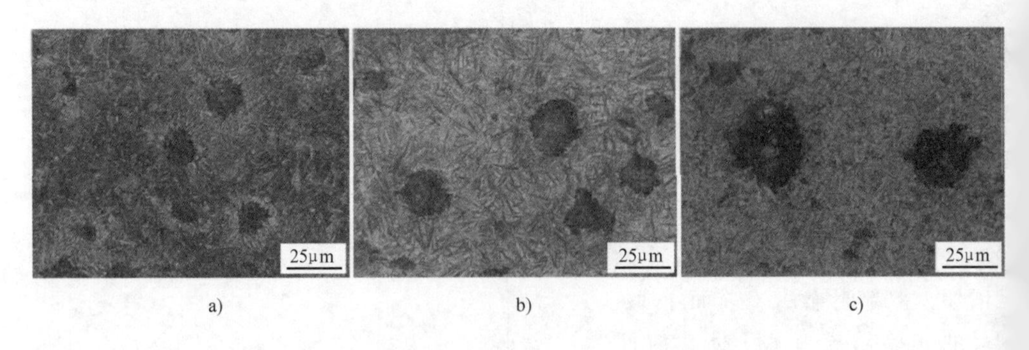

a) b) c)

图 8-30 等温淬火温度不同时 ADI 的金相组织

a) 280℃ b) 320℃ c) 360℃

不同等温淬火温度下 ADI 的拉伸测试结果、硬度测试结果和力学性能测试结果如图 8-32、图 8-33 和表 8-10 所示。在 280℃、320℃、360℃等温淬火时，ADI 的抗拉强度分别为 1517.7MPa、1303.4MPa 和 1096.6MPa，洛氏硬度（HRC）分别为 44.76、37.3、31.2，断后伸长率分别为 1.85%、3.5%和 8.3%。经等温淬

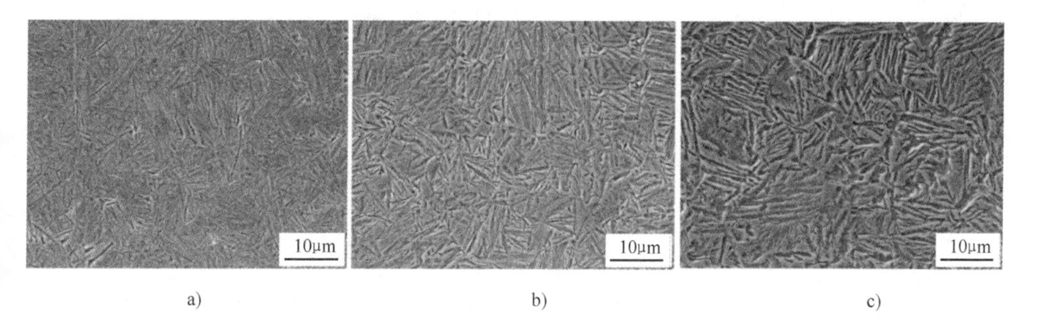

图 8-31 等温淬火温度不同时 ADI 的扫描电镜照片

a）280℃ b）320℃ c）360℃

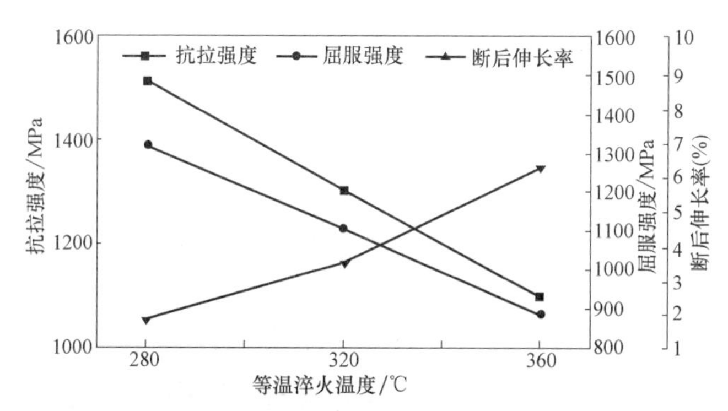

图 8-32 不同等温淬火温度下 ADI 的拉伸测试结果

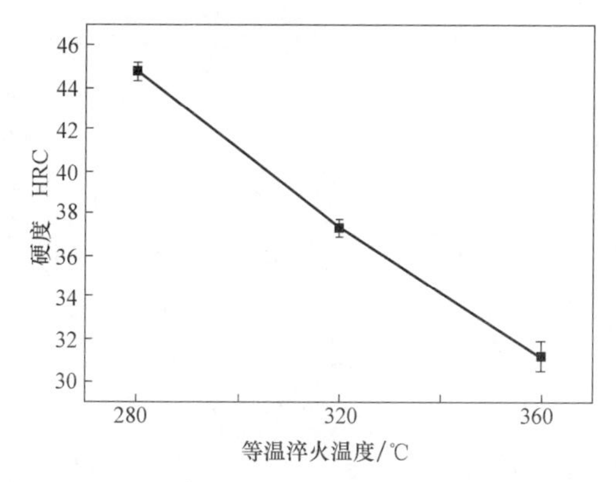

图 8-33 不同等温淬火温度下 ADI 的硬度测试结果

火后球墨铸铁型材的强度大幅度提高，塑韧性有所降低，其强度和硬度随等温淬火温度的升高呈下降趋势。在 280℃下进行等温淬火时，强度约为铸态下的 3.6 倍，断后伸长率约为铸态时的 1/5，相比于砂型铸件所获得的 ADI，由球墨铸铁型材所获得的 ADI 既具有更高的强度也具有较高的断后伸长率（砂型铸造的 ADI

在抗拉强度达到1400MPa时，断后伸长率只要求达到1%)。

表8-10 不同等温淬火温度下ADI的力学性能测试结果

实验序号	奥氏体化温度/℃	奥氏体化时间/min	等温淬火温度/℃	等温淬火保温时间/min	抗拉强度/MPa	屈服强度/MPa	断后伸长率(%)	硬度HRC
7	860	120	280	110	1517.7	1322.3	1.85	44.76
8	860	120	320	110	1303.4	1106.3	3.5	37.3
9	860	120	360	110	1096.6	880.3	6.3	31.2

4. 等温淬火保温时间对ADI的组织与性能的影响

10、11、12号实验（表8-5）是保持奥氏体化温度（940℃）、奥氏体化时间（60min）、等温淬火温度（320℃）不变，仅改变等温淬火保温时间（80min、110min、140min）的实验。

等温淬火保温时间不同时ADI的微观组织如图8-34、图8-35所示。当等温淬火保温时间为80min时，其组织主要由黑色的针状铁素体、马氏体和白色的残留奥氏体组成，在石墨球周围呈发散状。当等温淬火保温时间增加至110min时，针状铁素体变得粗大，并且从金相图片的明暗程度来看，残留奥氏体的含量进一步增多。当等温淬火保温时间为140min时，可明显地观察到针状铁素体较为粗大，残留奥氏含量较多也较为粗大，在铁素体片层之间发现有白色颗粒状的渗碳体析出，如图8-35c所示。由于渗碳体含量较少，故XRD中未能检测出来。

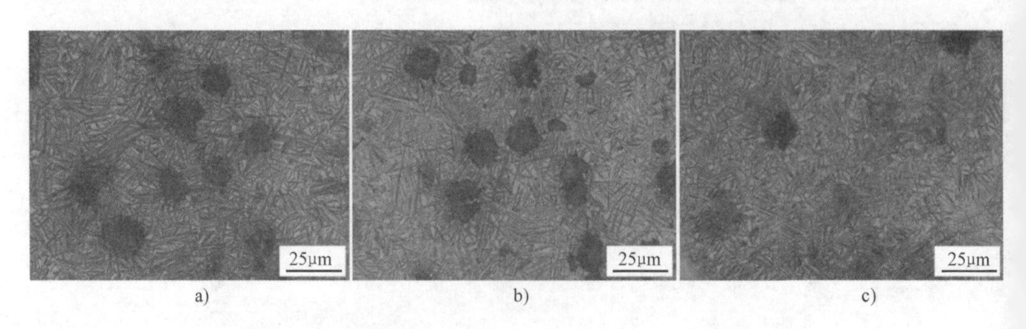

a) b) c)

图8-34 等温淬火保温时间不同时ADI的金相组织

a）80min b）110min c）140min

不同等温淬火保温时间下ADI的拉伸测试结果、硬度测试结果和力学性能测试结果如图8-36、图8-37和表8-11所示。在940℃下奥氏体化60min，然后在320℃时等温淬火，保温时间分别为80min、110min、140min时，ADI的抗拉强度分别为1374.2MPa、1282.7MPa、1317.3MPa，洛氏硬度（HRC）分别为37.5、34.92、35.3，其断后伸长率分别为3.7%、4.2%、3.8%。随着等温淬火保温时间的延长，ADI的强度和硬度逐渐降低，当等温淬火保温时间延长至

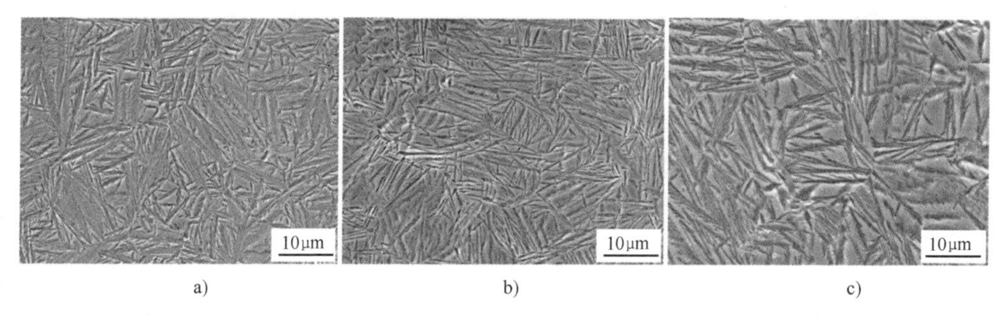

图 8-35　等温淬火保温时间不同时 ADI 的扫描电镜照片
a) 80min　b) 110min　c) 140min

140min 时，针状铁素体出现明显的粗化，块状的残留奥氏体增多，但 ADI 的断后伸长率并未提高，这主要是由于碳化物的出现增加了 ADI 的脆性。

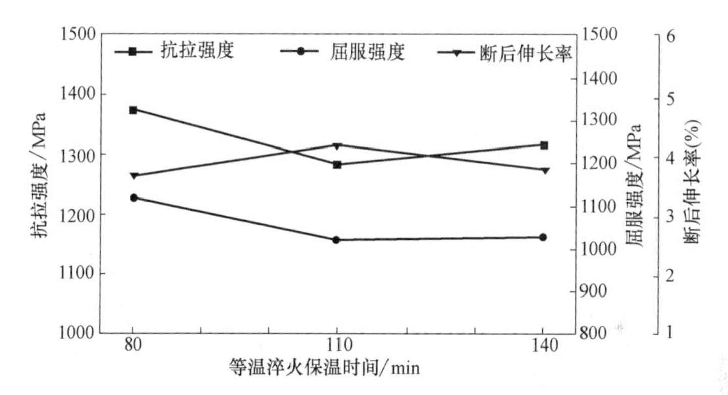

图 8-36　不同等温淬火保温时间下 ADI 的拉伸测试结果

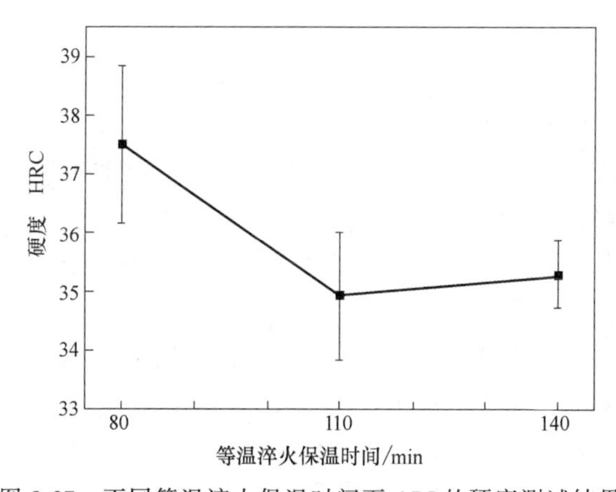

图 8-37　不同等温淬火保温时间下 ADI 的硬度测试结果

表 8-11 不同等温淬火保温时间下 ADI 的力学性能测试结果

实验序号	奥氏体化温度/℃	奥氏体化时间/min	等温淬火温度/℃	等温淬火保温时间/min	抗拉强度/MPa	屈服强度/MPa	断后伸长率(%)	硬度 HRC
10	940	60	320	80	1374.2	1120.1	3.7	37.5
11	940	60	320	110	1282.7	1020.0	4.2	34.92
12	940	60	320	140	1317.3	1027.4	3.8	35.3

从前面的实验结果可以看到：

1）奥氏体化温度的升高及奥氏体化时间的延长，针状铁素体晶粒尺寸略有增大，ADI 基体内残留奥氏体含量增加且其碳含量也逐渐升高。当奥氏体化温度为 940℃时，ADI 在保持较高强度的同时有相对较好的韧性。

2）奥氏体化时间对针状铁素体的形态影响较小，随着奥氏体化时间的延长，ADI 的强度和硬度呈先增加后减小的趋势。当奥氏体化工艺为 900℃ +90min，并在 360℃等温淬火 80min 时，ADI 的强度为 1253.2MPa，其断后伸长率达 7.1%，其综合力学性能较好。

3）等温淬火温度对 ADI 中针状铁素体的形态影响较大，随着等温淬火温度的升高，针状铁素体晶粒变得粗大，残留奥氏体含量及其碳含量逐渐增加，强度和硬度显著降低，韧性提高。280℃等温淬火时，铁素体针细而密，且其含量较高，残留奥氏体含量较低，表现出较高的强度（1517.7MPa）和较低的断后伸长率（1.85%）。等温淬火温度为 360℃时，针状铁素体晶粒粗大，形态呈羽毛状，材料的抗拉强度只有 1096.6MPa，断后伸长率较高，为 6.3%。

4）等温淬火保温时间也会影响奥铁体晶粒的粗大程度和残留奥氏体的含量。随着保温时间的延长，奥铁体变得粗大，残留奥氏体含量增加。等温淬火温度为 320℃时，等温淬火保温时间不宜超过 140min，当保温时间为 110min 时，表现出较好的力学性能。

8.3.2.2 由球墨铸铁型材得到 ADI 的预期研究与应用展望

上述研究结果不仅反映了由球墨铸铁型材制备 ADI 的过程中等温淬火热处理工艺是如何影响 ADI 的组织与性能的，而且表明了由球墨铸铁型材得到的 ADI 比由球墨铸铁铸件毛坯得到的 ADI 具有更为优异的性能。

需要指出的是，这里所进行的研究仅仅是由球墨铸铁型材得到 ADI 的初步探索性研究。之所以这样说，是因为：

1）实验中所用的毛坯只是未专门加入合金元素的普通球墨铸铁型材。在球墨铸铁铸件毛坯基础上进行的 ADI 研究，已表明化学元素对于 ADI 的性能有着十分重要的影响。加入一定量的某些合金元素，可以影响等温淬火热处理（包括奥氏体化和在盐浴中淬火）过程中的碳原子扩散，改变相变温度，影响中温组织转变曲线，延长或缩短“窗口时间”，形成弥散的强化相等，所有这些，都会对 ADI 的性能产生重要影响或使热处理的最佳工艺参数范围变得更加宽泛而易于进行热处理操作。

2）实验中所用的热处理方法只是传统的等温淬火方法。在球墨铸铁铸件毛坯基础上进行的 ADI 研究中，随着“两步法”等温淬火方法的出现，传统的等温淬火方法也被称为“单步法”的等温淬火方法。单步法是将奥氏体化的铸件淬入某一确定温度的盐浴里，保温一定时间后得到的 ADI，如前述所采用的方法。这种方法可获得强度较高或韧性较好的 ADI，但难以在保证较高强度的同时依然具有较好的韧性。两步法是先将完全奥氏体化的球墨铸铁在较低的盐浴中保温一定时间，获得晶粒细小的铁素体，随后再在较高温度的盐浴中进行第二步等温淬火，使铁素体中的部分碳原子扩散进入残留奥氏体，提高残留奥氏体的稳定性，由此可获得具有较高强度和较好韧性的 ADI。可以预期，采用“两步法”将球墨铸铁型材制备成 ADI 时，会具有性能更加突出的高强度与高韧性兼得的性能指标。

上面的研究工作，也从另一个角度表明：仅采用未专门加入合金元素的普通球墨铸铁型材、通过传统的等温淬火方法便得到了性能优异的 ADI（较球墨铸铁铸件毛坯得到的 ADI 而言），可以设想，当加入适当的合金元素、采用更合理的等温淬火工艺时，由球墨铸铁型材得到的 ADI 将具有更加突出的优异性能。

今后，由球墨铸铁型材得到 ADI 的研究还将沿着合金元素、等温淬火方法等方面进一步深入进行。随着相关研究的不断深入，相信由球墨铸铁型材得到高性能 ADI 的潜力将会被逐步释放出来。型材的形状特点与 ADI 的性能特点叠加在一起，又加之较球墨铸铁铸件毛坯得到的 ADI 具有更加优异的性能指标，将使得由球墨铸铁型材得到的 ADI 在制造曲轴、齿轮等方面大有用武之地的同时，还会具有更加广泛的应用领域。

参考文献

[1] 温平. 2016年中国铸件产量发布 [J]. 铸造技术, 2017, 38 (7): 1531-1534.

[2] 李克锐, 卫东海, 曾艺成, 等. 铸铁“十三五规划”技术路线图与高端铸铁件 [C]. //2017高端铸铁件熔炼和处理技术论坛暨第六届全国等温淬火球铁 (ADI) 技术研讨会论文集. 郑州: 中国机械工程学会铸造分会铸铁及熔炼技术委员会, 2017.

[3] 陆文华, 李隆盛, 黄良余. 铸造合金及其熔炼 [M]. 北京: 机械工业出版社, 1996.

[4] 郝石坚. 现代铸铁学 [M]. 北京: 冶金工业出版社, 2004.

[5] 李长龙, 赵忠魁, 王吉岱. 铸铁 [M]. 北京: 化学工业出版社, 2007.

[6] 李荣德, 于海朋, 丁晖. 铸铁质量及其控制技术 [M]. 北京: 机械工业出版社, 1998.

[7] 刘金海, 王昆军, 李国禄, 等. 国内外CADI的发展现状与趋势 [C]. //第九届全国铸铁及熔炼学术会议暨机床铸铁件技术研讨会论文集. 玉林: 中国机械制造工艺协会, 2014.

[8] 曾艺成, 李克锐, 张忠仇, 等. 等温淬火球铁 (ADI) 研发工作的进展与发展趋势 [C]. //2017高端铸铁件熔炼和处理技术论坛暨第六届全国等温淬火球铁 (ADI) 技术研讨会论文集. 郑州: 中国机械工程学会铸造分会铸铁及熔炼技术委员会, 2017.

[9] 蔡开科. 连续铸钢 [M]. 北京: 科学出版社, 1990.

[10] 陈雷. 连续铸钢 [M]. 北京: 冶金工业出版社, 1994.

[11] 蔡开科, 程士富. 连续铸钢原理与工艺 [M]. 北京: 冶金工业出版社, 1994.

[12] 冶金报社. 连续铸钢500问 [M]. 北京: 冶金工业出版社, 1994.

[13] 张云鹏, 徐春杰, 牛宏建, 等. 铸铁型材水平连铸技术 [J]. 铸造技术, 2001 (5): 82-83.

[14] 刘建伟, 郝社平, 张光国. 美国康明斯B系列柴油发动机奥贝球铁齿轮的研究应用 [J]. 现代铸铁, 1999 (3): 73-76.

[15] 李贺增, 甘雨, 郭士展, 等. 水平连铸灰铸铁型材疲劳性能的研究 [J]. 铸造, 1992 (5): 10-13.

[16] LERNER Y S, GRIFFIN G S. Developments in Continuous Casting of Gray and Ductile Iron [J]. Modern Casting, 1997 (11): 41-44.

[17] 王云昭, 刘子安, 李继成. 铸铁水平连铸生产工艺 [J]. 铸造, 1994 (11): 29-33.

[18] 冯建平. 水平连铸铸铁型材的开发及应用浅析 [J]. 铸造, 1997 (10): 46-47.

[19] 王开吉. 我国铸铁型材的推广应用与发展前景分析 [J]. 现代铸铁, 1999 (02): 20-21.

[20] 郭学锋. ZSL-02型铸铁水平连铸生产线 [J]. 热加工工艺, 1997 (01): 55-56.

[21] 朱锦侠, 张雷, 张云鹏, 等. 铸铁水平连铸用圆结晶器水冷套换热计算方法的研究 [J]. 西安理工大学学报, 2001, 17 (1): 62-65.

[22] 徐春杰, 甘雨, 张云鹏, 等. 铸铁水平连铸圆结晶器优化设计数值模拟 [J]. 特种铸造及有色合金, 2003 (02): 26-28.

[23] 张云鹏, 王贻青, 苏俊义, 等. 铸铁水平连铸中结晶器和型材传热凝固的耦合数值模拟 [C]. //'98上海有色合金及特种铸造国际会议论文集. 上海: 中国铸造协会, 1998.

[24] 张云鹏，梁海奇，杨秉俭，等．铸铁水平连铸中铸坯与石墨套界面换热的数学模型 [J]．西安交通大学学报，1998，32（7）：90-93，105.

[25] 刘党伟，张云鹏，蒋亮，等．水平连铸铸铁型材表面拉伤成因及解决措施 [J]．热加工工艺，2008，37（5）：43-45.

[26] 林广伟．水平连铸铸铁圆型材凝固过程的数值模拟——通用化数值模拟及小直径型材生产工艺措施的探讨 [D]．西安：西安理工大学，2001.

[27] 朱宪华，董增章，苏俊义．水平连铸铸铁棒材凝固过程数值模拟 [J]．金属学报，1990，26（3）：B171-B177.

[28] 甘雨，陆文华，李文学．水平连铸灰铸铁型材的组织特点及其对强度的贡献 [J]．铸造，1990，（9）：6-10.

[29] 甘雨，李贺增，郭大展，等．水平连铸灰铸铁型材力学性能的特点 [J]．机械工程材料，1992，16（3）：21-24.

[30] 张云鹏，苏俊义，陈铮，等．铸铁水平连铸中圆坯凝固过程的数值模拟 [J]．金属学报，2001，37（3）：287-290.

[31] BOCKUS S. A Study of the Microstructure and Mechanical Properties of Continuously Cast Iron Products [J]. Metallurgy, 2006, 45 (4): 287-290.

[32] CHAENGKHAM P, SRICHANDR P. Continuously Cast Ductile Iron: Processing, Structures, and Properties [J]. Journal of Materials Processing Technology, 2011, 211 (8): 1372-1378.

[33] SZAJNAR J, STAWARZ M, WRÓBEL T, et al. Influence of Continuous Casting Conditions on Grey Cast Iron Structure [J]. Archives of Materials Science and Engineering, 2010, 42 (1): 45-52.

[34] 赵泊潘，严有为．用连铸球铁棒材制造 ADI 齿轮 [J]．铸造，1995（12）：37-38.

[35] LALLY B, BIEGLER L, HENEIN H. Finite Difference Heat-transfer Modeling for Continuos Casting [J]. Metallurgical Transactions, 1990, 21B (4): 761-770.

[36] SAMARASEKERA I V, BRIMACOMBE J K. Application of Mathematical Models for the Improvement of Billet Quality [J]. Steelmaking Conf. Proc. ISS-AIME, 1991, 74: 91-103.

[37] 金俊泽，郑贤淑，郭可讱，等．连铸钢坯凝固进程的数值模拟 [J]．钢铁，1985，20（5）：19-27.

[38] MIZIKAR M A. Mathematical Heat Transfer Model for Solidification of Continuously Cast Steel Slabs [J]. TMS-AIME, 1967, 239: 1745-1753.

[39] 杨秉俭，郭岚，苏俊义，等．钢板坯连铸初拉阶段凝固过程数值模拟 [J]．西安交通大学学报，1994，28（1）：9-15.

[40] KRALL H A, KOCH H A. Continuous Cast Gray Iron Properties and Applications [J]. Modern Casting, 1968 (10): 60-61.

[41] WERTLI T P. Horizontal Continuous Castings Technology in the Eighties [J]. Metallurgic, 1986 (5): 192.

[42] KRALL H A, DOUGLAS B R. The Economic Production of Shapes and Tubes in Gray and Al-

loyed Iron by Horizontal Continuous Casting [J]. AFS Trans, 1971, 79: 31-36.

[43] KRALL H A, KOCH H A. Continuous Casting of Gray Iron Section [J]. Foundry, 1965 (12): 66.

[44] WERTLI T P. Horizontal Continuous Casting of Gray Cast Iron [J]. Indian Foundry Journal, 1983 (3): 31.

[45] 吴德海，王贻青，陆文华，等. 水平连续铸造铸铁型材的发展 [J]，铸造技术，1987 (1): 37-40.

[46] RAPIER A C, JONES T M, MCLNTOSH J E. The Thermal Conductance of Uranium Dioxide/Stainless Steel Interfaces [J]. Int. J. Heat Mass Transfer, 1963 (6): 397-416.

[47] LUKENS M C, HOU T X, PEHLKE R D. Mold/Metal Gap Formation of Aluminum Alloy A256 Cylinders Cast Horizontally in Dry and Green Sand [J]. AFS Transactions, 1990, 98: 63-70.

[48] HUANG H, HILL J L, BERRY J T. A Free Thermal Contraction Method for Modelling the Heat-transfer Coefficient at the Casting/Mould Interface [J]. Cast Metals, 1992, 5 (4): 212-216.

[49] 陈海清，李华基，曹阳. 铸件凝固过程数值模拟 [M]. 重庆：重庆大学出版社，1991.

[50] 程军. 计算机在铸造中的应用 [M]. 北京：机械工业出版社，1993.

[51] 张毅. 铸造工艺 CAD 及其应用 [M]. 北京：机械工业出版社，1994.

[52] 张云鹏，杨秉俭，苏俊义，等. 铸件凝固过程数值模拟的新进展 [J]. 铸造技术，1998 (1): 34-36.

[53] RUFF G F, WALLACE J F. Control of Graphite Structure and Its Effects on Mechanical Properties of Gray Iron [J]. AFS Transactions, 1976, 84: 705-728.

[54] RUFF G F, WALLACE J F. Effects of Solidification Structures on the Tensile Properties of Gray Iron [J]. AFS Transactions, 1977, 85: 179-202.

[55] GLOVER D, BATES C E, MONROE R. The Relationships among Carbon Equivalent, Microstructure and Solidification Characteristics and their Effects on Strength and Chill in Gray Iron [J]. AFS Trans., 1982, 90: 745-757.

[56] CLYNE T, KURZ W. Solute Redistribution During Solidification with Rapid Solid State Diffusion [J]. Metall. Trans. A, 1981, 12A: 965-971.

[57] 张甜甜. 球铁型材鼓肚缺陷的形成机理及消除方法研究 [D]. 西安：西安理工大学，2015.

[58] 许皓然. 铸铁水平连续三次喷冷技术的研究 [D]. 西安：西安理工大学，2020.

[59] 刘彩艳. 由球铁型材制备高强韧 ADI 的研究 [D]. 西安：西安理工大学，2020.